“校企合一”新课程系列教材

焊工理论与实操

（电焊、气焊、气割入门与上岗考证）

张富建　主编

清华大学出版社
北京

内 容 简 介

本书根据《国家职业标准—焊工》及焊工最新上岗考证试题库，以职业院校机械类专业为基础，并参照大中小型企业技术工人实际操作编写。书中有理论、实操考级试题精选，对实操题目配有材料尺寸、工、量具清单以及相应的评分标准，并且介绍相应的加工工艺。

本书具有较高的使用价值，是焊工操作及考证人员的必备用书，并可作为机械类高职高专、中职中专学校师生、职业技能鉴定培训机构相关专业用书，也可供相关专业技术人员岗前培训及考核使用。

图书在版编目(CIP)数据

焊工理论与实操：电焊、气焊、气割入门与上岗考证/张富建主编. —北京：清华大学出版社，2014(2024.8重印)
("校企合一"新课程系列教材)
ISBN 978-7-302-37121-2

Ⅰ. ①焊… Ⅱ. ①张… Ⅲ. ①电焊—教材 ②气焊—教材 Ⅳ. ①TG4

中国版本图书馆 CIP 数据核字(2014)第 137805 号

责任编辑：张 弛
封面设计：傅瑞学
责任校对：刘 静
责任印制：宋 林

出版发行：清华大学出版社
网 址：https://www.tup.com.cn，https://www.wqxuetang.com
地 址：北京清华大学学研大厦 A 座 邮 编：100084
社 总 机：010-83470000 邮 购：010-62786544
投稿与读者服务：010-62776969，c-service@tup.tsinghua.edu.cn
质量反馈：010-62772015，zhiliang@tup.tsinghua.edu.cn
印 装 者：三河市龙大印装有限公司
经 销：全国新华书店
开 本：185mm×260mm **印 张**：13.5 **字 数**：304 千字
版 次：2014 年 7 月第 1 版 **印 次**：2024 年 8 月第10次印刷
定 价：39.90 元

产品编号：059802-03

丛书序

为落实《国务院关于大力发展职业教育的决定》中提出的“以服务为宗旨，以就业为导向”的办学方针，经过大量的社会需求、企业用工和人才市场的调研，我们组织编写了这套针对“校企合一”的职业教育系列教材。

“校企合一”教学模式是指在教学过程中，推行“学校即企业，课室即车间，教师即师傅，学生即员工”的人才培养模式。本系列教材结合国家级课题“‘校企合一’高技能型紧缺人才培养模式研究”，按照专业工种分别编写。其中，部分教材内容已经过学校实践试用，学生实现了模拟到真实、技能到技术、学生到员工的二个转变，取得了良好效果。

全球金融危机的蔓延给世界经济格局带来负面影响，在社会经济形势和政策环境的双重催化下，为“校企合一”高技能人才培养模式提供了坚实的条件和丰沃的土壤。

致力于用“校企合一”双元制，为“中国创造”培养“技术英才”，还原职业教育原本的功能，探索符合中国国情的教学模式，编写符合“校企合一”教学模式的教材是我们的责任与使命。

本套教材的推出，为我国职业技术教育课程教学和教材开发开创了一种新的模式，在职业技术教育课程模式和培养模式的根本性转变上，具有十分积极的意义。

本套教材的组织编写，是“校企合一”以及“双元制”教材开发的一次有益尝试，是在市场调研、教学总结、方案研讨、编者培训、实地考察，以及与具有丰富实践经验的企业领导和一线人员进行座谈的基础上进行的。编写委员会的成员、职业教育方面的专家和老师、企业界的技术管理人员均为本套教材的编写倾注了心血和力量。

希望本套教材的出版，能为推动我国职业技术教育课程及教材改革作出贡献。

本系列教材从2008年年初开始筹备编写，2009年9月起陆续在清华大学出版社出版。虽然我们尽了最大努力，但由于编者水平有限，本套丛书仍有种种不足之处，敬请读者批评指正，欢迎广大师生、专家学者、企业工人、技术人员、人力资源领导等提出宝贵建议，欢迎大家一起参与编写，联系邮箱：gdutjian@163.com。

丛书编委会

2009年9月

第二版 前言

根据国家安监总局《特种作业人员安全技术培训考核管理规定》，特种作业人员必须经专门的安全技术培训并考核合格，取得"中华人民共和国特种作业操作证"（以下简称"上岗证"）后，方可上岗作业。根据安监总局目录，熔化焊接与热切割作业（焊条电弧焊、气焊与气割）属于特种作业，由于焊工内容较多，本书介绍的焊工内容以气焊、气割和电弧焊为主。

结合目前教学设备改善——多媒体教学普及给"一体化教学"提供了条件；结合目前新的形势——采用"一体化教学"和"校企合一"的模式办学，依据教学大纲及参照最新的职业技能鉴定标准，我们编写了本书。

"一体化教学"是指：为了使理论与实际操作更好地衔接，打破理论课、实验课或实操课的界限，将理论教学和实操教学融为一体，在实践中教理论，在运用中学技术。"校企合一"是指：学校在教学期间建立"工学交替、学校即企业、课室即车间、教师即师傅、学生即员工"的人才培养模式，实现学生从学校到企业工作的"无缝对接"。

由于篇幅有限，本书在章节具体内容的处理上，以必须和够用为原则，内容作了必要的精简，理论实用，围绕实践展开，删繁就简。针对目前职业类学生的基础和学习特点，打破原来的系统性、完整性的旧框框；实习依据理论设置，着重培养学生实践动手能力及解决问题的能力，从最简单的理论知识、安全知识、基本操作到强化综合技能训练，理论知识和实操内容，紧密结合当前的生产实际，及时将新技术、新知识、新工艺、新方法纳入本书。将目前企业的实用知识编入书，为学生今后就业及适应岗位打下扎实的基础。

本书可作为焊工上岗考证的学习用书，是取证人员的良师益友。本书也可供高职高专、中职中专学校师生使用，供企业相关技术人员上岗考证培训及参考使用。

本书由张富建编写，焊工资深考评员谢小云主审，潘鸿、郭英明、王治平、梁永波等老师提出了许多宝贵意见，编者的学生提供了部分理论和实操考题，在此一并致谢！

由于时间仓促，本书涉及内容较多，新技术、新装备发展较迅速，加之作者水平有限，书中缺点和疏漏之处在所难免，恳请广大读者对本书提出宝贵意见和建议，以便修订时补充更正。

编　者

2014年6月

目录

绪论……………………………………………………………………………………… 1

第一部分 焊工安全知识

第一章 焊工安全文明生产介绍 ……………………………………………………… 11
第一节 焊工简介 ……………………………………………………………………… 11
第二节 焊工安全文明生产知识 ……………………………………………………… 16
第三节 焊工安全操作规程 …………………………………………………………… 41
第四节 实习场地 9S 管理简介 ……………………………………………………… 46

第二部分 焊工上岗应知应会知识

第二章 焊条电弧焊 …………………………………………………………………… 55
第一节 焊条电弧焊的原理及特点 …………………………………………………… 55
第二节 焊条电弧焊工具及设备介绍 ………………………………………………… 57
第三节 焊条电弧焊焊条知识 ………………………………………………………… 63
第四节 焊条电弧焊理论基础知识 …………………………………………………… 68
第五节 焊条电弧焊焊接工艺 ………………………………………………………… 78
第六节 V 形坡口带衬垫板平对接焊“校企合一”操作训练 ………………………… 86
第三章 气焊、气割与钎焊……………………………………………………………… 93
第一节 气焊的原理、特点及设备……………………………………………………… 93
第二节 气体火焰………………………………………………………………………… 101
第三节 气焊……………………………………………………………………………… 104
第四节 薄板对接气焊“校企合一”操作训练………………………………………… 113
第五节 气割……………………………………………………………………………… 118
第六节 厚板直线气割“校企合一”操作训练………………………………………… 124
第七节 钎焊……………………………………………………………………………… 128
第八节 铜管套接钎焊“校企合一”操作训练………………………………………… 136

第四章 焊接质量检验…… 140
第一节 焊接质量、变形及检验 …… 140
第二节 焊接缺陷与返修…… 145
第三节 先进焊接介绍…… 147

第三部分 焊工上岗考证知识

第五章 焊工上岗理论考核试题精选…… 151
第一节 焊工上岗证理论考核试题精选…… 151
第二节 焊工上岗证复审试题精选…… 168
第六章 焊工上岗实操考核试题精选与工艺分析…… 184
第一节 考证强化训练1——平角焊 …… 184
第二节 考证强化训练2——管子对接气焊…… 190
第三节 焊工上岗证现场考核问答…… 195

附录一 理论无纸化考试介绍…… 197
附录二 学生实训手册…… 201
参考文献…… 205

绪论

INTRODUCTION

一、什么是"校企合一"教学模式

"校企合一"教学模式是指在教学过程中，采取"学校即企业，课室即车间，教师即师傅，学生即员工"的人才培养模式。利用"校企合一"和产教结合，开展课程和教学体系改革，与企业共同制订教学计划、教学内容，实行"产学研"结合，完成教育教学从虚拟→模拟→真实的"无缝过渡"，"零距离"实现学生到企业员工身份的转变。教学方面坚持以就业为导向，以工作过程为主线，将教学安排变成员工培训模式，按生产过程工艺流程进行，根据工作过程，将实训作业按零件加工工艺考核，实现知识学习到技能培训的转变。实训管理方面推行企业化管理，学生方面实行按企业员工管理。学生实质上具备双重身份：一是学生身份，二是员工身份。对学生的规范管理要有具体要求，对学生采用企业对员工货币奖惩方式进行考核，变虚拟的扣分形式为真实的货币奖惩形式，实现学生观念的转变。

焊工"校企合一"有别于传统的教学，它是将理论教学与实践教学、学校学习内容与考证内容（企业工作内容）有机地糅和在一起的一种教学方式。它的特点是：以理论与实践相结合、教学与生产相结合为方向，强化综合技能训练为重点，生产实践教学为主线，专业理论、文化课为基础，课外指导和自学方式为辅助，是一种全方位、综合型的教学方式。

二、"焊工"的含义是什么

焊工是采用合适的焊接方式、合理的焊接工艺、适当的焊接设备，采用同材质或不同材质的填充物，将金属或非金属工件紧密连接的一个工种。

国家对焊工的工作及安全非常重视，根据《特种作业人员安全技术培训考核管理规定》等相关规定，金属焊接（气割）作业是特种作业，从业人员必须进行专门的安全技术理论学习和实践操作训练，并经考试合格后，取得"中华人民共和国特种作业操作证"（以下简称"上岗证"）后，方可上岗作业。

焊工在机械制造业中历史悠久，为机械制造行业的发展作出了巨大的贡献。

三、为什么学“焊工”

随着生产的发展和科学技术的进步,焊接技术已成为一门独立的学科,并广泛应用于航天、航空、核工业、造船、建筑及机械制造等工业部门。在我国的国民经济发展中,尤其是在制造业发展中,焊接技术是一种不可缺少的加工手段。

焊工是一个机械制造和机械加工的工种,在加工和制造行业中占重要地位。目前我国加工制造业缺少这方面的人才。焊工的工资很高,与其他高技术工种相当。企业中,高级蓝领的待遇比白领还要高。焊接是一份令人向往的工作,是一种有趣且富有挑战性的工作。当焊接的产品呈现在焊工眼前时,焊工有一种成就感。

在此也提醒各位读者,焊工属于高危工种,易燃、易爆、易触电、易受辐射。焊工实操是一门又苦又累的实习课程,要有心理准备,要有恒心和毅力。在此提醒读者,要特别注意操作安全,在实习过程中必须遵守相关操作规程。

四、“焊工”怎样工作

在机械制造和机械加工行业中,焊工是特殊金属焊接工种,是一个很重要的岗位。从街头的小修理铺到大型现代化工厂,焊工无处不在:建造桥梁、地铁,组装航空器,建设高楼大厦,搭建石油平台,组装汽车以及成千上万种的其他产品。

实习工场学生所坐的凳子铁架、课堂书桌下的铁架、宿舍的铁床架、楼宇的护栏和电梯的桁架连接等,都是焊接而成的。用焊接方法连接的构件无处不在,焊接存在于我们日常生活中的方方面面。

焊接是要求非常严格的工作,例如,核电站的任何一条焊缝都必须是完美无缺的。焊接工作环境各种各样,有的在室内,有的在室外。焊工可能要在各种不同的气候环境下工作,在高空中,甚至在深海中工作。焊接是建筑施工行业不可缺少的工具。

焊工是机械制造业中最重要的工种,在机械生产过程中,起主导作用。焊工的种类繁多,应用范围很广,本书主要介绍电焊、钎焊、气焊、气割。

在企业里,焊工的主要工作包括:遵循工艺标准对工件(产品)进行切割或焊接作业,每日班前班后对机台进行维护及保养,负责夹具和工装的清洁及润滑,现场9S整理,对工件进行焊接质量检验及产品缺陷的分析报告。

五、怎样学习“焊工”

要成为一名优秀的焊工,首先应掌握各项基本操作技能。为了不断提高产品质量和劳动生产效率，焊工要时刻改进工具和加工工艺，逐步实现操作的半机械化和机械化，这对减轻劳动强度，减少人体伤害，保证产品质量的稳定性及提高生产效率和经济效益，具有十分重要的意义。

焊工（气焊、电焊入门与上岗考证）“校企合一”教与学过程主要有以下几个环节。

（1）理论讲解。对每个章节，对每个课题，每项操作技能，教师（师傅）先作理论讲解，包括企业实际的工作要求、本章节安全注意事项等，同时讲解内容本着实用、够用的原则，围绕实践进行。讲解时结合实际操作，联系生产实际，使学生（员工）加深对工作原理的认识，了解安全知识和操作过程，掌握操作要领，有了初步的理性认识，动手操作时就会心中有数。

（2）示范操作。考虑学生（员工）处于入门阶段，在操作练习前，教师（师傅）应对主要环节进行工艺介绍，并且示范操作。在示范操作过程中，应结合已学过的理论知识对一些关键环节作进一步分析、讲解。示范过程应做到步骤清晰，工艺规范，动作到位，分解合理。

（3）实践是检验真理的唯一标准，也是提高学生创造力的主要途径。为此，要求每位学生对所学过的教学课题动手操作，通过操作练习，通过切身体会加强感性认识。当然，要达到熟练掌握，还应结合实际情况合理安排操作练习次数。教师在学生操作时加强巡视指导，以便及时发现、纠正操作过程中可能出现的问题，特别要重视安全文明生产的教育和巡视。

（4）“校企合一”操作训练。教师给出加工要求图样，由学生按照企业加工模式进行加工，并且按照有关要求考核。

（5）总结讲评。学生加工工件结束后，先对工件进行自评，然后由教师进行评分考核，同时对场地进行 9S 管理考核。教师应针对学生的工件制作情况以及操作过程（特别是安全问题）及时进行总结、讲评、讨论，通过教师的总结讲评，可让学生了解自己的不足，明确今后努力的方向，同时，又能促使学生互相取长补短，相互激励，提高学习的积极性。

（6）巩固训练。利用课后或其他空闲时间进行巩固训练。

六、“焊工”报考条件

（1）年满 18 周岁，不超过国家法定退休年龄。

（2）具有初中及以上文化程度。

（3）身体健康，无高血压、心脏病、癫痫病、眩晕症等妨碍作业的其他疾病及生理缺陷，经过体检合格。

(4) 具备必要的安全技术知识与技能。

(5) 符合相应特种作业规定的其他条件。

根据规定,特种作业人员在参加培训前必须到当地县级以上医院进行体检,体检合格者方可参加与其所从事的特种作业对应的安全技术理论培训和实际操作培训。

(6) 报名时需填写《特种作业人员培训申报表》,提交近照、身份证复印件、学历证书复印件等,并经过审核盖章。

(7) 操作证如图 0-1 所示。

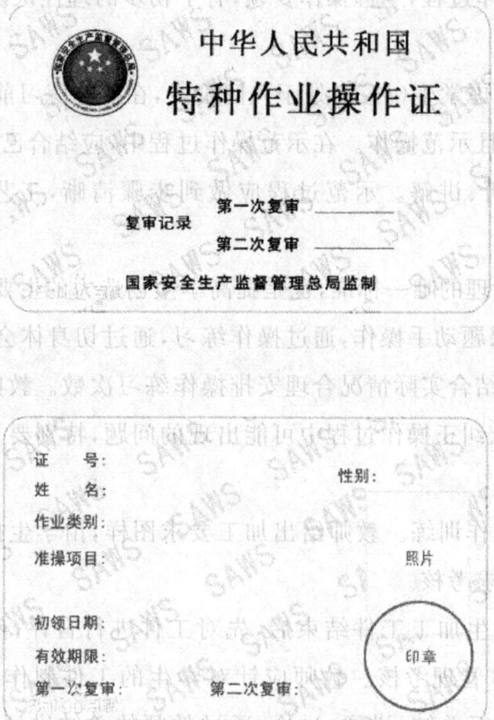

图 0-1 特种作业操作证

七、焊工事故案例介绍

安全如天。缺乏安全知识,安全意识薄弱,违反操作规程,往往是事故的根源。下面摘选广东省广州市安全生产监督管理局宣传教育中案例教学部分的事故教训,以引起警醒(图 0-2~图 0-4)。

更多案例请浏览广州市安全生产监督管理局网站(http://www.gzajj.gov.cn)。本书正文中将用较大的篇幅介绍焊工安全操作规程和注意事项,希望引起重视。

安全如天
前车覆 后车鉴
—事故教训与案例分析
广州东亚有限公司“9.3”爆炸事故
一、事故经过
2006年9月3日上午8时45分，东亚公司对位于钟村镇松下·万宝公司内2个柴油罐（2X100立方米，内存柴油约40吨）旁的消防喷淋系统地下管网进行改造作业。当施工至油罐附近一条直径为DN65的泡沫管时，现场施工人员衡X军在班长和保安员去泵房关水泵的间隙，用焊枪点击泡沫管，导致与泡沫管相连的油罐发生爆炸，约2分钟后另一个油罐发生爆炸。爆炸冲击力波及周边约10米范围，柴油飞溅到现场施工人员衡X军和成X洪身上，造成2人烧伤。
二、事故原因分析
（一）工人疏忽大意，违章作业。东亚公司现场施工人员衡X军对油罐区消防管道的工艺流程不清楚的情况下，没有考虑到连接油罐壁的泡沫管内聚集爆炸性油气混合物，违反《临时动火许可证》中动火安全规定，疏忽大意违章作业，对泡沫管进行点焊直接导致事故发生。
（二）设备管理不完善，设备存在严重隐患。该油罐设计图标明消防泡沫入口设有泡沫挂钩，而油罐施工单位香港恒基消防工程公司偷工减料，未按图施工在罐壁的泡沫管接口设置泡沫挂钩，而当年设备验收时，负责验收的各职能部门及使用单位的验收人员责任心不强，没有尽职尽责，未能发现施工单位没有按设计施工，造成该油罐一直以来都存在事故隐患，导致泡沫管内长期聚集油蒸汽与空气的混合性爆炸气体。而且管网标识不明晰，泡沫管没有区别标示。
（三）责任心不强，未能严格执行有关规章制度。东亚公司施工方案不完善，在发现施工合同以外的管道时，没有对施工方案作相应修改。松下·万宝公司动火审批安全管理制度不够完善，未明确动火人、动火地点和时间；施工现场监督管理人员监督不力、检查不到位。
三、事故责任分析及对责任人的处理
东亚公司项目负责人陈XX负直接领导责任、现场施工人员衡XX负主要责任。两人分别由安监部门处以行政罚款。
四、事故教训
要健全公司的有关安全管理制度，层层落实安全生产责任制。完善施工现场管理制度、动火审批管理制度、易燃易爆危险场所作业管理制度、特种机械设备管理制度等；要加强安全培训工作；要制定和完善科学的安全技术操作规程;对于危险性大的作业场所要有专人指挥、审批，并制定相关安全技术措施，严格执行;要制订有效的事故应急救援措施，配备救援器材和设备，成立相应的组织机构和人员，并定期组织演练。加大安全生产投入。
广州市安全生产监督管理局

图 0-2　安全事故 1

GWSGZ
安全如天
前车覆 后车鉴
—事故教训与案例分析
番禺区海昌运输有限公司
"12·31"
重大安全事故
一、事故经过
2006年12月30日，海昌油品运输公司"昌运一"油船停靠番龙船舶维修厂码头，离岸约150米，进行防碰撞胶圈安装工程。12月31日13时，栾X喜切割铁环过程中，压载舱及第4、5号油舱随即发生爆炸、起火。后经搜救、查实，发生爆炸时，油船上共有18人，机舱内的邓X拓、陈X明未能及时逃生，1月5-6日刘X强、王X东、栾X喜的尸体在浮莲岗水道被先后找到。
二、事故原因分析
这是一起典型的企业逃避监管和"三违"造成的责任事故。
（一）海昌公司故意逃避政府部门的监管。12月30日，有关职能部门进行节前安全大检查，发现海昌公司的"昌运1"油船停泊在番龙船修厂船坞外舷的沙船外沿，当即要求番龙船修厂的厂长郑XX指令该油船马上离开，但郑良峰欺骗检查人员，称该油船是停泊补给机油，补给完后马上离开，实际上是为赶货期违规安排维修作业。
（二）海昌公司违规在压载舱装载油品。
（三）船舶修理人员违章冒险作业。在未经主管部门审批，并且对明火作业场所未经严格洗舱、除气、测爆和确认没有可燃气体的情况下，安排无证作业人员直接在甲板及油舱附近进行烧焊作业。
（四）海昌公司、番龙船修厂安全生产管理不善。
三、事故责任分析及对事故责任者的处理
（一）梁XX（海昌公司法定代表人）。依照刑法有关规定追究刑事责任，公安机关已向该人发出刑事传唤。
（二）林XX（海昌公司经理）。涉嫌构成重大责任事故罪，经番禺区人民检察院批准，已执行逮捕。
（三）梁XX（番龙船修厂法定代表人），依照刑法有关规定追究刑事责任，公安机关已向该人发出刑事传唤。
（四）郑XX（番龙船修厂厂长）。涉嫌构成重大责任事故罪，经番禺区人民检察院批准，已执行逮捕。
（五）林XX（海昌公司安全员）。涉嫌构成重大责任事故罪，其本人在事故中受重伤，目前公安机关对其继续追查。
（六）林XX（"昌运1"船长）。涉嫌构成重大责任事故罪，已批准逮捕。
（七）海昌公司。根据《中华人民共和国安全生产法》以及《广州市安全生产监察条例》的规定，处十九万元的罚款
（八）番龙船修厂。根据《中华人民共和国安全生产法》的规定，处四万元的罚款。
四、事故教训
海昌运输有限公司"12.31"重大安全事故给我们敲响了警钟。这次重大安全事故之所以发生，主要是由企业逃避监管和"三违"造成的，为了深刻吸取"12.31"重大安全事故教训，各企业要完善安全管理机构，配备安全管理人员，建立完善的安全管理制度，要加强各个生产经营环节的日常监督管理，严格执行各项安全生产管理制度和安全操作规程，确保特种作业人员持证上岗，杜绝违章作业，防止发生火灾、爆炸、触电、高处坠落等伤亡事故的发生。
广州市安全生产监督管理局

图 0-3　安全事故 2

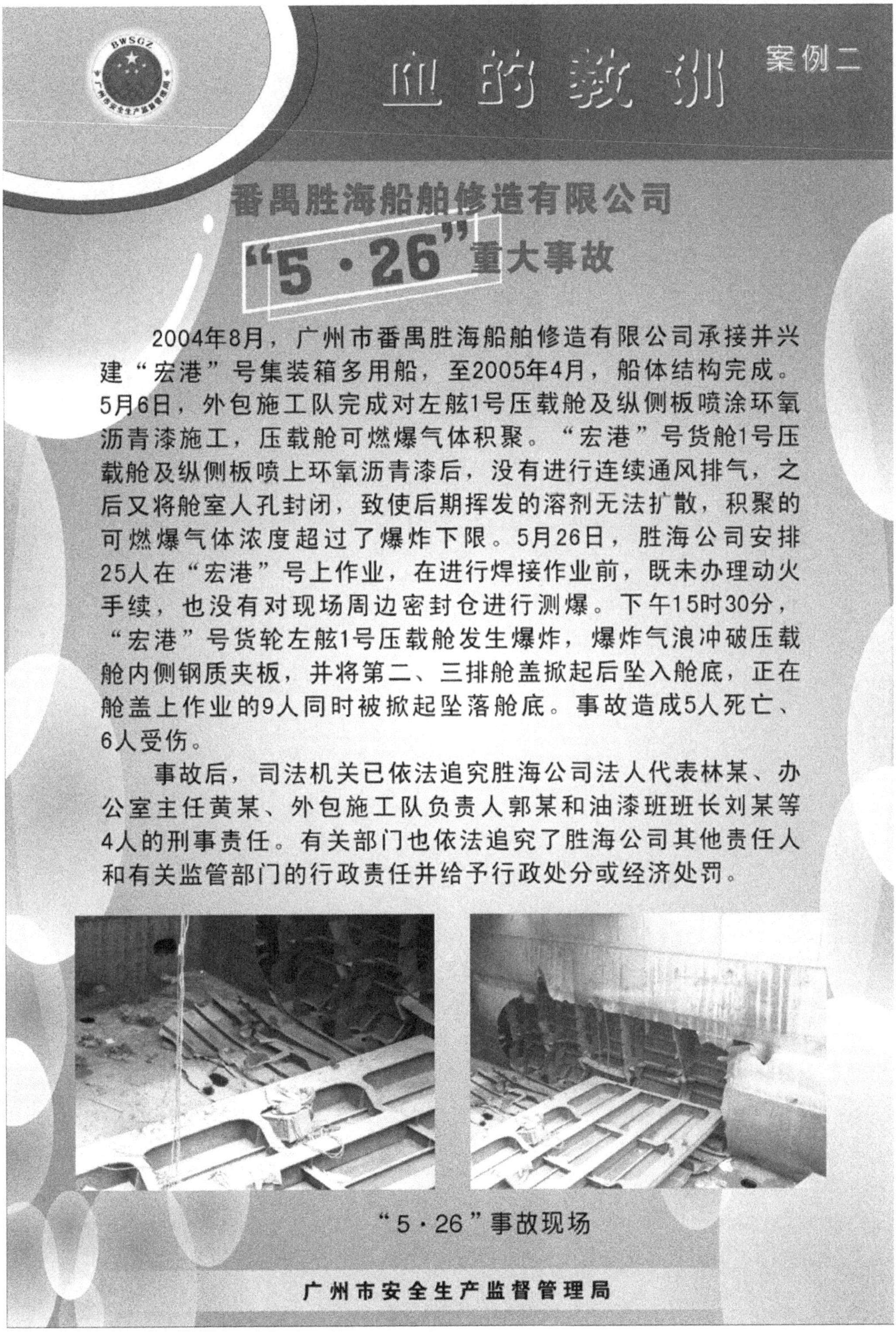
BWSGZ
广州市安全生产监督管理局
血的教训 案例二
番禺胜海船舶修造有限公司
“5·26”重大事故
2004年8月，广州市番禺胜海船舶修造有限公司承接并兴建“宏港”号集装箱多用船，至2005年4月，船体结构完成。5月6日，外包施工队完成对左舷1号压载舱及纵侧板喷涂环氧沥青漆施工，压载舱可燃爆气体积聚。“宏港”号货舱1号压载舱及纵侧板喷上环氧沥青漆后，没有进行连续通风排气，之后又将舱室人孔封闭，致使后期挥发的溶剂无法扩散，积聚的可燃爆气体浓度超过了爆炸下限。5月26日，胜海公司安排25人在“宏港”号上作业，在进行焊接作业前，既未办理动火手续，也没有对现场周边密封仓进行测爆。下午15时30分，“宏港”号货轮左舷1号压载舱发生爆炸，爆炸气浪冲破压载舱内侧钢质夹板，并将第二、三排舱盖掀起后坠入舱底，正在舱盖上作业的9人同时被掀起坠落舱底。事故造成5人死亡、6人受伤。
事故后，司法机关已依法追究胜海公司法人代表林某、办公室主任黄某、外包施工队负责人郭某和油漆班班长刘某等4人的刑事责任。有关部门也依法追究了胜海公司其他责任人和有关监管部门的行政责任并给予行政处分或经济处罚。
“5·26”事故现场
广州市安全生产监督管理局

图 0-4 安全事故 3

第一部分

焊工安全知识

CHAPTER 1

第一章

焊工安全文明生产介绍

知识要点：不管从事什么职业，都要遵守相关安全操作规程。本系列丛书《钳工理论与实操(入门与初级考证)》、《车工理论与实操(入门与初级考证)》等已经介绍过职业道德与安全知识，本章将重点介绍焊工安全技术、焊工劳动保护和9S管理等知识。

技能目标：掌握焊工安全操作规程及相关安全文明生产知识。

学习建议：遵守有关安全操作，达到三个要求：①人身安全；②设备安全；③获得安全的基本知识，为将来的发展作准备。

第一节 焊工简介

一、焊工概述

(一) 焊接的定义及分类

1. 焊接的定义

焊接是通过加热或加压，或两者并用，并且用或不用填充材料使焊件达到原子结合的一种加工方法。因此，焊接是一种重要的金属加工工艺，它能使分离的金属连接成不可拆卸的牢固整体。焊接属于永久性连接，其拆卸只有在毁坏零件后才能实现，如图1-1所示。

图1-1 焊接连接

2. 焊接的分类

按照焊接过程中金属所处的状态不同,可以把焊接方法分为熔焊、压焊和钎焊三类。

1) 熔焊

熔焊是将焊接接头加热至熔化状态而不加压力完成焊接的方法。当被焊金属加热至熔化状态形成液态熔池时,原子之间可以充分地扩散和紧密接触,因此冷却凝固后,可形成牢固的焊接接头。常见的电弧焊、气焊、电渣焊、气体保护电弧焊等都属于熔焊。其中电弧焊、气焊应用最为广泛。

2) 压焊

压焊是对焊件施加压力,加热或不加热完成焊接的方法。这类焊接有两种形式:①将被焊金属接触部分加热至塑性状态或局部熔化状态,然后施加一定的压力,使金属原子间相互结合而形成牢固的焊接接头,如锻焊、电阻焊、摩擦焊和气压焊;②不进行加热,仅在被焊金属的接触面上施加足够大的压力,借助于压力所引起的塑性变形使原子间相互接近直至获得牢固的压挤接头,如冷压焊、爆炸焊属此类。电阻焊应用较多。

3) 钎焊

钎焊是采用熔点比焊件金属低的钎料,将焊件和钎料加热到高于钎料的熔点而焊件金属不熔化,利用毛细管作用使液态钎料填充接头间隙与母材原子相互扩散的焊接方法。钎焊加热温度较低,母材不熔化,而且也不需施加压力。但焊前必须采取一定的措施清除被焊工件表面的油污、灰尘、氧化膜等,这是使工件润湿性好、确保接头质量的重要保证。常见的钎焊方法有烙铁钎焊、火焰钎焊等。

依据三种焊接的工艺特点又可将每一类分成若干种不同的焊接方法。焊接方法的简单分类如图 1-2 所示。

(二) 焊接技术的特点

焊接是目前应用极为广泛的一种永久性连接方法,当今世界已大量应用焊接方法制造各种金属构件。焊接方法得到普遍的重视并获得迅速发展,在许多工业部门的金属结构制造中,焊接几乎全部取代了铆接;不少过去一直用整铸、整锻方法生产的大型毛坯也改成焊接结构,大大简化了生产工艺,降低了成本。焊接与机械连接法(如铸造、铆接、螺栓连接)相比具有以下特点。

1) 焊接质量好

焊缝具有良好的力学性能,能耐高温、高压、低温,并具有良好的导电性、耐腐蚀性和耐磨性等;焊接结构刚性大,整体性好;焊接结构具有更好的密封性,这是压力容器特别是高温、高压容器不可缺少的性能。

2) 焊接适用性强

可以较方便地将不同形状与厚度的型材相连接;可以制成双金属结构;可以实现铸、焊结合件,锻、焊结合件,冲压、焊结合件,以致实现铸、锻、焊结合件等;焊接工作场地不受限制,可在场内、外进行施工。

3) 省工省料成本低、生产率高

采用焊接连接金属,一般比铆接节省金属材料 10%～20%。焊接加工快、工时少、劳

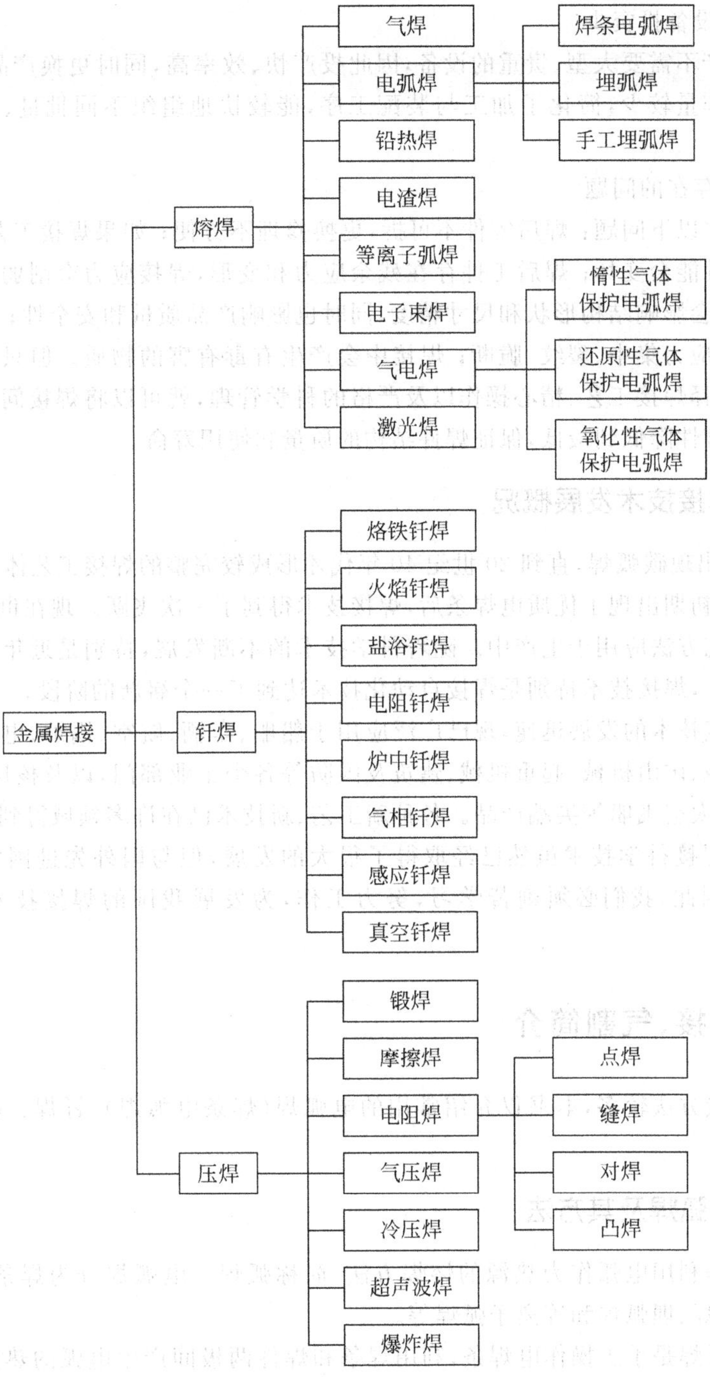

金属焊接
熔焊
气焊
电弧焊
铅热焊
电渣焊
等离子弧焊
电子束焊
气电焊
激光焊
焊条电弧焊
埋弧焊
手工埋弧焊
惰性气体保护电弧焊
还原性气体保护电弧焊
氧化性气体保护电弧焊
钎焊
烙铁钎焊
火焰钎焊
盐浴钎焊
电阻钎焊
炉中钎焊
气相钎焊
感应钎焊
真空钎焊
压焊
锻焊
摩擦焊
电阻焊
气压焊
冷压焊
超声波焊
爆炸焊
点焊
缝焊
对焊
凸焊

图 1-2 焊接分类

动条件较好、生产周期短、易于实现机械化和自动化生产。其原因在于焊接结构不必钻孔,材料截面能得到充分利用,也不需要辅助材料。

4) 焊接设备投资少

焊接生产不需要大型、贵重的设备,因此投产快、效率高,同时更换产品灵活方便,加上画线的工作量较少,简化了加工与装配工序,能较快地组织不同批量、不同结构件的生产。

5) 焊接存在的问题

焊接存在以下问题:焊后零件不可拆,更换修理不方便;如果焊接工艺不当,焊接接头的组织和性能会变坏;焊后工件存在残余应力和变形,焊接应力会削弱结构的承载能力,焊接变形会影响结构形状和尺寸精度,同时也影响产品质量和安全性;容易形成各种焊接缺陷,如应力集中、裂纹、脆断;焊接中会产生有毒有害的物质。但只要合理地选用材料、合理选择焊接工艺、精心操作以及严格的科学管理,就可以将焊接问题及缺陷的严重程度和危害性降低到最低,保证焊件结构的质量和使用寿命。

(三)焊接技术发展概况

1885 年出现碳弧焊,直到 20 世纪 40 年代才形成较完整的焊接工艺体系。特别是 20 世纪 40 年代初期出现了优质电焊条后,焊接技术得到了一次飞跃。现在世界上已有五十余种焊接工艺方法应用于生产中。随着科学技术的不断发展,特别是近年来计算机技术的应用与推广,焊接技术特别是焊接自动化技术达到了一个崭新的阶段。

我国焊接技术的发展迅速,现已广泛应用于船舶、车辆、航空、锅炉、电机、冶炼设备、石油化工机械、矿山机械、起重机械、建筑及国防等各个工业部门,以及核反应堆、人造卫星、神舟系列太空飞船等尖端产品。各种新工艺、新技术已在许多领域得到应用。

我国的焊接科学技术虽然已经取得了很大的发展,但与国外先进国家还存在着一定的差距。因此,我们必须刻苦学习,努力工作,为发展我国的焊接技术贡献自己的力量。

二、焊接、气割简介

由于焊接方法较多,本书仅介绍常用的电弧焊(焊条电弧焊)、钎焊、气焊和气割,如图 1-3 所示。

(一)电弧焊及其方法

电弧焊是利用电弧作为热源的熔焊方法,简称弧焊。电弧焊分为焊条电弧焊、螺柱焊、气体保护焊、埋弧焊和等离子弧焊等。

焊条电弧焊是手工操作电焊条,利用焊条和焊件两极间产生电弧的热量实现焊接的一种工艺方法。

焊条电弧焊的特点是设备简单,操作灵活,可进行全位置焊接、焊缝力学性能好,特别适宜短焊缝以及形状复杂焊缝的焊接,可以焊接厚度≥0.5～150mm 的钢板。其中大多

(a) 电弧焊　(b) 钎焊　(c) 气焊　(d) 气割

图 1-3　焊工操作现场

数用于碳钢、低合金结构钢、不锈钢和耐热钢，特别是异种钢的焊接大多数应用焊条电弧焊来完成。

（二）钎焊

钎焊是利用熔点稍低于母材的钎料和母材一起加热，使钎料熔化并通过毛细管作用的原理，扩散和填满钎缝间隙而形成牢固接头的一种焊接方法。

钎焊的特点是：由于钎焊时加热温度较低，母材不熔化，所以钎料、母材的组织和力学性能变化不大，应力和变形较小，接头平整光滑，且工艺简单等。目前，钎焊工艺在航空航天、电子仪表、电热器件、机械制造以及空调、冰箱等行业中获得广泛应用。

钎焊适用各种金属的搭接、斜对接接头的焊接，根据使用的钎料不同，可分为锡焊、铜焊和银焊。

（三）气焊

气焊是利用可燃气体与氧混合燃烧时形成的高温火焰进行焊接的工艺方法。

可燃气体有乙炔、液化石油气、天然气、煤气、氢气等。因为乙炔在纯氧中燃烧时，放出的热量最多，火焰温度最高，故使用最为普遍。气焊一般适用于薄钢板、一些有色金属材料、铸铁件等的焊接。

（四）气割

气割是利用可燃气体火焰作热源将金属材料加热到能在氧气流中燃烧的温度，然后开放切割氧，将金属迅速氧化，并使熔渣从切口被吹掉，从而将金属分离的过程。目前常用的气体火焰是氧-乙炔混合气体火焰。气割不能用于铜、铝、不锈钢的切割。

气割使用的设备、工具与气焊相同，只是割炬与焊炬构造不同，而且都不能采用纯铜来制造。

第二节　焊工安全文明生产知识

焊工操作与电、易燃易爆等有紧密联系，因此必须了解相关的安全基础知识，以防止事故的发生。

一、电工安全知识

（一）高低压

按照中华人民共和国行业标准 DL 408—1991《电业安全工作规程》第 1.4 的规定，电气设备分为高压和低压两种。

高压：设备对地电压在 250V 以上者。

低压：设备对地电压在 250V 及以下者。

可见平常使用的 380V/220V 系统（电焊多采用 380V，照明用电则多采用 220V），对地电压在 250V 以下，是低压系统；使用的 10kV 系统，对地电压在 250V 以上，就是高压系统。

（二）安全电压

为了防止触电事故而采取的特定电源供电的电压系列，是制定安全措施的依据。IEC 规定 50V 以下的交流电压为安全电压，并规定采用 24V 以上的安全电压时需要考虑采取防电击的安全措施。安全电压等级为 42V、36V、24V、12V、6V（超过 24V 时应有安全措施）。

（三）人体触电形式

1）单相触电

人体的某一部位与单相电源或带电体接触，如图 1-4 所示。

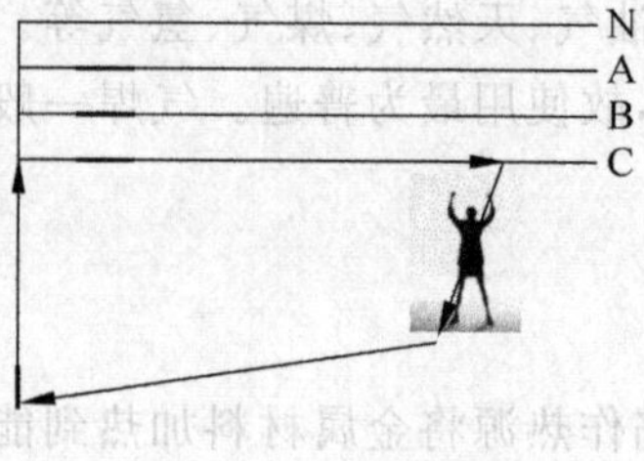

图 1-4　单相触电

2）两相触电

人体的两个部位，分别与两相电源或两相带电体同时接触引起触电，如图 1-5 所示。

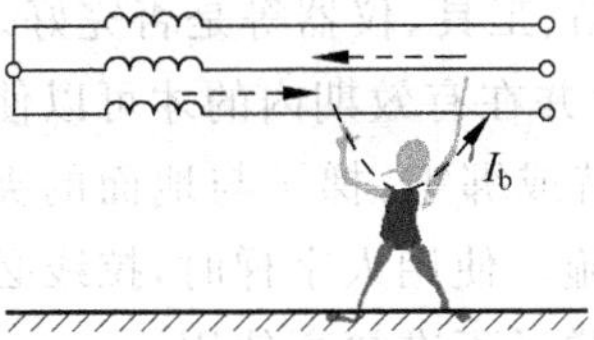

图 1-5 两相触电

（1）人体的电阻。皮肤干燥时电阻大，皮肤潮湿、多汗、多损伤时电阻小；干燥时一般为 10～10kΩ。

（2）电流与电压。加到人体上最终表现为通过人体电流的大小，据统计认为人体通过 50mA 以下的电流一般不会造成电击，36V 成为安全电压，若在潮湿场所及金属构架上工作，安全电压降至 24V 或 12V。

（3）持续时间。持续时间长，危险性大。

（4）触电电流的途径，电流通过头部会使人立即昏迷，若电流通过大脑，会对大脑造成严重损伤；电流通过脊髓会造成瘫痪；电流通过心脏会引起心室颤动，甚至使心脏停止跳动。

3）跨步电压触电

如果人站在距离电线落地点 8～10m 以内，就可能发生触电事故，这种触电叫做跨步电压触电，如图 1-6 所示。

图 1-6 跨步电压触电

人受到较高的跨步电压作用时，双脚会抽筋，身体倒在地上。人倒地后电流在体内持续作用 2 秒钟，这种触电就会致命。

跨步电压触电一般发生在高压电线落地时，但对低压电线落地也不可麻痹大意。根据试验，当牛站在水田里，如果前后胯之间的跨步电压达到 10V 左右，牛就会倒下。电流会流经牛的心脏，触电时间长了，牛会死亡。

当一个人发觉有跨步电压威胁时，应赶快把双脚并在一起，然后马上用一条腿或两条腿跳离危险区。

(四) 电工安全技术操作规程

(1) 工作前先检查防护用品、工具、仪器等是否完好。凡需耐压试验或机械试验的防护用品及工具,必须是试验合格并在有效期内的才可以使用。

(2) 使用梯子时要有人扶持或绑牢,梯子与地面的夹角以 60°为宜,在水泥地面等硬滑地面上使用梯子要有防滑措施。使用人字梯时,拉线必须牢固,不准使用钉子钉成的梯子,梯首尾横档尽量辅助扎线,梯子不准垫高使用。

(3) 在高处工作时,上下传递物品不得抛掷,要用吊绳传递。

(4) 验电时,必须用电压等级相符,并且合格的验电器,验电前应先在有电设备上试验来证明验电器完好。

(5) 电烙铁必须放在烙铁架上通电,使用时必须检查其外壳是否漏电,使用完毕立即断电,禁止将通电的电烙铁放在桌上和易燃物品附近。

(6) 使用电压 36V 以上的手持电动工具时,应戴绝缘手套,并站在绝缘物上,电动工具的外壳必须接地良好。严禁将接地线和工作零线拧在一起插入插座。必须使用两相带地或三相带地插座或将接地线单独接到接地线上,保护接地线不许有工作电流流过。工具的额定电压与线路电压要相符。

(7) 移动的电气设备用多股铜芯软线,拖地电线应加防护,电线不应过长。

(8) 所有电气设备的金属外壳、支架等都必须接地,保护接地线截面应符合接地装置规程的规定。

(9) 保护接地的连接必须焊接或螺丝压接。

(10) 使用接线板临时接线时,插头、插座、保险器必须完整,按相、中、地分别连接。延长引线使用插座作驳接不应超过 3 个,以免地线松脱或电阻增大。

(11) 电器、设备或线路拆除之后,可能漏电的线头,必须及时用绝缘胶布包扎好。高压的电动机或电器、设备拆除后,遗留线头必须短路接地。

(12) 安装灯头时,开关必须接在火线上,螺口灯头的螺口必须接在零线上。

(13) 装置熔断器、熔丝时容量要与线路或设备的安装容量相适应。带电装卸熔断器时,应戴防护眼镜和绝缘手套,必要时使用绝缘夹钳,并站在绝缘垫上。

(14) 通电前应由教师检查后,才允许通电。

(15) 严禁带电检查或检修线路。

二、焊工用电安全知识

焊接用电的特点是电压较高,超过了 36V 的安全电压,必须采取防护措施,才能保证安全。

国产手弧焊机空载电压一般在 60V 左右、等离子切割为 300～450V、氢原子焊为 300V。电子束焊机电压高达 80～150kV。国产焊机的外电网输入电压为 220～380V,频率为 50Hz 的交流电,25～300Hz 的频率对人体心脏影响最严重,这些都大大超过常规的 36V 的安全电压和处于危险的频率范围。

焊接时的触电事故可分为两种情况：①直接电击接触电焊设备正常运行的带电体或靠近高压电网和电气设备所发生的触电事故；②间接电击触及意外带电体所发生的电击，意外带电体是指正常情况下不带电，但由于绝缘损坏或电气设备发生故障而带电的导体。

（一）发生焊接触电事故的原因

焊接的触电事故，常在防护不好的情况下发生。

（1）操作时不穿干燥的工作服，不戴绝缘的手套，不穿绝缘的工作鞋等，在更换焊条时手或身体某部位接触电焊条或焊钳的带电部分，而脚或身体的其他部位对地面或金属结构之间绝缘不好，特别是在金属容器内、阴雨潮湿的地方或身上大量出汗时，容易发生电击事故。

（2）在接线或调节电焊设备时，手或身体部位碰到裸露的接线头、接线柱、极板、导线或绝缘失效的电线而触电。

（3）在登高焊接时，触及或靠近高压网路引起触电事故。

（4）电焊变压器的一次绕组与二次绕组之间绝缘损坏、错接变压器接线，将二次绕组接到电网上去或将采用220V的电源变压器接到380V电源上，手或身体某部位触及二次回路的裸露线。

（5）触及绝缘损坏的电缆，胶木闸合、破损的开关等。

（6）电焊设备的罩壳漏电，人体触及带电的壳体发生电击事故。

电焊设备罩壳漏电的常见原因有：①线圈受雨淋或潮湿致绝缘损坏而漏电；②电焊机由于长期超负荷使用或内部短路发热致绝缘能力降低而漏电；③电焊机安装地点和方法不符合安全要求，遭受震动，碰击，使线圈或引线的绝缘造成机械性损伤，同时，破损的导线与铁芯和罩壳相连而漏电；④由于工作场所管理混乱，致使小金属物如铁丝、铜线、切削的铁屑或小铁管头一端碰到电线头，另一端碰到铁芯或罩壳而漏电。

（7）由于利用厂房金属结构、管道、轨道、天车吊钩或其金属物体搭接作为焊接回线（或导线）而发生触电事故。

（二）预防焊接触电事故的一般措施

为了防止在电焊操作中人体触及带电体的触电事故，可采取绝缘、屏护、间隔、自动断电和个人防护等安全措施。

橡胶、胶木、瓷、塑料、布等都是电焊设备和工具常用的绝缘材料。

屏护是采用遮栏、护罩、护盖、箱闸等把带电体同外界隔绝开来。对于电焊设备、工具和配电线路的带电部分，如果不便包以绝缘或绝缘不足以保证安全时，可以用屏护措施。屏护装置所用材料应当有足够的机械强度和良好的耐火性能。凡用金属材料制成的屏护装置，为了防止装置意外带电造成触电事故，必须将屏护装置接地或接零。

间隔就是为了防止人体触及焊机、电线等带电体、或为了避免车辆及其他器具碰撞带电体、或为防止火灾和各种短路等造成事故，在带电体和地面之间，带电体与其他设施和设备之间、带电体与带电体之间均需保持一定的安全距离。

此外,电焊机的安全自动断电装置和加强个人防护等也都是防止人体触及带电体的重要安全措施。

为防止电焊操作时人体接触意外带电发生事故,一般可以采取保护接地或保护接零等安全措施。所谓意外带电体是指与电器设备有导电连接的导体,正常时带电部分是绝缘的,由于绝缘被破坏或其他原因而带电者,如电焊机外壳等。

(三)焊接电源安全措施

在焊接过程中,人体可能触碰到漏电的焊接设备的金属外壳,为了保证安全,避免发生触电事故,所有旋转式直流电焊机、交流电焊机、硅整流式直流电焊机以及其他焊接设备的外壳都必须接地。在电源为三线三相制或单相系统中,应安置保护接地线;在电网为三相四线制中性点接系统中,应安置保护性接零线。

当焊机处于空载电压条件下,为避免在操作时接触二次回路的带电体(如焊工更换焊条)造成触电事故,应安装电焊机空载自动断电保护装置。

(四)电弧焊安全操作的要求

为防止电焊作业中可能发生的人身伤亡事故,在作业中应注意以下几点。

(1) 焊接工作前,应先检查焊机设备和工具是否安全。例如焊机外壳的接地、焊机接线点接触是否良好;焊接电缆的绝缘有无损坏等。

(2) 选择接地线的连接位置时,应避免焊接电流在二次闭合回路中造成危害。例如,在检修焊补作业时,某焊工把焊接地线接到主电焊机的地线上,大约400A的焊接电流通过电动机的底座、齿轮、泵体、水管再传到焊条上,致使齿轮被焊住,由于没有备件而被迫停止运行数周,造成不应有的经济损失。

(3) 下列操作应切断电源开关才能进行:

① 改变焊机接头时;

② 更换焊件需要改接二次回线时;

③ 转移工作地点;

④ 更换保险丝时;

⑤ 焊机发生故障需检修时。

推拉闸刀开关时,必须戴皮手套。同时,焊工的头部需偏斜些,以防电弧火花灼伤脸部。

(4) 更换焊条时,焊工应戴上绝缘手套。对于空载电压和工作电压较高的焊接操作,如等离子弧焊、氢原子焊;另外,在潮湿工作地点操作时,还应在工作台附近地面铺设橡胶垫子。特别是在夏天,由于身体出汗后衣服潮湿,勿靠在焊件、工作台、焊钳和电缆等处,避免触电。

(5) 在金属容器内(如油槽、气柜、锅炉、管道和舱室),金属结构上以及其他狭小工作场所焊接时,触电的危险性最大,必须采取专门的防护措施。可采用橡皮垫或其他绝缘衬垫,并戴皮手套、穿绝缘鞋等,以保障焊工身体与焊件间绝缘。不允许采用简易无绝缘外壳电焊钳。在场外要有监护人员,随时注意焊工的安全动态,遇有危险征象时,应立即切断电源，进行抢救。照明使用手提行灯的电压应为12V。

必须指出，在上述环境进行电焊操作时，焊机必须装有空载自动断电保护装置。因为在这些危险环境中进行电焊操作。焊机空载电压不仅有造成电击事故的危险，而且可能引起二次事故。

(6) 加强焊工的个人防护。焊工工作时应穿戴好工作服，戴好绝缘手套、安全帽，穿好绝缘鞋。绝缘手套不得短于300mm，应当用柔软的皮革或帆布制作。绝缘手套是电焊工防止触电的基本工具，应保持完好和干燥。工作服应符合安全要求。普通电弧焊穿布工作服，氩弧焊、等离子焊则应穿毛料或皮制工作服。

(7) 电焊设备的安装，修理和检查须由电工进行，焊工不得自己拆修设备。

(8) 焊工操作时，对于夹有焊条的焊钳不允许离手，以防行人触碰而引起触电，如要离手，一定要将焊条取下。

三、气焊、气割的安全技术

(一) 气焊、气割操作中的安全事故原因及防护措施

由于气焊、气割使用的是易燃、易爆气体及各种气瓶，而且又是明火操作，因此在气焊、气割过程中存在很多不安全的因素，如果不小心就会造成安全事故，因此必须在操作中遵守安全规程并予以防护。气焊、气割中的安全事故主要有以下几个方面(主要指爆炸事故)。

气焊、气割中爆炸事故的原因如下。

(1) 气瓶温度过高引起爆炸。气瓶内的压力与温度有密切关系，随着温度的上升，气瓶内的压力也将上升。当压力超过气瓶耐压极限时就将发生爆炸。因此，应严禁暴晒气瓶，气瓶的放置应远离热源，以避免温度升高引起爆炸。

(2) 气瓶受到剧烈振动也会引起爆炸。要防止磕碰和剧烈颠簸。

(3) 可燃气体与空气或氧气混合比例不当，会形成爆炸性的预混气体，要按照规定控制气体混合比例。

(4) 氧气与油脂类物质接触也会引起爆炸。要隔绝油脂类物质与氧气的接触。

(二) 火灾及其防护措施

由于气焊、气割是明火操作，特别是气割中产生大量飞溅的氧化物熔渣。如果火星和高温熔渣遇到可燃、易燃物质时，就会引起火灾，威胁国家财产和焊工安全，造成重大危害。所以要把在危险范围内的可燃、易燃物质搬迁、隔离或严密遮盖。

(三) 烧伤、烫伤及其防护措施

(1) 因焊炬、割炬漏气而造成烧伤。

(2) 因焊炬、割炬无射吸能力发生回火而造成烧伤。

(3) 气焊、气割中产生的火花和各种金属及熔渣飞溅，尤其是全位置焊接与切割还会

出现熔滴下落现象，更易造成烫伤。

因此，焊工要穿戴好防护器具，控制好焊接、气割的速度，减少飞溅和熔滴下落。

(四) 有害气体中毒及其防护措施

气焊、气割中会遇到各类不同的有害气体和烟尘。例如，铅的蒸发引起铅中毒，焊接黄铜产生的锌蒸气引起锌中毒。某些焊剂中的有毒元素，如有色金属焊剂中含有的氯化物和氟化物，在焊接中会产生氯盐和氟盐的燃烧产物，会引起焊工急性中毒。另外，乙炔和液化石油气中含有一定的硫化氢、磷化氢，也都能引起中毒。所以气焊、气割中必须加强通风。

总之，气焊、气割中的安全事故会造成严重危害。因此，焊工必须掌握安全使用技术，严格遵守各种安全操作规程，确保生产的安全。

四、气瓶的安全技术

(一) 氧气瓶使用安全技术

(1) 氧气瓶在使用过程中，必须根据国家《气瓶安全监察规程》要求，进行定期的技术检验。

(2) 氧气瓶在运送时应避免相互碰撞，不能与可燃气瓶、油料及其他可燃物放在一起运输。在厂内运输时应用专用小车，并牢牢固定，不能把氧气瓶放在地上滚动，以免发生事故。

(3) 使用氧气瓶前，应稍打开瓶阀，吹掉瓶阀上黏附的细屑或脏物后立即关闭，然后接上减压器使用。

(4) 开启瓶阀时，应站在瓶阀气体喷出方向的侧面并缓慢开启，避免气流朝向人体。

(5) 严禁让粘有油脂的手套、棉纱和工具同氧气瓶、瓶阀、减压器及管路等接触。

(6) 操作中氧气瓶应距离乙炔瓶、明火和热源大于5m。

(7) 瓶阀发生冻结现象时，严禁使用火焰加热或使用铁器等类似的东西猛击，只可用热水或水蒸气解冻。

(8) 气瓶和电焊在同一作业地点使用时，为了防止气瓶带电，应在瓶底垫以绝缘物。

(9) 氧气瓶内的气体不能全部用尽，应留有余压0.1～0.3MPa，并关紧阀门，防止漏气，使瓶内保持正压，防止空气进入。

(10) 要消除带压力的氧气瓶阀泄漏，禁止采用拧紧瓶阀或垫圈螺母的方法。

(11) 禁止使用氧气代替压缩空气吹净工作服、乙炔管道。禁止将氧气用作试压和气动工具的气源。禁止用氧气对局部焊接部位通风换气。

(二) 溶解乙炔气瓶使用安全技术

(1) 乙炔瓶必须是由国家定点厂家生产，新瓶的合格证必须齐全，并与钢瓶肩部的钢印相符。使用过程中，气瓶必须根据国家《溶解乙炔气瓶安全监察规程》的要求，进行定期技术检验。

(2) 溶解乙炔气瓶搬运、装卸、使用时都应竖立放稳，严禁在地面上卧放使用。一旦要使用卧放的乙炔瓶，必须先直立，静止 20min 后再连接乙炔减压器使用。

(3) 乙炔气瓶一般应在 40℃以下使用。当环境温度超过 40℃时，应采取有效的降温措施。

(4) 乙炔气瓶使用时，禁止敲击、碰撞，不得靠近热源和电气设备。

(5) 使用乙炔气瓶时，必须安装回火防止器。开启瓶阀时，焊工应站在阀口侧后方，动作要轻缓，瓶阀开启不要超过 1 圈，一般情况只开启半圈。

(6) 乙炔瓶阀必须与乙炔减压器连接可靠。严禁在漏气的情况下使用。否则，一旦触及明火将可能发生爆炸事故。

(7) 乙炔气瓶内气体严禁用尽，必须留有一定的剩余压力(0.1MPa)。

(8) 禁止在乙炔瓶上放置物件、工具，或缠绕、悬挂橡胶软管和焊炬、割炬等。

(9) 瓶阀冻结时，可用 40℃热水解冻，严禁火烤与暴晒。

(三) 液化石油气瓶使用安全技术

(1) 液化石油气瓶的制造应符合《液化石油气钢瓶》GB 5442 的规定。瓶阀必须密封严实，瓶座、护罩齐全。使用过程中应定期做水压试验。

(2) 气瓶应距离明火和飞溅火花不小于 5m。露天使用时，瓶体应避免日光直晒。

(3) 气瓶内不得充满液体，必须留出 20%的气化空间，以防止液体随环境温度的升高而膨胀，导致气瓶破裂。

(4) 冬季使用时，可用 40℃以下的温水加热或用蛇管式或列管式热水汽化器。禁止把液化石油气瓶直接放在加热炉旁或用明火烘烤。

(5) 液化石油气瓶应加装减压器，禁止用胶管直接同气瓶阀连接。

(6) 气瓶所剩残液不得自行倒出，因残液蒸发可能会造成事故。

(7) 液化石油气瓶内的气体禁止用尽。瓶内应留有一定量的余气，便于充装前检查气样和防止其他气体进入瓶内。

(8) 要经常注意检查气瓶阀门及连接管接头等处的密封情况，防止漏气。气瓶用完后要关闭全部阀门，严防漏气。

(9) 如用旧的氧气瓶或乙炔瓶充装液化气时，瓶体上必须有明显的漆字标志，以防止气体混用造成事故。

五、减压器的使用安全技术

(1) 减压器应选用符合国家标准规定的产品。如果减压器存在表针指示失灵、阀门泄漏、表体含有油污未处理等缺陷，禁止使用。

(2) 氧气瓶、溶解乙炔瓶、液化石油气瓶等都应使用各自专用的减压器，不得自行换用。

(3) 安装减压器前，应稍许打开气瓶阀吹除瓶口上的污物。瓶阀应慢慢打开，不得用力过猛,以防止高压气体冲击损坏减压器。焊工应站立在瓶口的一侧。

(4) 减压器应牢固地安装在气瓶上。采用螺纹连接时要拧紧5个螺距以上;采用专用夹具压紧时,装夹应平整牢靠,防止减压器在使用中脱落造成事故。

(5) 当发现减压器发生自流现象和减压器漏气时,应迅速关闭气瓶阀,卸下减压器,并送专业修理点检修,不准自行修理后使用。新修好的减压器应有检修合格证明。

(6) 同时使用两种气体进行焊接时,不同气瓶减压器的出口端应各自装有单向阀,防止相互倒灌。

(7) 禁止用棉、麻绳或一般橡胶等易燃材料作为氧气减压器的密封垫圈。

(8) 必须保证用于液化石油气、溶解乙炔或二氧化碳等用的减压器位于瓶体的最高部位,防止瓶内液体流入减压器。

(9) 冬季使用减压器应采取防冻措施。如果发生冻结,应用热水或水蒸气解冻,严禁火烤、锤击和摔打。

(10) 减压器卸压的顺序是:首先,关闭高压气瓶的瓶阀;然后,放出减压器内的全部余气;最后,放松压力调节螺钉使表针降至零位。

(11) 不准在减压器上挂放任何物件。

六、焊炬、割炬的使用安全技术

(1) 焊炬和割炬应符合使用要求。

(2) 焊炬、割炬的内腔要光滑,气路通畅,阀门严密,调节灵敏,连接部位紧密而不泄漏。

(3) 焊工在使用焊炬、割炬前应检查焊炬、割炬的射吸能力。检查的方法是:将氧气胶管接到焊炬、割炬的氧气接头上;开启氧气,调节至工作压力;然后将乙炔管从焊割炬的接头上拔出。再开启焊炬、割炬的乙炔阀门和混合氧气阀门,使氧气自焊嘴、割嘴中喷出;检查乙炔进口是否有向内的吸力。如果乙炔口有足够的吸力并随着氧气流量的增大而增强,说明焊、割炬有射吸能力,是合格的;如果开启氧气阀门后乙炔气入口处无任何内吸力或有氧气流出,说明焊、割炬没有射吸能力,是不合格的。严禁使用没有射吸能力的焊炬、割炬。

(4) 检查合格后才能点火。点火时应先把氧气阀稍微打开,然后打开乙炔阀。点火后立即调整火焰,使火焰达到正常情况。或者可在点火时先开乙炔阀点火,使乙炔燃烧并冒烟灰,此时立即开氧气阀调节火焰。这种方法的缺点是有烟灰;优点是当焊炬不正常,点火并开始送气后,发生有回火现象便于立即关闭氧阀,防止回火爆炸。

(5) 停止使用时,应先关乙炔阀,然后关氧气阀,以防止火焰倒流和产生烟灰。当发生回火时,应先迅速关闭乙炔阀,再关闭氧气阀。等回火熄灭后,应将焊嘴放在水中冷却,然后打开氧气阀,吹除焊炬内的烟灰,再点火使用。

(6) 禁止在使用中把焊炬、割炬的嘴在平面上摩擦来清除嘴上的堵塞物。不准把点燃的焊炬、割炬放在工件或地面上。

(7) 焊炬、割炬上均不允许沾染油脂,以防遇氧气产生燃烧和爆炸。

(8) 焊嘴和割嘴温度过高时，应暂停使用或放入水中冷却。

(9) 焊炬、割炬暂不使用时，不可将其放在坑道、地沟或空气不流通的工件以及容器内，防止因气阀不严密而漏出乙炔，使这些空间内存积易爆炸混合气，遇明火而发生爆炸。

(10) 使用完毕后，应将焊炬连同胶管一起挂在适当的地方，或将胶管拆下，将焊炬放在工具箱内。

七、橡胶软管的使用安全技术

(1) 胶管要有足够的抗压强度和阻燃特性。

(2) 新胶管使用前，应将管内滑石粉吹除干净。

(3) 胶管应避免暴晒、雨淋，避免和其他有机溶剂（酸、碱、油）接触，存放温度在15～40℃。

(4) 工作前应检查胶管有无磨损、扎伤、刺孔、老化裂纹等，发现有上述情况应及时修理或更换。禁止使用回火烧损的胶管。

(5) 胶管的长度一般在10～15m为宜，过长会增加气体流动的阻力。氧气胶管两端接头用夹子夹紧或用软钢丝扎紧。乙炔胶管只要能插上不漏气便可，不要连接过紧。

(6) 液化石油气胶管必须使用专用的耐油胶管，爆破压力应大于4倍工作压力。而且与氧气瓶、乙炔瓶接连的专用胶管，三者都不能自行换用或代用。

八、焊工的防火防爆安全知识

焊工使用的设备和能源虽然都有一定的火灾危险性。但火灾爆炸事故的发生，主要不在于这些设备和能源本身，绝大多数是由于在焊接、切割作业中思想麻痹、操作不当、制度不严、安全措施落实不力而引起。

（一）最常见的事故原因

(1) 在焊接、切割作业中，无论是电焊还是气焊，都会产生炽热的金属火星（熔渣），其四处飞溅是引火灾和爆炸主要原因。特别是高空作业，其溅落的范围要大得多，当接触到易燃易爆气体或化学危险物，就会引起火灾或爆炸，当金属熔渣飞溅到棉、麻等易燃物上，能蔓延造成火灾。

(2) 焊接、切割时的热传导，也会引起火灾事故。这类事故多发生在化工设备的抢修和船舶修造上，如焊接、切割件未拆下，热随金属传导，容易使焊、割件的另一端的可燃物着火。

(3) 焊接、切割盛装过易燃液体、可燃气体，而未消除残存的油、气，或未经过采取置换、冲洗、吹除、采样分析的容器、管道发生爆炸事故最为突出。

(4) 临时进行焊、割作业的现场没有进行检查和清除易燃、易爆物件。特别是在附近有生产、储存易燃易爆危险物品时，引起火灾，爆炸事故也是甚为常见。

(5) 在喷漆车间或喷漆场进行焊接、切割时,作业前未采取安全措施,极易发生火灾、爆炸事故。

(6) 安装检修冷却塔时,往往动用焊、割,由于冷却塔的散热件,大量使用聚丙烯树脂(俗称玻璃钢)薄片做成,着火后燃烧特别快、危险性特别大。

(7) 作业结束后,遗留火种未熄灭、蔓延引起火灾。

(二) 施工作业中的安全措施

焊接、切割属于特殊工种,在施工作业中,除了必须加强领导,建立严格的规章制度,从事作业的人员应经专门培训、考核合格,并发给证件才能操作外,还应采取下列防火防爆措施。

1. 作业前的准备工作

能否确保焊接、切割的安全进行,做好作业前的准备工作非常重要。工程无论大小,作业前都要做好下列准备工作。

(1) 明确作业任务,认真了解作业现场情况,如焊、割件的结构、性能,焊、割件与连接在一起的其他附件等。对临时确定的作业场所,作业前要到现场观察环境,对作业现场情况仔细了解、认真检查,估计可能出现的不安全因素和应采取什么确保安全的措施。在室外焊、割时,要注意风力的大小和风向变化,防止火星飞溅随风吹到邻近的易燃物上。

(2) 对生产、储存过易燃易爆化学物品的设备、容器和各种油脂的焊、割件,必须用热水,蒸气或酸碱液进行彻底的清洗,并采用一问、二看、三嗅、四测爆的检查方法,确认无残留油、气后、方能动火焊、割,决不能盲目作业。

(3) 对焊、割工件较大环境比较复杂的临时场所,要与消防等有关部门密切联系,一起制订安全操作、实施方案,做到定人、定点、定措施,落实安全岗位责任制。对联合进行施工的大型项目,要有统一指挥,工段之间、工种之间,以及施工的部署都要加强联系、统一步调,一旦发现问题,应立即停止焊、割作业。

2. 作业中的安全实施办法

为了防止作业中的火灾、爆炸事故,对焊割件应采取如下安全措施和办法。

(1) 拆迁。在易燃、易爆物的场所和禁止火种区范围内,应把焊、割件拆下来,迁移到安全地带进行焊、割。

(2) 隔离。对确实无法拆卸的焊、割件,要把焊、割部位或设备与其他易燃易爆物质进行严密的隔离。

(3) 置换。对有残存可燃气体小容器、管道进行焊、割时,可将非可燃性气体(如氮气、二氧化碳、水蒸气)或水注入焊、割的容器、管道内,把残存在里面的可燃气体吹除和置换出来。

(4) 清洗。对储存过易燃液体的设备和管道进行焊割前,应先用热水、蒸气或酸、碱液把残存在里面的易燃液体洗掉。对无法溶解的污染物,应先铲除干净,然后进行清洗。

以上四项办法实施后,最好用测爆仪进行各个不同部位的检测、证明确无危险。方能动火作业。

（5）移去危险品。把作业现场的危险品搬走。

（6）敞开设备。被焊、割的容器管道，作业前必须卸压，开启孔、阀门等保证留有合适的出气口。

（7）加强通风。在有易燃、易爆、有毒气体的室内、容器作业时，除先进行清洗、吹除等清理工作，待易燃、易爆和有毒气体经检验确认排除清净外，还应注意加强通风，才能进行焊、割。

（8）增加湿度、进行冷却。作业点附近的可燃物无法搬移时，可采用喷水的办法，把可燃物淋湿，进行冷却。

（9）备好灭火器材。针对不同的作业现场和焊、割对象，配备一定的灭火器材。对大型工程项目禁火区域内的设备抢修，以及当作业现场环境比较复杂时，可以将消防车开至现场，铺设好水管，随时做好灭火的准备。

（三）焊、割动火审批制度

为了加强企业事业单位的动火管理，必须根据火灾特点，原料、产品的危险程度，仓库、车间的布局，划定禁火区域，选择符合要求的场所作为固定的焊接车间。对临时进行焊、割的部位或场所，根据有关部门的规定，必须实行以下三级动火审批制度。

1. 一级动火审批

凡属下列情况之一的应进行一级动火审批。

（1）禁火区域内；

（2）油罐、油箱、油槽车，以及储存过可燃气体、可燃液体的容器及其连接在一起的辅助设备；

（3）各种受压容器；

（4）危险性较大的登高焊、割；

（5）比较密闭的室内、容器内、地下室等场所；

（6）与焊、割作业有明显抵触的场所；

（7）现场堆有大量的可燃和易燃物质。

一级动火审批的办法：由要求进行焊、割作业的车间或工厂的行政负责人填写动火申请单，交调度室。生产调度部门要召集焊工、安全、保卫、消防等有关人员到现场，根据实际情况，议出安全实施方案；明确岗位责任；定好作业时间，由焊工、技术、安全、保卫、消防等有关人员在动火清单上签名，然后交厂主管领导审批。对危险性特别大的项目，应由厂（车间）向上级有关消防主管部门提出报告，经审批同意后，才能进行动火。

2. 二级动火审批

凡属下列情况之一的应进行二级动火审批。

（1）在具有一定危险因素的非禁火区域内进行临时焊、割作业；

（2）小型的油箱、油桶等容器；

（3）登高焊、割作业。

二级动火审批办法：由申请焊、割作业者填写动火申请单，经车间或工段的行政负责人召集焊工、车间安全员进行现场检查，在落实安全措施的前提下，由车间行政负责人、焊工、车间安全员在申请单签字后，交给厂部安全或保卫部门审批。

3. 三级动火审批

凡属非固定的、没有明显危险因素的场所需临时进行动火焊、割的都属三级动火审批范围。

三级动火审批方法：由申请动火者填写动火申请单，经焊工、车间或工段安全员签署意见后，报车间或工段长审批。

(四) 特种设备焊、割防火防爆

1. 化工生产场所及设备

化工生产本身具有易燃、易爆的特点，加上生产具有高度的连续性，焊接工作往往又是在任务急、时间紧、处于易燃、易爆、易中毒的情况下，有时甚至要在高温高压下进行。化工设备内一般储存着易燃易爆原料，而且设备往往有跑、冒、滴、漏现象，接触明火或高温都会发生重大的火灾、爆炸事故，因此，要特别注意化工生产场所的焊、割安全。

2. 化工设备的置换动火

置换动火是比较安全的办法，在设备和管道的检修中被广泛应用。用惰性气体或其他介质进行置换时，设备和管道必须暂停使用，置换过程中要不断取样分析，直至合格后才能动火。动火前后及动火的整个过程中，置换工作仍需连续进行。置换必须彻底，以防系统、设备、管道的弯头死角中积聚可燃气体，发生爆炸危险。置换动火一般适用于罐、柜、槽、桶、箱等容器。

3. 化工设备的带压不置换动火

带压不置换动火主要用于可燃气体容器、管道的焊补，这种方法主要是严格控制氧的含量，使可燃气体含量大大超过爆炸上限，然后让它以稳定的速度从管口向外喷出，点燃后与周围空气形成一个燃烧系统，并保持稳定的连续燃烧，这时对可燃气体容器及管道进行补焊或焊接作业。

带压不置换动火方法简单，作业时间短，有利于生产，但它的应用有一定的局限性，只能在连续保持一定正压的情况下进行，没有一定的压力就不能使用。因此，目前这种方法应用不广泛。

化工设备复杂、条件各不相同，因此，在化工生产场所焊、割的防火、防爆，要根据不同的设备、环境、条件采取不同的措施，不能一概而论。

4. 汽油箱(桶)的焊、割

焊、割修补汽油箱(桶)时，往往由于桶(箱)内的残余汽油和易燃气接触焊、割而引起爆炸事故。因此，对汽油桶(箱)的焊割，必须采取拆迁、清洗、置换等措施，才能焊割。

1) 清洗

首先将桶(箱)内剩余的汽油倒净，然后用火碱(氢氧化钠)水溶液倒入桶(箱)内进行清洗，火碱的用量一般为每只容量为 200L 的汽油桶(箱)使用 1 市斤，容积增大，使用火碱的数量也适当增加，清洗时 1 市斤火碱分 3 次使用。先向油桶(箱)灌进一半容积的开水，放 1/3 市斤火碱，将口堵住摇晃，然后将水倒出，如此清洗 2～3 次以后，将桶盖阀门打开，即可焊、割。

2）置换

先把桶（箱）内的残余汽油倒净，灌进氮气等非可燃性或惰性气体，然后用空气冲净、依此置换 2～3 次，再灌进惰性气体，可动火焊接。如没有惰性气体，可用蒸汽代替，但置换的次数要适当增加。

3）加水焊接法

如果汽油桶（箱）焊补点仅在桶（箱）的顶端高出容器的部位，可把汽油放净后，用清水冲 1～2 次，然后在桶（箱）内灌满清水，使容器内不积聚易燃蒸气。这种方法比较简单，但有局限性。

在汽车任何部位电焊时，不仅焊接火星会危及汽车油箱的安全，而且电焊时会使汽车处于带电状态，焊接导线连接处通电可能会发生电火花。如果不拆掉油箱，可把油箱内的汽油放净后，在油箱内灌满清水。

5. 大型油罐的焊、割

对大型油罐焊、割时，容易发生火灾、爆炸事故。一旦发生事故，将严重威胁邻近油罐和附近单位，后果不堪设想。因此，对大型油罐的动火焊、割更加应该谨慎，要做到万无一失。

对大型油罐的焊、割，不论工程大小都要按一级动火处理。组织有关部门、人员研究，认真落实安全措施，并报公安消防机关，劳动保护部门，待上级批准后，方能动火。

在动火前必须采取如下安全措施。

（1）清除可燃物。清除大型油罐内的可燃物，可把罐内油料全部放掉，油罐内壁黏附的油料、腐蚀物品必须全部铲除，然后清洗干净罐内的易燃物。对于可燃气体应采取置换通风等方法予以全部排除并对罐内的气体经过反复取样测爆，化验确认安全后才能动火焊、割。

如仅限于连接油罐的管道动火焊、割，只需把管道两头的阀门关闭，把管道内的油料清除干净，采用惰性气体、蒸气等置换管道内的易燃蒸气，经测爆、化验，达到安全要求后，便可焊、割。在作业过程中还要严防阀门的渗漏。

（2）预防电火花。油罐进行电焊时，除了清除可燃物外，还要预防电火花，即使在油罐的管道上进行电焊，也会使油罐、油泵房等凡是金属连接的所有设备都带电，焊接时有可能在某一点产生电火花而引起火灾，甚至发生爆炸事故。因此，在连接油罐的任何部位进行电焊时，必须把焊接部位与油罐切断或中间使用绝缘体隔离。如确实无法切断或隔离时，可把油罐内的油灌满，油罐顶的空间灌进惰性气体，打开泄气阀门进行置换后，再对油罐内部的空间气体进行测爆、化验，达到安全标准后，才能作业施工。

（3）气体测爆。气体测爆是对大型油罐或油轮舱动火前的一项极重要的鉴定方法。测爆过程中，取样不能集中或固定在一个部位，应从上下、左右，包括死角处，取出各个部位的气体进行鉴定。同时，还应防止测爆仪器失灵。测爆前应对仪器认真仔细校正，并使用 3 只以上的测爆仪同时取样测爆，便于分析对比以防误测。如焊接工程未能当天结束，第二天焊、割前，必须重新测爆。

九、焊工化工检修的安全作业

(一) 一般的安全技术

(1) 检修工人应熟悉在工作中碰到的酸、碱和其他有毒气体等物质的性质,避免发生灼伤和中毒。

(2) 检修工人应该知道沙箱、防毒面具、防火栓、灭火器、水门及淋浴门在什么地方,并能正确地利用它们。

(3) 检修工人在修理设备期间,应随时清理地上油污,以免使人滑倒跌伤。

(4) 检修用的工具和拆下来的零件应整齐放置,不能随便乱丢,以便做到安全迅速的检修。

(5) 待检修的设备在检修以前应由值班主任负责切断电源(或确实停妥),然后接上地线,切断机器的传动部分,取下保险开关并挂上警告牌。如设备内附有搅拌器也要卸下。

(6) 检修受压 0.07MPa 以上的机器、设备和管路之前应将其压力降到等于大气压。

(7) 待检修的机器设备,如果不断电或未降低电压,或未放净酸、碱和有毒气体等物料时绝对禁止进行修理。

(8) 在有易燃、易爆气体车间动火时,必须先在工作地点进行易燃分析,取得安全证明,经车间主任签字,并得到消防队和安全技术科的同意后,方可进行。

(9) 当使用蒸气来吹净或加热时,输送蒸气用的橡胶管应该用卡子固定在蒸气的接口管上,不要使用铁丝或绳子来捆扎。

(10) 当被蒸气或热的液体烫伤时可涂凡士林进行缓解,伤重时要去医院进行治疗。

(11) 在检修时不要触及电动机有电的部分以及电缆和照明线。

(12) 使用手电钻时,工人必须戴上橡胶手套,电钻外壳应接地。

(13) 不许使用裂边的錾子,以免伤手或崩伤眼睛。

(14) 锤柄的材料要坚实,柄头嵌入的部分应做得粗大些,并用楔子胀紧。

(15) 扳手或螺帽的尺寸要相符,不许用垫子垫在螺帽与扳手之间。

(16) 在起重或其他危险工作区域都应挂上警告信号,不许外人进入工作区域。

(17) 当机器设备检修完后,应将所有在检修时拿开的安全装置恢复原状,否则不准开机。

(18) 检修时拆开的地板,下班前应装复原处,如一时不便装上,应在四周装设栏杆,防止行人陷落。

(二) 检修封闭设备、容器的安全技术

(1) 先将设备内原存的液体或气体排放干净(易燃易爆性气体应以惰性气体置换)。

(2) 洗涤设备。

如果是盛过腐蚀性介质的容器,应用水冲洗或用蒸气吹洗,然后吹风或使之自然通风。

吸收塔要用水洗涤并用蒸气吹净。

容器内残留气体要用空气或氮气吹净,可能时用水替换排除。

(3) 安装盲板。

封闭的设备在进行检修之前,应用盲板将与它连接的出入管路截断,使检修的设备与操作的设备完全隔离。这种盲板必须保证能耐管路的工作压力,否则需将管路拆卸一节或在盲板与阀门之间加设空管或压力表,派专人看守,避免由于阀门漏气使管内压力逐渐升高而将盲板压破。

(4) 空气分析。

封闭的设备在进行检修之前,应从其内外的不同地点取空气样品分析数次,检查有无易燃、易爆、有毒气体及含氧量等。检查合格后,经检查工作负责人和车间主任在安全检查证上签字,就可进入设备内部进行检修。

(5) 安全检修。

为了检修人员的安全,凡进入设备内部进行检修的人员必须系上安全带和戴防毒面具,同时在设备外面必须有专人监护;当检修危险性大的设备时,外面的监护人也要戴防毒面具。设备内外可以用安全带的系绳进行联系,遇有意外就用此绳将设备内部的人拉出。每个设备内部检修人在其中工作多长时间,按检修工作条例规定而定。特殊情况下消防队员要在现场作救火准备。绝对禁止不戴防毒面具和没有其他人在外边监护时进入设备内去进行检修。修理时的照明应使用手提式安全电灯,其电压不得超过 12V。

(6) 中毒处理。

当检修人员吸入氨、一氧化碳、二氧化氮或其他有毒气体,中毒不十分严重时,应到户外有新鲜空气的地方休息;如中毒较严重时,应立即进行急救治疗。

(7) 钢丝绳每月应至少安全检查一次,如折断的钢丝根数超过起重钢丝绳的报废标准,则应予以更换。

(8) 禁止站立在被吊起的重物上面或下面,不得使重物吊在空中过久。

(三) 检修酸、碱、液氨等容器的安全技术

(1) 检修有硝酸、硫酸、液氨、碱液及其他强烈腐蚀性介质的设备时,要戴防护眼镜和手套,穿橡皮衣服、靴子。

(2) 当被酸、碱或液氨灼伤,受伤面不大时,可立即用棉纱擦净,再用水冲洗;受伤面大时,应立即用水洗,并进行治疗。

(3) 当酸、碱或液氨溢漏在地板上时,应加以擦干净,再用大量的水进行冲洗。

(4) 在法兰连接处换衬垫时,必须十分小心地、渐渐地拧松法兰上所有螺帽,当确知管内没有介质存在后,再拆开法兰盘。

(5) 在阀体与阀盖连接处换衬垫时,必须先拧松阀盖上所有螺帽,不要取下螺帽,用凿子或螺丝刀将阀盖稍微掀起,当确知阀内没有介质存在后,才可以安全地把阀盖取下。

(四) 防火的措施

(1) 在煤气、氨、乙炔或其他易燃易爆气体的设备和管路上进行焊接时必须办妥安全

动火证明，并按照封闭设备中修理的安全技术规定，做好隔离、吹净和分析等工作后才可进行。

(2) 有着火危险的及易燃的物质(汽油、煤油、润滑油等)，必须存放在车间内消防部门特别指定的地方。

(3) 当油类开始燃烧时，可用砂子扑灭或用氮气、蒸气把火焰与空气隔绝。

(4) 当电气设备(电动机、电线等)着火时，应将电源切断，并用干式灭火器或用氮气将火熄灭，这种情况禁止用水和泡沫灭火器灭火，以免触电。

(5) 车间内发生火灾应立即通知消防队以及值班工长和值班主任，以便及时采取灭火措施。

十、特殊焊接作业的安全技术

(一) 水下气割安全措施

水下气割的火焰是在气泡中燃烧的，为了将气体压送至水下，需要保证一定的“安全压力”，乙炔受压后极易分解为碳和氢，容易在割炬的气体混合室里引起爆炸。所以一般采用氧和氢混合的火焰。

由于在水下进行气割使用的是易燃易爆气体，本身就具有危险性，而且水下条件特殊，危险性就更大，所以在水下进行气割应注意以下几点。

(1) 焊工在工作前，必须清楚了解切割的结构内部有无易燃易爆物质。这类物质往往在水下若干年后遇到明火或熔融金属，也会引起爆炸。在水下气割时，割缝应自上而下。这是因为燃烧不完全的可燃气体在上升逸出水面过程中，遇到其他物体的阻拦，往往聚集在凹处，割缝自上而下可以避免明火引起燃烧爆炸。

(2) 在水下操作时，如果焊工不慎跌倒或气瓶用完更换新瓶时，常常会因为供气压力低于割炬所到的水深的压力而失去平衡，这时极易发生回火，因此，除了在供气总管处安装回火防止器外，还应在割炬柄与供气管之间安装安全防爆阀。安全防爆阀由逆止阀与火焰消除器组成，前者阻止可燃气的回流以免在气管内形成爆炸性混合气，后者能防止火焰流过逆止阀引燃气管中的可燃气。

换气瓶时，如不能保证压力不变，应将割炬熄灭，换好气瓶后再点燃，或将割炬送出水面，等气瓶换好后再送下水。

(3) 必须注意气瓶的压力调节器应能保证将气体压送到需要的深度，并供应足够的气量。减压器、气阀、软管等要保持清洁，不要被油脂、可燃的润滑油玷污。

焊工应携带点火机到水下引燃割炬较为安全，如在水面点燃割炬带到水下时，应特别注意割炬位置与喷口方向，以免在潜水过程中越过障碍曲折前进时，烧坏潜水服。

(4) 焊工入水后，在其作业点的水面上，相当于水深的半径区域内，禁止同时进行其他作业。焊工应备有话筒，以便随时与水面上取得联系。

(5) 焊工不得将割炬放在泥土上，以免割嘴被泥沙堵塞。每日工作完毕要用淡水冲洗割炬并晾干，以保证使用时的安全。

(6) 焊工操作时要经常注意保证供气管的安全完好。焊工不宜采用仰面向上的操作姿势,以免割断的金属块或溅落的熔渣下落时烧坏潜水服或供气管。供呼吸的气管如受损漏气,供气不足,导致潜水盔内的二氧化碳含量增加,焊工会感到疲劳与呼吸困难,严重的甚至会引起窒息。

(7) 水下气割工作,只可由受过专门训练、持有进行此类工作许可证的人员进行。此外,当进行水下气割工作时还必须遵守潜水工作的一切规定。

(二) 登高焊、割作业安全技术

设备的检修如燃料管道的检修焊补,经常需要登高作业,凡作业在离地面或工作平台(带护栏)高度在 2m 以上的均称为高处作业。

登高焊接应采取以下安全措施。

(1) 从事高处作业的焊工必须身体健康,凡患有高血压、心脏病、癫痫病、不稳定性肺结核者及酒后的工人不宜从事高处作业。

(2) 高处焊接作业必须使用标准的安全带,并将安全带紧固牢靠。耐热性差的材料,如尼龙安全带不宜使用。

(3) 焊工高处作业时,要使用符合安全的梯子,搭好跳板及脚手架。在登上机车、锅炉、煤水车、车辆等工作时,对所攀登的物件须经确认牢靠后再登。橡皮胶管,手把软线要绑紧在固定地点,不应缠绕在身上或搭在背上工作。在登上天车轨道工作时,应首先与天车司机取得联系,并设防护装置。

(4) 辅助工具,如钢丝刷、手锤、錾子及焊条,应放在工具袋里,防止掉落伤人。更换焊条时,焊条头不要随便往下扔,以免砸伤烫伤下面的人员。

(5) 高处焊接作业时,为防止火花落下或飞溅引起燃烧事故,应把动火点下部的可燃易爆物移放到安全地点,或用石棉板仔细遮盖,尤其在风力大时,更要采取措施。对落下的灼热金属和火花气溅颗粒,应随时用水熄灭。

(6) 在高空接近高压线或裸导线排时,应保持一定的安全距离(按电气安全有关规定),否则必须停电或采取适当措施,经检查确无触电可能时,方可工作。电源切断后,应在电阻上挂“有人工作,严禁合闸”字样的标示牌。

(7) 高处作业时,应设监护人,密切注意焊工的动态。电焊时,电源开关应设在监护人近旁,遇有危险征兆时,立刻拉闸。

十一、防火与灭火

(一) 火的来源与类型

起火有三个条件:可燃物、助燃物和点火源,三者缺一不可。

燃烧有三种类型:着火、自燃和闪燃。着火是可燃物受到外界火源的直接点燃而开始的。自燃是指没有受到外界火源的直接点燃而自行燃烧的现象。如黄磷在 34℃ 的空气中就能自燃。闪燃是当火焰或炽热物体接近有一定温度的易燃和可燃液体时,其液面上的蒸汽与空气的混合物会发生一闪即灭的燃烧现象,称为闪燃。发生闪燃的最低温度称为该液体的闪点。

(二) 防火措施

(1) 尽可能清除一切不必要的可燃物品。对易燃气体和液体要特别注意,防止焊接车间的氧气瓶、阀门、导管等接触油脂。

(2) 在有易燃物品存放的地方严禁吸烟。

(3) 打开装有易燃液体的容器时应使用不会产生火花的安全工具。

(4) 衣服上溅上易燃液体时,应远离点火源,随即洗掉。

(5) 建筑物应符合"建筑设计防火规范"的要求。

(6) 在有易燃物品的场所,不能用铁制工具,不能穿钉鞋和穿化纤服装以防产生火花;各类电器及其线路应严格遵守用电安全规定,防止过热及产生电弧与火花。

(7) 搬运装有易燃易爆气体及液体的金属瓶(如乙炔瓶、氧气瓶)时,不准拖拉及滚动,不能产生撞击及震动,各类运动机件应保持良好润滑,松紧适当,防止产生摩擦碰撞以引起火花。

(8) 所有厂房、车间均应贴有防火标志,并应严格遵守。

(9) 焊接作业点与乙炔瓶、氧气瓶保持不少于10m的水平距离,得有可燃、易爆物品,高处焊接时要注意火花走向。焊接地点10m内不得有可燃、易爆物品,高处焊接时要注意火花走向。

(10) 如遇可燃气体管道泄漏而着火,应先关闭有关阀门,再行灭火。

(三) 灭火

根据起火的三个条件,每一个条件都要达到一定的数量,并彼此相互作用,否则就不会燃烧。对已经进行的燃烧,若消除其中任何一个条件,燃烧便会停止。根据以上的原理,一般灭火的方法有冷却法、窒息法、隔离法和化学抑制法四种。

(1) 冷却法:将灭火剂或水直接喷射到燃烧物上以降低燃烧物的温度。当燃烧物的温度降低到该物的燃点以下时,使燃烧停止。或用水冷却火场周围的建筑物、可燃物等,使其不受火焰辐射热的威胁,阻止火势蔓延扩大。

(2) 窒息法:阻止空气流入燃烧区或用不燃烧的物质冲淡空气,使燃烧物得不到足够的氧气而熄灭。如小面积的油品火灾,火灾初起时,用不燃或难燃物料覆盖火场,阻止空气流入,在密闭的空间或容器设备起火时,充入水蒸气或氮气、二氧化碳等。

(3) 隔离法:将着火的地方或物体同周围的可燃物隔离或移开,燃烧就会因缺少可燃物而减弱。如发生火灾时积极抢救,疏散火场以及周围的可燃、易燃、易爆和助燃物品。关闭可燃气体,液体管道的阀门,以减少或阻止可燃物进入燃烧区,设法阻挡流散液体,拆除与火场毗连的易燃建筑物,以切断火路。

(4) 化学抑制法(化学灭火):加入化学物料直接参与燃烧化学反应,使燃烧赖以持续的游离基消失,从而达到灭火的目的。如1211灭火剂、干粉灭火剂即是此类化学物料。主要用在扑救轻质油品火灾和可燃气体火灾。

（四）几种手提灭火器简介

(1) 充水灭火筒。钢筒内装水，由压缩空气射出，筒身红色。

(2) 泡沫灭火筒。钢筒内装有能与水相溶，并可通过化学反应或机械方法产生泡沫的灭火药剂。产生的泡沫相对密度小(0.11～0.5)，可漂浮于可燃液体表面，或附着于可燃固体表面，形成一个泡沫隔离层，起到窒息和隔离的作用，筒身奶黄色。

(3) 二氧化碳灭火筒。钢筒内装有压缩成液态的二氧化碳，筒身黑色。初喷时会骤冷，为防出口冷凝堵塞，阀门必须全开。

(4) 干粉灭火筒。钢筒内装干粉状化学灭火剂（如碳酸氢钠、碳酸氢钾、磷酸二氢钠等）和防潮剂、流动促进剂、结块防止剂等添加剂，它同时具有上述4种灭火功能，筒身蓝色。适宜扑救易燃液体、油漆、电器设备的火灾等。因为灭火后留有残渣，不宜用于精密机械或仪器的灭火。其冷却功能有限，不能迅速降低燃烧物的表面温度，容易复燃。

(5) 可蒸发液体灭火筒。这是一种高效、低毒且适用范围较广的灭火器材，筒身为绿色。以前使用的液体是 bromochlorodifluoromethane（BCF），近年发现它对同温层有损害，故改用 heptafluoropropane(FM200)。它对飞机、车辆和重要的工业装置的灭火特别有用。

各种灭火器均应贴有标签，清楚表明其类型、使用方法、适用于哪些类型的火灾扑救。还应注明保养负责单位或人员、上次试验或保养的日期等。

(6) 其他消防设施，主要有烟雾感应器、温度感应器、消防水管系统、灭火毡、灭火弹、砂箱、各种消防标志、走火通道和警钟等。

（五）焊工灭火物质的选择

目前工业企业常用的灭火物质有水、化学液体、泡沫、固体粉末、惰性气体等。它们的灭火性能与应用范围各有不同。为了迅速扑灭焊接引起的火灾，必须按照现代的防火技术水平，根据不同的焊接工艺方法、着火物质等特点合理选择灭火物质。否则其灭火效果有时会适得其反。

(1) 电石桶、电石库房等着火时，应设法停止供水或与水接触，只能用干砂、干粉灭火机和二氧化碳灭火机扑救，不能用水或含有水分的灭火器（如泡沫灭火器、四氯化碳等）救火。

(2) 乙炔发生器着火时要先停止供水，可用二氧化碳灭火器或干粉灭火器扑救。不能用水、泡沫或四氯化碳灭火器扑救。

(3) 氧气瓶着火时，应迅速关闭氧气阀门，停止供氧，使火自行熄灭。如邻近建筑物或可燃物失火，应尽快将氧气瓶撤走，放在安全地点，防止受火场高热影响而爆炸。

(4) 电焊机着火时，首先要拉闸断电，然后再扑救。在未断电以前，不能用水或泡沫灭火器扑救，只能用干粉灭火器、二氧化碳灭火器扑救。因为水和泡沫灭火液能导电，用它扑救，容易触电伤人。

十二、化学药品和危险物料常识简介

(一) 工业用危险物料的分类

(1) 爆炸性物料。其本身可因化学反应产生大量高温高压气体,高速膨胀,足以对周围造成杀伤性破坏。

(2) 易氧化物料。虽然本身不一定可燃,但与其他物料混杂时容易氧化,增加了火灾的危险性。

(3) 会自燃的物料。在普通环境中不需外加能量,只要与空气接触,就会升温自燃。

(4) 有毒物料。普通接触即会对人产生严重伤害甚至致命。

(5) 腐蚀性物料。普通接触即会产生程度不同的腐蚀性损害。

(二) 化学药品对健康的影响

化学药品与人们的生活关系密切。化学药品可以防病治病,可以增加农业收成。也有不少化学药品如果使用不当,可能危及健康,也可能会毒化环境。化学药品进入人体的途径有呼吸、吸收(通过皮肤或眼)、进食、妊娠等。

(三) 减少有害化学药品影响的方法

(1) 使用较为安全的其他代用品;

(2) 加强抽风;

(3) 大量送入新鲜空气。

十三、焊接安全技术与劳动保护

焊工在焊接时要与电、可燃及易爆的气体、易燃液体、压力容器等接触,在焊接过程中还会产生一些有害气体、烟尘、电弧光的辐射、焊接热源(电弧、气体火焰)的高温、高频磁场、噪声和射线等,有时还要在高处、水下、容器设备内部等特殊环境作业。因此,焊接安全生产非常重要,如果焊工不熟悉有关劳动保护知识,不遵守安全操作规程,就可能引起触电、灼伤、火灾、爆炸、中毒、窒息等事故,这不仅给国家财产造成经济损失,而且直接影响焊工及其他工作人员的人身安全。

我国把焊接、切割作业定为特种作业。特种作业人员,必须进行专门的安全技术理论学习和实践操作训练,并经考试合格后,方可进行独立作业。只有经常对焊工进行安全技术与劳动保护的教育和培训,使其从思想上重视安全生产,明确安全生产的重要性,增强责任感,了解安全生产的规章制度,熟悉并掌握安全生产的有关措施,才能有效地避免和杜绝事故的发生。

（一）焊接安全技术

1. 预防触电的安全技术

通过人体的电流大小，决定于线路中的电压和人体的电阻。人体的电阻除人体自身的电阻外，还包括人所穿的衣服、鞋等的电阻。干燥的衣服、鞋及干燥的工作场地，能使人体的电阻增大。人体的电阻约为 800～50 000Ω。通过人体的电流大小不同，对人体的伤害轻重程度也不同。当通过人体的电流强度超过 0.05A 时，生命就有危险；达到 0.1A 时，足以使人致命，40V 的电压就足以对人身产生危险。而焊接工作场地所用的网路电压为 380V 或 220V，焊机的空载电压一般都在 60V 以上。因此，焊工在工作时必须注意防止触电。

(1) 焊工要熟悉和掌握有关电的基本知识，以及预防触电和触电后的急救方法等知识，严格遵守有关部门规定的安全措施，防止触电事故发生。

(2) 遇到焊工触电时，切不可赤手去拉触电者，应先迅速将电源切断。如果切断电源后触电者呈昏迷状态时，应立即对其施行人工呼吸，直至送到医院为止。

(3) 在光线昏暗的场地或废弃容器内操作或夜间工作时，使用的工作照明灯的安全电压应不大于 36V，高空作业或特别潮湿的场所，其安全电压应不超过 12V。

(4) 焊工的工作服、手套、绝缘鞋应保持干燥。

(5) 在潮湿的场地工作时，应用干燥的木板或橡胶板等绝缘物作垫板。

(6) 焊工在拉、合电源刀开关或接触带电物体时，必须单手进行。因为双手操作电源刀开关或接触带电物体时，如发生触电，会通过人体心脏形成回路，造成触电者迅速死亡。

2. 预防火灾和爆炸的安全技术

焊接时，由于电弧及气体火焰的温度很高，而且在焊接过程中有大量的金属火花飞溅物，如稍有疏忽大意，就会引起火灾甚至爆炸。因此焊工在工作时，为了防止火灾及爆炸事故的发生，必须采取下列安全措施。

(1) 焊接前要认真检查工作场地周围是否有易燃易爆物品（如棉纱、油漆、汽油、煤油、木屑），如有易燃易爆物品，应将这些物品移至距离焊接工作地 10m 以外。

(2) 在焊接作业时，应注意防止金属火花飞溅而引起火灾。

(3) 严禁设备在带压时焊接或切割，带压设备一定要先解除压力（卸压），并且焊割前必须打开所有孔盖。未卸压的设备严禁操作，常压而密闭的设备也不许进行焊接或切割。

(4) 凡被化学物质或油脂污染的设备都应清洗后再进行焊接或切割。如果是易燃、易爆或者有毒的污染物，更应彻底清洗，经有关部门检查，并填写动火证后，才能进行焊接或切割。

(5) 在进入容器内工作时，焊接或切割工具应随焊工同时进出，严禁将焊接或切割工具放在容器内而焊工擅自离去，以防混合气体燃烧和爆炸。

(6) 焊条头及焊后的焊件不能随便乱扔，要妥善管理，更不能扔在易燃、易爆物品的附近，以免发生火灾。

(7) 离开施焊现场时，应关闭气源、电源，并将火种熄灭。

3. 预防有害气体和烟尘中毒的安全技术

焊接时，焊工周围的空气常被一些有害气体及粉尘所污染，如氧化锰、氧化锌、臭氧、氟化物、一氧化碳和金属蒸气。焊工长期呼吸这些烟尘和气体，对身体健康是不利的，甚至引起焊工患上肺尘埃沉着病(俗称尘肺)及锰中毒等，因此，应采取下列预防措施。

(1) 焊接场地应有良好的通风。焊接区的通风是排出烟尘和有毒气体的有效措施，通风的方式有以下几种。

① 全面机械通风，在车间内安装数台轴流式风机向外排风，使车间内经常更换新鲜空气；②局部机械通风，在焊接工位安装小型通风机械，进行送风或排风；③充分利用自然通风正确调节车间的侧窗和天窗，加强自然通风。

(2) 合理组织劳动布局，避免多名焊工拥挤在一起操作。

(3) 尽量扩大埋弧自动焊的使用范围，以代替焊条电弧焊。

(4) 做好个人防护工作，减少烟尘等对人体的侵害，目前多采用静电防尘口罩。

4. 预防弧光辐射的安全技术

弧光辐射主要包括可见光、红外线、紫外线三种辐射。过强的可见光耀眼炫目；眼部受到红外线辐射，会感到强烈的灼伤和灼痛，发生闪光幻觉；紫外线对眼睛和皮肤有较大的刺激性，它能引起电光性眼炎。电光性眼炎的症状是眼睛疼痛、有砂粒感、多泪、畏光、怕风吹等，但电光性眼炎治愈后一般不会有任何后遗症。皮肤受到紫外线照射时，先是痒、发红、触疼，以后会变黑、脱皮。如果工作时注意防护，以上症状是不会发生的。因此，焊工应采取下列措施预防弧光辐射。

(1) 焊工必须使用有电焊防护玻璃的面罩；

(2) 面罩应该轻便、成形合适、耐热、不导电、不导热、不漏光；

(3) 焊工工作时，应穿白色帆布工作服，以防止弧光灼伤皮肤；

(4) 操作引弧时，焊工应该注意周围工人，以免强烈弧光伤害他人眼睛；

(5) 在厂房内和人多的区域进行焊接时，尽可能地使用防护屏，避免周围人受弧光伤害；

(6) 重力焊或装配定位焊时，要特别注意弧光的伤害，因此，要求焊工或装配工佩戴防护眼镜。

5. 特殊环境焊接的安全技术

特殊环境焊接，是指在一般工业企业正规厂房以外的地方。例如，在高空、野外、容器内部等进行的焊接。在这些地方焊接时，除遵守上面介绍的一般技术要求外，还要遵守一些特殊的规定。

1) 高处焊接作业

焊工在距基准面 2m 以上(包括 2m)有可能坠落的高处进行焊接作业称为高处(登高)焊接作业。

(1) 患有高血压、心脏病等疾病与酒后人员，不得进行高处焊接作业。

(2) 高处焊接作业时，焊工应系安全带，地面应有人监护(或两人轮换作业)。

(3) 在高处焊接作业时，登高工具(如脚手架等)要安全、牢固、可靠，焊接电缆线等应扎紧在固定地方，不能缠绕在身上或搭在背上工作。不能用可燃物（如麻绳等）作固定脚手架、焊接电缆线和气割用气管的材料。

(4) 乙炔瓶、氧气瓶、焊机等焊接设备器具应尽量留在地面上。

(5) 雨天、雪天、雾天或刮大风（6 级以上）时，禁止高处焊接作业。

2) 容器内焊接作业

(1) 进入容器内部前，先要弄清容器内部的情况。

(2) 把该容器和外界联系的部位，都要进行隔离和切断，如电源和附带在设备上的水管、料管、蒸气管、压力管等均要切断并挂牌。如容器内有污染物，应进行清洗并经检查确认无危险后，才能进入内部进行焊接。

(3) 进入容器内部焊接要实行监护制，派专人进行监护，监护人不能随便离开现场，并与容器内部的人员经常取得联系。

(4) 在容器内焊接时，内部尺寸不应过小，还应注意通风排气工作。通风应用压缩空气，严禁使用氧气作为通风气源。

(5) 在容器内部作业时，要做好绝缘防护工作，最好垫上绝缘垫，以防止触电等事故的发生。

3) 露天或野外作业

(1) 夏季在露天工作时，必须有防风雨棚或临时凉棚。

(2) 露天作业时应注意风向，以免吹散的铁液及焊渣伤人。

(3) 雨天、雪天或雾天时，不准露天作业。

(4) 夏季进行露天气焊、气割时，应防止氧气瓶、乙炔瓶直接受烈日暴晒，以免气体膨胀发生爆炸。冬季如遇瓶阀或减压器冻结时，应用热水解冻，严禁火烤。

（二）焊接劳动保护

所谓劳动保护是指为保障职工在生产劳动过程中的安全和健康所采取的措施。如果在焊接过程中不注意安全生产和劳动保护，就有可能引起爆炸、火灾、灼烫、触电、中毒等事故，甚至可能使焊工患上尘肺、电光性眼炎、慢性中毒等职业病。因此在焊接生产过程中，必须重视焊接劳动保护，焊接劳动保护应贯穿于整个焊接过程中。加强焊接劳动保护的措施很多，主要应从两方面控制：①从研究和采用安全卫生性能好的焊接技术及提高焊接机械化、自动化程度方面着手；②加强焊工的个人防护。

1. 采用安全卫生性能好的焊接技术及提高焊接自动化水平

要不断改进、更新焊接技术、焊接工艺，研制低毒、低尘的焊接材料。采取适当的工艺措施减少和消除可能引起事故和职业危害的因素，如采用低锰、低毒、低尘焊条代替普通焊条。采用安全卫生性能好的焊接方法，如埋弧焊、电阻焊等，或以焊接机器人代替焊条电弧焊等手工操作技术。提高焊接机械化、自动化程度，也是全面改善安全卫生条件的主要措施之一。

2. 加强焊工的个人防护

在焊接过程中加强焊工的自我防护也是加强焊接劳动保护的主要措施。焊工的个人防护主要有使用防护用品和搞好卫生保健等方面。

(1) 使用个人防护用品。焊接作业时的防护用品种类较多,有防护面罩、头盔、防护眼镜、安全帽、防噪声塞、耳罩、工作服、手套、绝缘鞋、安全带、防尘口罩、防毒面罩等。在焊接生产过程中,必须根据具体焊接要求加以正确选用。

(2) 搞好卫生保健工作。焊工应进行从业前的体检和每两年一次的定期体检。应设有焊接作业人员的更衣室和休息室;作业后要及时洗手、洗脸,并经常清洗工作服及手套等。

总之,为了杜绝和减少焊接作业中事故和职业危害的发生,必须科学地、认真地搞好焊接劳动保护工作,加强焊接作业安全技术和生产管理,使焊接作业人员可以在一个安全、卫生、舒适的环境中工作。

十四、劳动保护用品的种类及使用要求

为保护焊工的身体健康和生命安全,我们必须加强焊接劳动保护教育,学会正确使用焊接劳动保护用品,从图 1-3 所示焊工操作现场,劳动保护用品的种类及使用要求如下。

(一) 工作服

焊接工作服的种类很多,最常用的是棉帆布工作服。棉帆布有隔热、耐磨、不易燃烧、可防止烧伤等作用。焊接与切割作业的工作服不能用一般合成纤维织物制作。

(二) 焊工防护手套

焊工防护手套一般为牛(猪)革制手套或由棉帆布和皮革合成材料制成,具有绝缘、耐辐射、抗热、耐磨、不易燃和防止高温金属飞溅物烫伤等作用。在可能导电的焊接场所下作时,所用手套应经耐压 3000V 试验,合格后方能使用。

(三) 焊工防护鞋

焊工防护鞋应具有绝缘、抗热、不易燃、耐磨损和防滑的性能,焊工防护鞋的橡胶鞋底经 5000V 耐压试验合格(不击穿)后方能使用。如在易燃易爆场合焊接时,鞋底不应有鞋钉,以免产生摩擦火星。在有积水的地面焊接切割时,焊工应穿用经过 6000V 耐压试验合格的防水橡胶鞋。

(四) 焊接防护面罩

电焊防护面罩上有合乎作业条件的滤光镜片,起防止焊接弧光、保护眼睛的作用。镜片颜色以墨绿色和橙色为多。面罩壳体应选用阻燃或不燃的且无刺激皮肤的绝缘材料制成,应遮住脸面和耳部,结构牢靠,无漏光,起防止弧光辐射和熔融金属飞溅物烫伤面部和颈部的作用。在狭窄、密闭、通风不良的场合,还应采用输气式头盔或送风头盔。

(五) 焊接护目镜

气焊、气割的防护眼镜片,主要起滤光、防止金属飞溅物烫伤眼睛的作用。应根据焊

接、切割工件板的厚度选择。

(六) 防尘口罩和防毒面具

在焊接、切割作业时，当采用整体或局部通风仍不能使烟尘浓度降低到容许浓度标准以下时，必须选用合适的防尘口罩和防毒面具，过滤或隔离烟尘和有毒气体。

(七) 耳塞、耳罩和防噪声盔

国家标准规定工业企业噪声一般不应超过 85dB，最高不能超过 90dB。为了消除和降低噪声，应采取隔声、消声、减振等一系列噪声控制技术。当仍不能将噪声降低到允许标准以下时，则应采用耳塞、耳罩或防噪声盔等个人噪声防护用品。

十五、劳动保护用品使用办法

(1) 正确穿戴工作服。穿工作服时要把衣领和袖口扣好，上衣不应扎在工作裤里边，工作服不应有破损、孔洞和缝隙，不允许穿粘有油脂或潮湿的工作服。

(2) 在仰位焊接、切割时，为了防止火星、熔渣从高处溅落到头部和肩上，焊工应在颈部围毛巾，穿着用防燃材料制成的护肩、长套袖、围裙和鞋盖。

(3) 电焊手套和焊工防护鞋不应潮湿和破损。

(4) 正确选择电焊防护面罩上护目镜的遮光号以及气焊、气割防护镜的眼镜片。

(5) 采用输气式头盔或送风头盔时，应经常使口罩内保持适当的正压。若在寒冷季节，应将空气适当加温后再供人使用。

(6) 佩戴各种耳塞时，要将塞帽部分轻轻推入外耳道内，使它和耳道贴合，不要用力太猛和塞得太紧。

(7) 使用耳罩时，应先检查外壳有无裂纹和漏气，使用时务必使耳罩软垫圈与周围皮肤贴合。

第三节　焊工安全操作规程

一、学生实操守则

(1) 实操前按要求穿着工作服及按工种穿戴其他劳保用品(如防护眼镜、帽子等)，严禁穿着背心、凉鞋、拖鞋、围巾进入实操场地。

(2) 践行 9S 管理，文明实操，不准迟到、早退、旷课；自觉维护场所环境卫生，地面不得乱摆工件杂物和工具箱，严禁乱涂乱划、随地吐痰、丢垃圾；保持实操场所和仪器设备的整齐清洁。

(3) 要有高度的安全防范意识。学生首次实操前要通过安全文明学习，填写《安全、文明教育登记表》,未参加安全文明学习的同学不得进行实操。

(4) 学生进入实操场所后应保持安静,不得高声喧哗或打闹。

(5) 实操时必须严格遵守各工种实操规章制度和操作规程,认真聆听教师讲解实操目标、步骤、设备性能、操作方法、程序和注意事项,服从实操指导教师的指导,按要求进行操作。

(6) 爱护实操设备,节约使用材料。认真填写设备交接表,发现问题应及时报告。未经许可不得动用与本实操项目无关的仪器设备及其他物品,严禁将实操设备和物品带出实操场地。

(7) 操作时必须注意安全,按照实操要求做好准备工作,经指导教师检查许可后,方可接通电源或启动设备;掌握出现险情的应急处理办法,避免发生安全事故,防止损坏仪器设备,若出现问题应立即向指导教师报告待查明原因,确认排除故障后,方可继续操作。

(8) 实操完毕后,必须切断电源、关闭水源、熄灭火源,并将仪器设备、工具及场地整理复原,值日人员要认真打扫卫生,整理好实操区。经实操教师查验合格后,方可离开实操区。

(9) 实操完毕后要认真完成实训周记,不得乱凑或抄袭他人实操结果。

(10) 对违反实操规章制度、操作规程而造成事故或损坏仪器设备者,要视情节轻重按学校有关规定给予处理。

二、焊工工场实习守则

(1) 电焊、气焊、气割工均属于特殊工种,未经专业安全知识学习、训练的人员不能进入工场。

(2) 操作场地禁止存放易燃易爆物品,操作场地的 10m 内,不储存放油类或其他易燃易爆的物品。

(3) 操作场地应备有消防器材,保证足够的照明和良好的通风。

(4) 进入场内,必须穿戴好防护用品,操作时所有焊工必须戴好防护眼镜或面罩。

(5) 工作完毕,应检查场地,灭绝火种,切断电源,把氧气瓶乙炔瓶阀门拧紧才能离开。

三、气焊(火焰钎焊)、气割的安全操作规程

(1) 所有独立从事气焊(火焰钎焊)、气割作业人员必须经劳动安全部门或指定部门培训,经考试合格后持证上岗。

(2) 气焊(火焰钎焊)、气割作业人员在作业中应严格按各种设备及工具的安全使用规程操作设备和使用工具。

(3) 所有气路、容器和接头的检漏只准使用肥皂水,试验时周围不准有明火,严禁用火试验漏气。

(4) 工作前应将工作服、手套及工作鞋、护目镜等穿戴整齐。各种防护用品均应符合

国家有关标准的规定。

(5) 焊接场地要备有相应的消防器材。

(6) 各种气瓶均应竖立稳固或装在专用的胶轮车上使用，气焊、气割作业人员应备有开启各种气瓶的专用扳手，禁止用易产生火花的工具去开启氧气或乙炔气阀。

(7) 禁止使用各种气瓶做登高支架或支撑重物的衬垫。

(8) 氧气瓶、乙炔瓶与明火间的距离应在10m以上，如条件限制，也不准低于5m，并应采取隔离措施。焊接与切割前应检查工作场地周围的环境，不要靠近易燃、易爆物品。如果有易燃、易爆物品，应将其移至5m以外。要注意氧化渣在喷射方向上是否有他人在工作，要安排他人避开后再进行切割。

(9) 焊接切割盛装过易燃及易爆物料(如油、漆料、有机溶剂、脂等)、强氧化物或有毒物料的各种容器(桶、罐、箱等)、管段、设备，必须遵守《化工企业焊接与切割中的安全》有关的规定，采取安全措施。并且应获得本企业和消防管理部门的动火证明后才能进行作业。

(10) 在狭窄和通风不良的地沟、坑道、检查井、管段等半封闭场进行气焊、气割作业时，应在地面调节好焊、割炬混合气，并点好火焰，再进入焊接场所。焊炬、割炬应随人进出，严禁放在工作地点。

(11) 在密闭容器、桶、罐、舱室中进行气焊气割作业时，应先打开施工处的孔、洞、窗，使内部空气流通，防止焊工中毒烫伤。场外要有专人监护。工作完毕或暂停时，焊、割炬及胶管必须随人进出，严禁放在工作地点。禁止在储有易燃物品的房间内进行焊接。

(12) 禁止在带压力或带电压的容器、罐、柜、管道、设备上同时进行电弧焊和氧-乙炔切割作业。在特殊情况下需从事上述工作时，应向上级主管安全部门申请，经批准并做好安全防护措施后操作方可进行。

(13) 严格遵守一般焊工安全操作规程和有关乙炔瓶氧气瓶、橡胶软管的安全使用规则和焊(割)安全操作规程；焊接切割现场禁止将气体胶管与焊接电缆、钢绳绞在一起；气焊与气割工作前，应检查胶管有无磨损、划伤、穿孔、裂纹、老化等现象，并及时修理和更换。

(14) 焊接切割胶管应妥善固定，禁止缠绕在身上作业。

(15) 在已停止运转的机器中进行焊接与切割作业时，必须彻底切断机器的电源(包括主机、辅助机、运转机构)和气源，锁住启动开关，并设置明确安全标志，由专人看管。

(16) 禁止直接在水泥地上进行切割，防止水泥地面爆皮伤人。

(17) 切割工件应垫高100mm以上并支架稳固，对可能造成烫伤的火花飞溅进行有效防护。

(18) 对悬挂在起重机吊钩或其他位置的工件及设备，禁止进行焊接与切割。如必须进行焊接切割作业，应经企业安全部门批准，采取有效安全措施后方可作业。

(19) 气焊(火焰钎焊)、气割所有设备上禁止搭架各种电线、电缆。

(20) 露天作业时遇有六级以上大风或下雨时应停止焊接或切割作业。

(21) 工作前或停工时间较长再工作，必须检查所有设备。乙炔瓶、氧气瓶、橡胶软管的接头阀门及紧固件应牢靠，不准有松动、破损和漏气现象，氧气瓶及其附件、橡胶软管、工具上不能沾染油脂污垢。

(22) 压力容器及压力表安全阀应定期送交校验、检查,调整压力器件及安全附件,要先采取措施消除余气才能进行。

(23) 工作完毕或离开工作现场,要拧上气瓶的安全帽,收拾现场,灭绝火种,才可以离开。

(24) 操作过程有回火现象,应立即关闭乙炔阀,安全后才再继续操作。

四、电弧焊工安全技术操作规程

(1) 应掌握一般电气知识,还应熟悉灭火技术,触电急救及人工呼吸方法。

(2) 工作前应检查焊机电源线,引出线及各接线点是否良好,线路横越车行道应架空或加保护盖;焊机二次线路及外壳必须有良好接地;焊条的夹钳绝缘必须良好。

(3) 下雨天不准露天电焊,在潮湿地带工作时,应站在铺有绝缘物品的地方并穿好绝缘鞋。

(4) 移动式电焊机从电力网上接线或拆线,以及接地等工作均应由电工进行。

(5) 推闸刀开关时,身体要偏斜些,要一次推足,然后开启电焊机;停机时,先要关电焊机,才能拉断电源闸刀开关。

(6) 移动电焊机位置,须先停机断电。焊接中突然停电,应立即关闭电焊机。

(7) 在人多的地方焊接时,应安设遮栏挡住弧光,无遮栏时应提醒周围人员不要直视弧光。

(8) 换焊条时应戴好手套,身体不要靠在铁板或其他导电物件上,敲渣子时应戴上防护眼镜。

(9) 使用自动(半自动)电焊时,必须检查机电设备的接地装置、防护装置、限位装置、电气线路是否完好和符合安全要求,对机械运转部分应试验是否灵活,并加润滑油。检查设备周围有无障碍物,场地必须通风良好,不潮湿,必要时加设风扇及绝缘垫。

(10) 合闸后不准任意拔掉控制箱通往变压器及焊接机头(如小车)的插销。

(11) 工作完毕应关闭电焊机,再断开电源。

五、焊接安全检查

焊工在操作时,除加强个人防护外,还必须严格执行焊接安全规程,掌握安全用电、防火、防爆常识,最大限度地避免安全事故。

(一) 焊接场地、设备安全检查

(1) 检查焊接与切割作业点的设备、工具、材料是否排列整齐,不得乱堆乱放。

(2) 检查焊接场地是否保持必要的通道,且车辆通道宽度不小于3m;人行通道不小于1.5m。

(3) 检查所有气焊胶管、焊接电缆线是否互相缠绕,如有缠绕,必须分开。气瓶用后是否已移出工作场地。在工作场地各种气瓶不得随便摆放。

(4) 检查焊工作业面积是否足够,焊工作业面积不应小于 $4m^2$;地面应干燥;工作场地要有良好的自然采光或局部照明。

(5) 检查焊割场地周围 10m 范围内,各类可燃易爆物品是否清除干净。如不能清除干净,应采取可靠的安全措施,如用水喷湿或用防火盖板、湿麻袋、石棉布等覆盖。

(6) 室内作业应检查通风是否良好。多点焊接作业或与其他工种混合作业时,各工位间应设防护屏。

(7) 室外作业现场要检查以下内容:登高作业现场是否符合安全要求;在地沟、坑道、检查井、管段和半封闭地段等处作业时,应严格检查有无爆炸和中毒危险,应该用仪器(如测爆仪、有毒气体分析仪)进行检验分析,禁止用明火及其他不安全的方法进行检查。对附近敞开的孔洞和地沟,应用石棉板盖严,防止火花进入。

(8) 对焊接切割场地检查时要做到:仔细观察环境,分析各类情况,认真加强防护。为保证安全生产,在下列情况下不得进行焊、割作业。

① 施焊人员没有安全操作证又没有持证焊工现场指导时不能进行焊、割作业;

② 凡属于有动火审批手续者,手续不全不得擅自进行焊、割作业;

③ 焊工不了解焊、割现场周围情况,不能盲目焊割;

④ 焊工不了解焊、割件内部是否安全时,未经彻底清洗,不能进行焊、割作业;

⑤ 对盛装过可燃气体、液体、有毒物质的各种容器,未做清洗,不能进行焊、割作业;

⑥ 用可燃材料作保温、冷却、隔音、隔热的部位,若火星能飞溅到,在未采取可靠的安全措施之前,不能进行焊、割作业;

⑦ 有电流、压力的导管、设备、器具等在未断电、泄压前,不能进行焊、割作业;

⑧ 焊、割部位附近堆放有易燃、易爆物品,在未彻底清理或未采取有效防护措施前,不能进行焊、割作业;

⑨ 与外部设备相接触的部位,在没有弄清外部设备有无影响或明知存在危险性又未采取切实有效的安全措施之前,不能进行焊、割作业;

⑩ 焊、割场所与附近其他工种有互相抵触时,不能进行焊、割作业。

(二) 工夹具的安全检查

为了保证焊工的安全,在焊接前应对所使用的工具、夹具进行检查。

(1) 电焊钳焊接前应检查电焊钳与焊接电缆接头处是否牢固。如果两者接触不牢固,焊接时将影响电流的传导,甚至会打火花。另外,接触不良将使接头处产生较大的接触电阻,造成电焊钳发热、变烫,影响焊工的操作。此外,应检查钳口是否完好,以免影响焊条的夹持。

(2) 面罩和护目镜片主要检查面罩和护目镜是否遮挡严密,有无漏光现象。

(3) 角向磨光机要检查砂轮转动是否正常,有没有漏电的现象;砂轮片是否已经紧固,是否有裂纹、破损,要杜绝使用过程中砂轮碎片飞出伤人。

(4) 锤子要检查锤头是否松动,避免在打击中锤头甩出伤人。

(5) 扁铲、錾子应检查其边缘有无飞刺、裂痕,若有应及时清除,防止使用中碎块飞出伤人。

六、焊工的十个不焊、割

有下列情况之一的,焊工有权拒绝焊、割,各级领导都应支持,不得强迫工人违章冒险作业。

(1) 焊工没有操作证,也没有正式焊工在现场进行技术指导时不能进行焊、割。

(2) 凡属一、二、三级动火范围的焊、割,未办理动火审批手续不得擅自进行焊、割。

(3) 焊工不了解焊、割件现场周围情况,不能盲目焊、割。

(4) 焊工不了解焊、割件内部是否安全时,不能焊、割。

(5) 盛装过可燃气体、易燃液体、有毒物质的各种容器,未经彻底清理,不能焊、割。

(6) 用可燃材料(如塑料、软木、玻璃钢、聚丙烯薄膜、稻草、沥青等)做保温、冷却、隔音、隔热的部位,火星能飞溅到的地方,未经采取切实可靠的安全措施之前,不能焊、割。

(7) 有压力或密封的容器、管道不得焊、割。

(8) 焊、割部位附近有易燃易爆物品,在未作彻底清理或未采取有效安全措施前,不得焊、割。

(9) 与外单位相接触的部分,在没有弄清外单位有否影响,或明知有危险又未采取切实有效的安全措施之前,不得焊、割。

(10) 焊、割场所与附近其他工种互相有抵触时,不能焊、割。

七、实习安全保证书

实习安全保证书参考如下。

通过学习有关实习制度以及相关安全知识,本人在焊工实习时,一定遵守各项规章制度,遵守各项安全操作规程,做到安全,文明实习。

1. ……

2. ……

3. ……

如果违反规章制度、安全操作规程,造成他人或自身伤害,造成设备事故,由本人承担全部责任。

班级:

保证人姓名:

学号:

年　月　日

第四节　实习场地 9S 管理简介

9S 管理来源于企业,是现代企业行之有效的现场管理理念和方法,通过规范现场、现物,营造一目了然的工作环境,培养师生良好的工作习惯,其最终目的是提升人的品质,养成良好的工作习惯。

一、9S

9S是整理(Seiri)、整顿(Seiton)、清扫(Seiso)、清洁(Setketsu)、素养(Shtsuke)、安全(Safety)、节约(Save)、学习(Study)、服务(Service)9个项目,因其英语均以“S”开头,简称为9S。其作用是:提高效率,保证质量,使工作环境整洁有序,预防为主,保证安全。

1. 整理

定义:区分要用和不要用的,留下必要的,其他都清除掉。

目的:把“空间”腾出来活用。

2. 整顿

定义:有必要留下的,依规定摆整齐,加以标识。

目的:不用浪费时间找东西。

3. 清扫

定义:工作场所看得见看不见的地方全清扫干净,并防止污染的发生。

目的:消除“脏污”,保持工作场所干干净净、明明亮亮。

4. 清洁

定义:将上面3S实施的做法制度化,规范化,保持成果。

目的:通过制度化来维持成果,并显现“异常”之所在。

5. 素养

定义:每位师生养成良好习惯,遵守规则,有美誉度。

目的:改变“人质”,养成工作讲究认真的习惯。

6. 安全

(1) 管理上制定正确作业流程,配置适当的工作人员监督指示功能;

(2) 对不合安全规定的因素及时举报消除;

(3) 加强作业人员安全意识教育,一切工作均以安全为前提;

(4) 签订安全责任书。

目的:预知危险,防患未然。

7. 节约

减少企业的人力、成本、空间、时间、库存、物料消耗等因素。

目的:养成降低成本习惯,加强作业人员减少浪费意识教育。

8. 学习

深入学习各项专业技术知识,从实践和书本中获取知识,同时不断地向同事及上级主管学习,从而达到完善自我,提升综合素质。

目的：使企业得到持续改善、培养学习性组织。

9. 服务

站在客户(外部客户、内部客户)的立场思考问题,并努力满足客户要求,特别是不能忽视内部客户(后道工序)的服务。

目的：让每一个员工树立服务意识。

二、9S 管理的目的

通过规范现场、现物,营造一目了然的工作环境,培养师生良好的工作习惯,其最终目的是提升人的品质,养成良好的工作习惯。9S 管理是校企合一的体现,在企业现场管理的基础上,通过创建学习型组织不断提升企业文化的素养,消除安全隐患、节约成本和时间。实行 9S 管理的目的如下。

(1) 全面现场改善,创造明朗、有序的实训环境,建设具有示范效应的实训场所。

(2) 全校上下初步形成改善与创新文化氛围。

(3) 激发全体员工的向心力和归属感；改善员工精神面貌,使组织活力化。人人都变成有修养的员工,有尊严和成就感,对自己的工作尽心尽力,并带动改善意识,增加组织的活力。

(4) 优化管理,减少浪费,降低成本,提高工作效率,塑造学校一流形象。

(5) 形成校企合一的管理制度；建立持续改善的文化氛围。

(6) 提高工作场所的安全性。储存明确,物归原位,地上不随意摆放不该放置的物品。如果工作场所有条不紊,意外的发生也会减少,安全就会有保障。

(7) 9S 管理的根本目的是提高人的素质。

三、9S 管理意识

(1) 9S 管理是校园文化的体现,是校企合一教学的需要。

职业院校是与生产紧密联系的学校,很多管理都与企业息息相关,校企合一,使学生具有企业职业素养是教学目标。

(2) 工作再忙,也要进行 9S 管理。

教学与 9S 管理并非对立,9S 管理是工作的一部分,是一种科学的管理方法,可以应用于生产工作的方方面面。其目的之一,就是提高工作效率,解决生产中的忙乱问题。

四、9S 管理流程

推行 9S 管理，所做的管理内容和所评估的业绩应当是在持续优化和规范生产现场的同时，达到不断提高生产效率和降低生产成本的目的。

9S 管理流程图如图 1-7 所示。

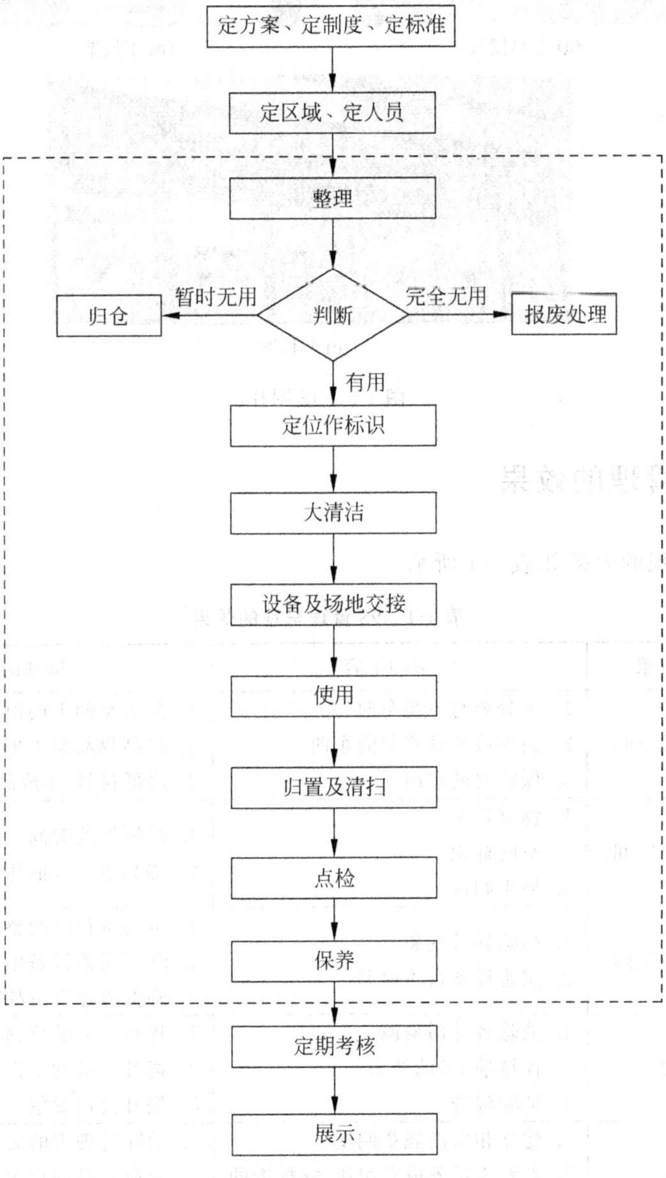

图 1-7　9S 管理流程图

我国香港地区某学校老师设计的工具放置架以及某齿轮厂 9S 挂图如图 1-8 所示。

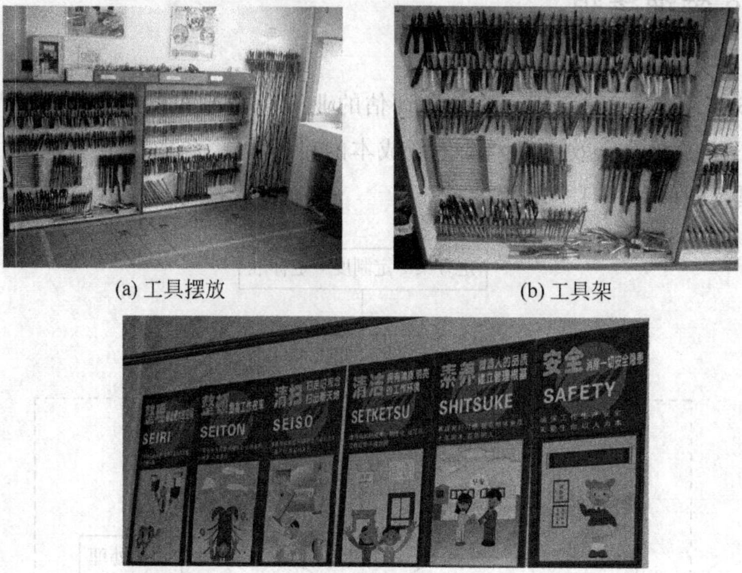

(a) 工具摆放　(b) 工具架

(c) 9S挂图

图 1-8　9S 图片

五、9S 管理的效果

9S 管理呈现的效果如表 1-1 所示。

表 1-1　9S 管理呈现的效果

9S	对象	实 施 内 容	呈现的成果
整理	物品空间	1. 区分要与不要东西 2. 丢弃或处理不要的东西 3. 保管要的东西	1. 减少空间上的浪费 2. 提高物品架子柜子的利用率 3. 降低材料、半成品、成品的库存成本
整顿	时间空间	1. 物有定位 2. 空间标识 3. 易于归位	1. 缩短换线时间 2. 提高生产线的作业效率
清扫	设备空间	1. 扫除异常现象 2. 实施设备自主保养	1. 维持责任区的整洁 2. 落实机器设备维修保养计划 3. 降低机器设备故障率
清洁	环境	1. 消除各种污染源 2. 保持前 3S 的结果 3. 消除浪费	1. 提高产品品位、减少返工 2. 提升人员的工作效能 3. 提升公司形象
素养	人员	1. 建立相关的规章制度 2. 教育人员养成守纪律、守标准的习惯	1. 消除管理上的突发状况 2. 养成人员的自主管理 3. 提升员工的素养、士气

续表

9S	对象	实施内容	呈现的成果
安全	人员	1. 通过现场整理整顿、现场作业9S实施，消除安全隐患 2. 通过现场审核法，消除危险源	实现全面安全管理
节约	人员	1. 减少成本、空间、时间、库存、物料消耗 2. 内部挖潜，杜绝浪费	1. 养成降低成本习惯 2. 加强操作人员减少浪费意识教育
学习	人员	1. 学习各项专业技术知识 2. 从实践和书本中获取知识	1. 持续改善 2. 培养学习性组织
服务	人员	1. 满足客户要求 2. 培养全局意识，我为人人，人人为我	人人时时树立服务意识

第二部分

焊工上岗应知应会知识

CHAPTER 2

第二章

焊条电弧焊

知识要点：学会正确调整、使用焊接设备及工具；掌握焊条电弧焊焊接工艺参数的选择原则；掌握焊条电弧焊的引弧操作和运条的基本方法；能够在坡口板上焊接出符合外形尺寸要求的焊缝并均匀无缺陷。

技能目标：掌握正确的电弧焊姿势，掌握电弧焊操作技能，达到一定的熟练程度。

学习建议：认真看示范操作，注意焊接过程中姿势自然、正确，及时改正焊接中错误动作；注意安全，勤学苦练。

第一节　焊条电弧焊的原理及特点

焊条电弧焊是用手工操纵焊条进行焊接的电弧焊方法，是熔焊中最基本的一种焊接方法，也是目前焊接上产中使用最广泛的焊接方法。焊条电弧焊的优点是设备简单，操作方便灵活，适应性强。它适用于厚度 2mm 以上的各种金属材料和各种形状结构的焊接，尤其适于结构形状复杂、焊缝短或弯曲的焊件和各种不同空间位置的焊缝焊接。焊条电弧焊的主要缺点是焊接质量不够稳定，生产效率较低，对操作者的技术水平要求较高。

一、焊条电弧焊的原理

焊条电弧焊的焊接回路如图 2-1 所示。它是由焊接电源、电缆、焊钳、焊条、熔池、焊缝和工件组成。焊条电弧焊的主要设备是弧焊电源，它的作用是为焊接电弧稳定燃烧提供所需要的合适的电流和电压。焊接电弧是负载，焊接电缆连接电源与焊钳和焊件。

开始焊接时，将焊条与焊件接触短路，然后立即提起焊条，引燃电弧。电弧的高温将焊条与焊件局部熔化，熔化了的焊芯以熔滴的形式过渡到局部熔化的焊件表面，融合一起形成熔池。焊条药皮在熔化过程中产生一定量的气体和液态熔渣，产生的气体充满在电弧和熔池周围，起隔绝大气、保护液体金属的作用。液态熔渣密度小，在熔池中不断上浮，覆盖在液体金属上面，起保护液体金属的作用，保证了所形成的焊缝性能。随着电弧沿焊接方向不断移动，熔池液态金属逐步冷却结晶,形成焊缝。焊条电弧焊的过程如图 2-2 所示。

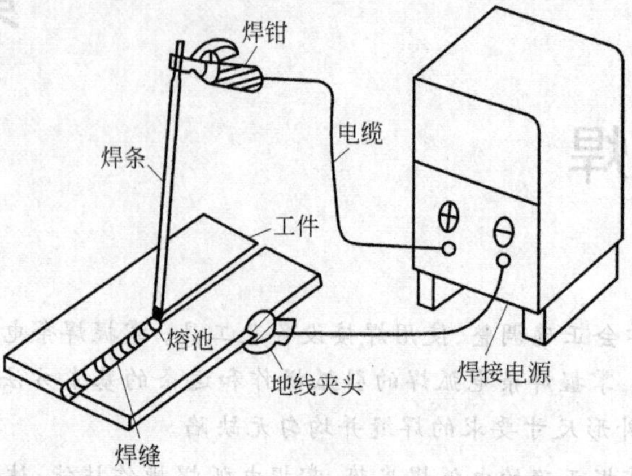

图 2-1 焊接回路

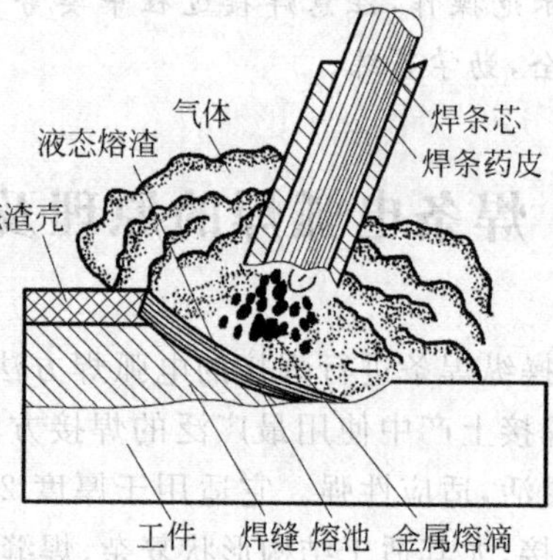

图 2-2 焊条电弧焊的过程

二、焊条电弧焊的特点

(一) 焊条电弧焊的优点

(1) 设备简单,成本较低,焊条电弧焊使用的交流焊机和直流焊机,其结构都比较简单,维护保养也较方便;设备轻便,易于移动,且焊接中不需要辅助气体保护,并具有较强的抗风能力;投资少,成本相对较低。

(2) 操作灵活方便,适应性强,可达性好,不受场地和焊接位置的限制,在焊条能达到的任何位置,均能进行方便的焊接,这些都是焊条电弧焊被广泛应用的重要原因。对一些单件、小件、短的、不规则的空间任意位置的焊缝以及不易实现机械化焊接的焊缝,更显得机动灵活,操作方便。

(3) 可焊接金属材料广,除难熔或极易被氧化的金属外,焊条电弧焊的焊条能够与大多数的焊件金属性能相匹配,几乎能焊接所有金属,能焊接碳钢、低合金钢、不锈钢及耐热钢,对于铸铁、高合金钢及有色金属等也可以用焊条电弧焊焊接。

(4) 对接头的装配质量要求较低,焊接过程中,电弧由焊工手工控制,可通过及时调整电弧位置和运条速度等修改焊接工艺参数,降低了对接头装配的质量要求。

(5) 易于分散焊接应力和控制焊接变形。由于焊接是局部的不均匀加热,所以焊件在焊接过程中都存在着焊接应力和变形。对结构复杂而焊缝又比较集中的焊件、长焊缝和大厚度焊件,其应力和变形问题更为突出。采用焊条电弧焊,可以通过改变焊接工艺,如采用跳焊、分段退焊、对称焊等方法,减少变形和改善焊接应力的分布。

(二) 焊条电弧焊的缺点

(1) 焊接生产率低、劳动强度大,与其他电弧焊接方法相比,焊接电流小,焊条的长度是一定的,每焊完一根焊条后必须更换焊条,焊后还需清渣,且弧光强,烟尘大。

(2) 焊缝质量对人依赖性强,由于采用手工操作焊条进行焊接,所以对焊工的操作技能、工作态度及现场发挥等都有要求,焊接质量在很大程度上取决于焊工的操作水平。

第二节 焊条电弧焊工具及设备介绍

一、焊条电弧焊工具及设备

焊条电弧焊常用设备、工量具有手工弧焊机(组)、焊接电缆、电焊钳、面罩、清渣锤、钢丝刷、焊缝检测尺等,还有防护眼镜、手套等劳动保护用品等(介绍从略)。

(一) 焊条弧焊机(组)

弧焊机是焊接的重要设备,俗称为电焊机或焊机。电焊机是焊接电弧的电源。国产手弧焊机空载电压一般在60V左右,国产焊机的外电网输入电压为220～380V,图2-3所示为常用国产弧焊机。

(a) BX3—300型

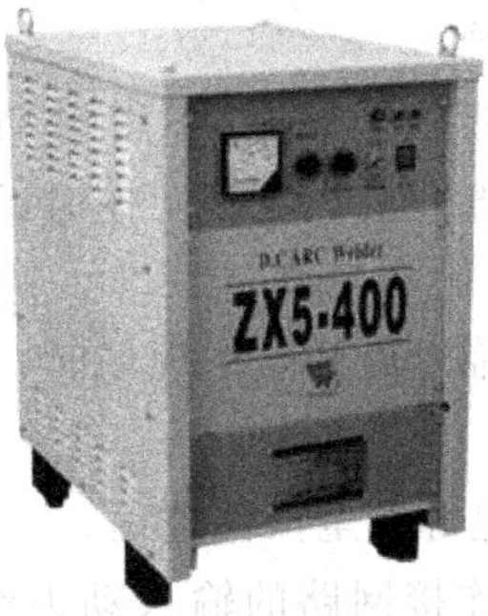

(b) ZX5—400型

图 2-3 手工弧焊机

(1) BX3—300 型手工弧焊机属于动圈式,其外形和焊接电流粗调节,如图 2-4 所示。

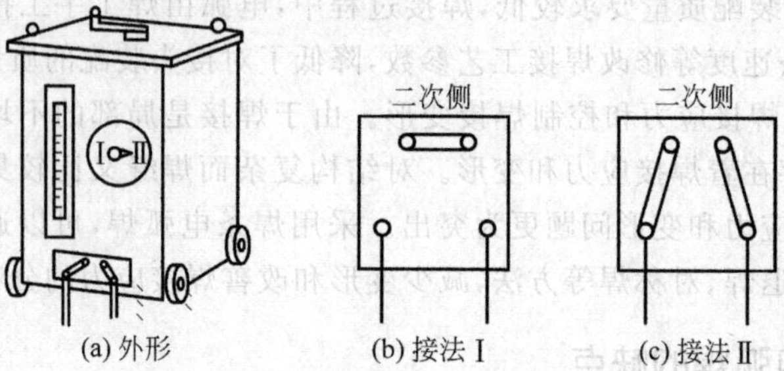

图 2-4 BX3—300 型手工弧焊机及接线位置

当接线为位置Ⅰ时,同时转动粗调转换开关与位置Ⅰ相对应,此时的接线为串联方式,焊接电流调节范围为 40～150A。当接线为位置Ⅱ时,接线为并联方式,也同时转动粗调转换开关使之与位置Ⅱ对应,焊接电流调节范围为 120～380A。

注意事项:

粗调节应在切断电源的情况下进行,以防触电。

焊机上的电流刻度值精度较差,使用时只能作为参考,若要知道实际的焊接电流值可借助电流表调试。

(2) ZX5—400 型手工弧焊机属于晶闸管整流式,其外部接线如图 2-5 所示。

操作要求:

焊机的接线和安装应由电工负责,焊工不应自行动手操作。

焊工在闭合和断开电源开关时,应戴干燥的手套,另一只手不得扶在电焊机的外壳上,通电后不准触摸导电部分。

经常保持焊接电缆与焊机接线柱的良好接触,螺母松动时要及时拧紧。

当焊机发生故障时,应立即切断焊接电源,并及时进行检查和修理。

焊钳与焊件接触短路时,不得启动焊机,以免启动电流过大而烧毁焊机。暂停工作时,不准将焊钳直接搁在焊件上。

工作结束或临时离开工作现场时,必须关闭焊机电源。

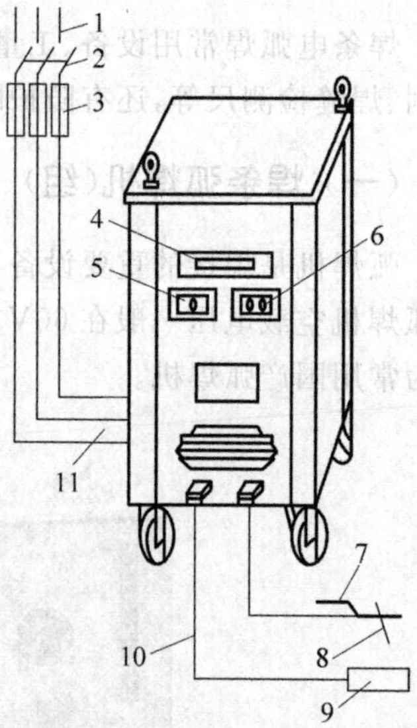

图 2-5 ZX5—400 型手工弧焊机外形和外部接线

1—电源;2—开关;3—熔断器;4—电流表;5—电流调节器;6—电源开关;7—电焊钳;8—焊条;9—焊件;10—焊接电缆;11—电源电缆线

(3) 电弧焊电源安全操作规程。

电弧焊电源连接网路的输入动力线的导电截面积要足够大。其允许的电流值应等于或稍大于电弧焊电源的一次额定电流。导线长度适宜,一般不超过 3m。

电弧焊电源安装使用前应清除灰尘，检查绝缘电阻，确保绝缘良好，并有良好的接地装置。

电弧焊电源的接线柱等带电部分不得外露，应有良好的安全防护。

电源安放要平稳，使用环境要干燥，通电良好，应与设备技术说明书的规定相符。

电源在使用、运输中要注意防止碰撞、剧烈振动。在露天使用必须防尘砂、雨、雪。

安装电弧焊电源时，必须装有单独使用的电源开关，其位置应在近处，便于操作，并保持周围通道没有障碍物。当开关电路超负荷时，电源应能够自动切断。

在室外临时使用电源时，应按照临时动力线架设要求布设动力线，且不得沿地面拖拉，架设高度不得低于 2.5m。临时工作完毕后，应立即拆除动力线。

电弧焊电源壳体上禁止放置工具和其他物品。

电焊钳不得放置于焊件或电源上，以防启动电源时发生短路。

工作完毕或焊工临时离开焊接现场时，必须切断电源。

焊接场地如果有粉尘飞扬，或有腐蚀性气体及湿度大、易导电的气体，必须做好隔离防护。

对周围环境应注意防止焊接时的飞溅或电源漏电引起的电火花造成火灾事故。

电源应定期检查保养。

电源安装、检修应由电工专门负责。

焊机接入电网时，必须使两者电压相符合。

（二）焊接电缆

焊接电缆是连接电焊机和焊钳等的绝缘导线，起传导焊接电流的作用，常采用多股细铜线电缆，一般可选用 YHH 型电焊橡皮套电缆或 THHR 型电焊橡皮套特软电缆。在焊钳与焊机之间用一根电缆连接，称此电缆为把线（火线）。在焊机与工件之间用另一根电缆（地线）连接。焊钳外部用绝缘材料制成，具有绝缘和绝热的作用。对焊接导线应具备下列安全要求。

(1) 应具有良好的导电能力和良好的绝缘性能，一般要求使用紫铜软线，外包胶皮绝缘套。

(2) 要轻便柔软，能任意弯曲和扭转，便于焊工操作。因此必须用多股细导线组成，如果没有电缆时，可用同样截面积的硬导线代替，但在焊钳处最小用 2～3m 电焊软线连接，否则不便于操作。

(3) 焊接导线的长度要适当，不要过长。焊机与电力网连接的电源线，由于其电压较高，除应保证有良好的绝缘外，长度越短越好，一般以不超过 2～3m 为宜。如需用较长的导线时，应采取间隔的安全措施，即离地 2.5m 以上沿墙用瓷瓶布设。不得将导线拖在工作现场的地面上。

(4) 焊接导线的截面积要符合电流和导线长度的要求，以保证导线在作业时不致过热而损坏绝缘物。焊接导线过度超载，是绝缘损坏的重要原因之一。

(5) 焊接导线最好用整根的为宜，如需用短线接长时，接头部分不应超过 2 个。接头部分应用铜导体制成，要坚固可靠，并要保证绝缘良好。如接触不良，则会产生高温。

(6) 严格禁止使用厂房的金属结构、管道、轨道或其他金属物体搭接起来作为焊接回路的导线使用。

(7) 不得将焊接电缆放在电弧附近或炽热的焊缝金属上,避免高温烧坏绝缘层。同时也要避免碾压磨损等。

(8) 焊接电缆的绝缘性能要定期检查,一般半年一次。

焊接电缆使用中的注意事项：焊接电缆和电焊钳、电缆接头等的连接必须紧密可靠。要防止烫坏,划破电缆外包绝缘。如果有损伤必须及时处理,保证绝缘效果不降低。焊接电缆使用时不可盘绕成圈状,以防产生感抗影响焊接电流。停止焊接时,应将电缆收放妥当。

焊接电缆与焊机的连接：焊接电缆与电源的连接要求导电良好、工作可靠、装拆方便。常用连接方法有使用快速接头或利用螺纹接线柱紧固连接。使用快速接头连接,装拆方便,接头两端分别装于焊机输出端线和焊接电缆的一端。使用焊机时再把快速接头两端部装配旋紧,就可以把电缆和焊机连接。另一种连接方法是把电缆接头和电缆线紧固连接好,使用焊机时用螺柱把线接头与焊机输出接线片固定在一起。这种连接方法较为落后,装拆不便而且连接处绝缘防护不好。

(三) 电焊钳

电焊钳是用来夹持焊条和传导电流的工具,一般有300A、500A两种,是焊工的主要工具。常用的电焊钳如图2-6所示。

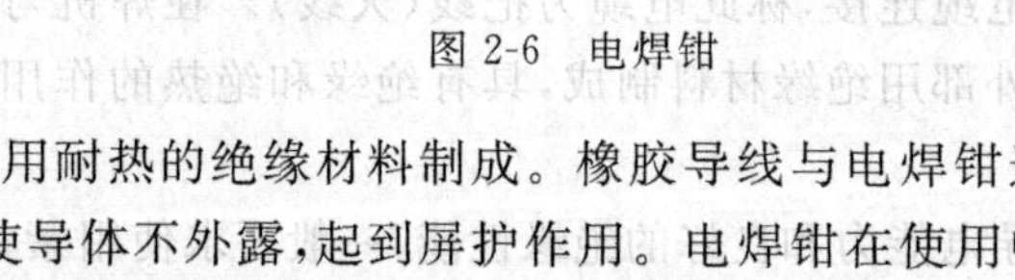

(a) 300A　　(b) 500A

图2-6　电焊钳

电焊钳的手柄用耐热的绝缘材料制成。橡胶导线与电焊钳连接处,其橡胶外皮有一段深入钳柄内部,使导体不外露,起到屏护作用。电焊钳在使用中应防止摔碰,并经常检查电焊钳和焊接导线连接是否牢固,把手处是否绝缘良好。它对焊工操作和安全有直接关系,电焊钳必须符合下列安全要求。

(1) 有良好的绝缘和隔热能力。由于电阻发热,特别是使用较大电流的手工电弧焊时,手柄往往发热烫手,因此,手柄要有良好的绝热层。

(2) 电焊钳应保证在任何斜度下都能夹紧焊条。而且更换焊条方便,能使焊工不必接触导电体部分即可迅速更换焊条。

(3) 结构轻便、易于操作。

(4) 电焊钳与焊接导线的连接应简便可靠。

(5) 电焊钳能通过的电流值不低于该焊机的额定焊接电流值。

(四) 面罩及护目玻璃片

面罩是用来保护眼睛和面部,免受弧光伤害及金属飞溅的遮蔽工具。有手持式和头盔式两种，如图 2-7 所示。面罩观察窗上装有护目玻璃片，可过滤紫外线和红外线，在电弧燃烧时能通过观察窗观察电弧燃烧情况和熔池情况，以便于操作。

（五）清渣锤（尖头锤）

清渣锤如图 2-8 所示，清渣锤用来清除焊缝表面的渣壳。

（六）钢丝刷

钢丝刷如图 2-9 所示，在焊接之前，用钢丝刷来清除焊件接头处的污垢和锈迹；焊后清刷焊缝表面及飞溅物。

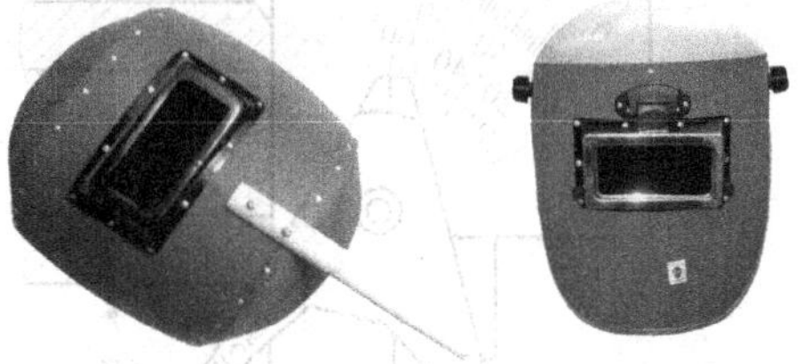

(a) 手持式　　(b) 头盔式

图 2-7　面罩

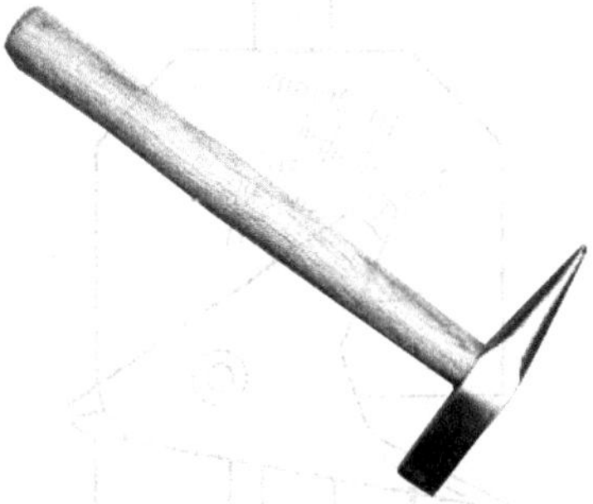

图 2-8　清渣锤

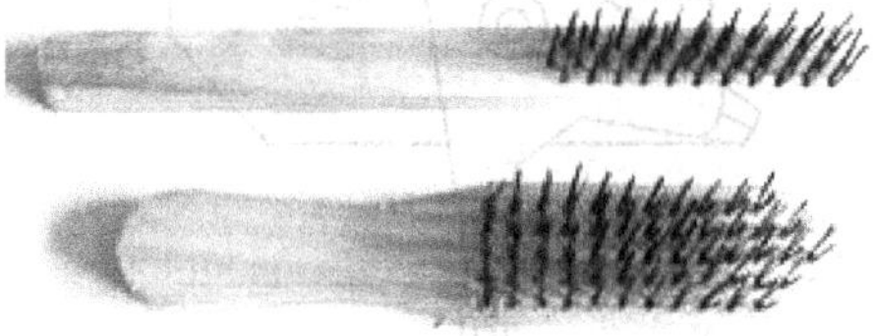

图 2-9　钢丝刷

（七）焊缝检测尺

焊缝检测尺如图 2-10 所示，焊缝检测尺用以测量焊前焊件的坡口角度、装配间隙、错边及焊后焊缝的余高、焊缝宽度和角焊缝焊脚的高度和厚度等，检验前须将焊缝附近 10～20mm 内的飞溅和污物清除干净，测量用法举例，如图 2-11 所示。

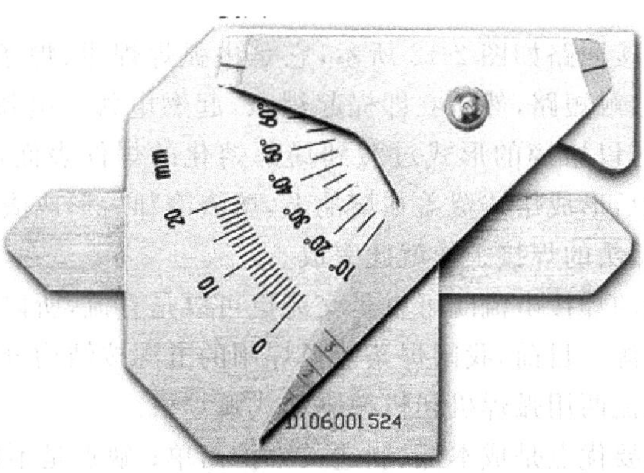

图 2-10　焊缝检测尺

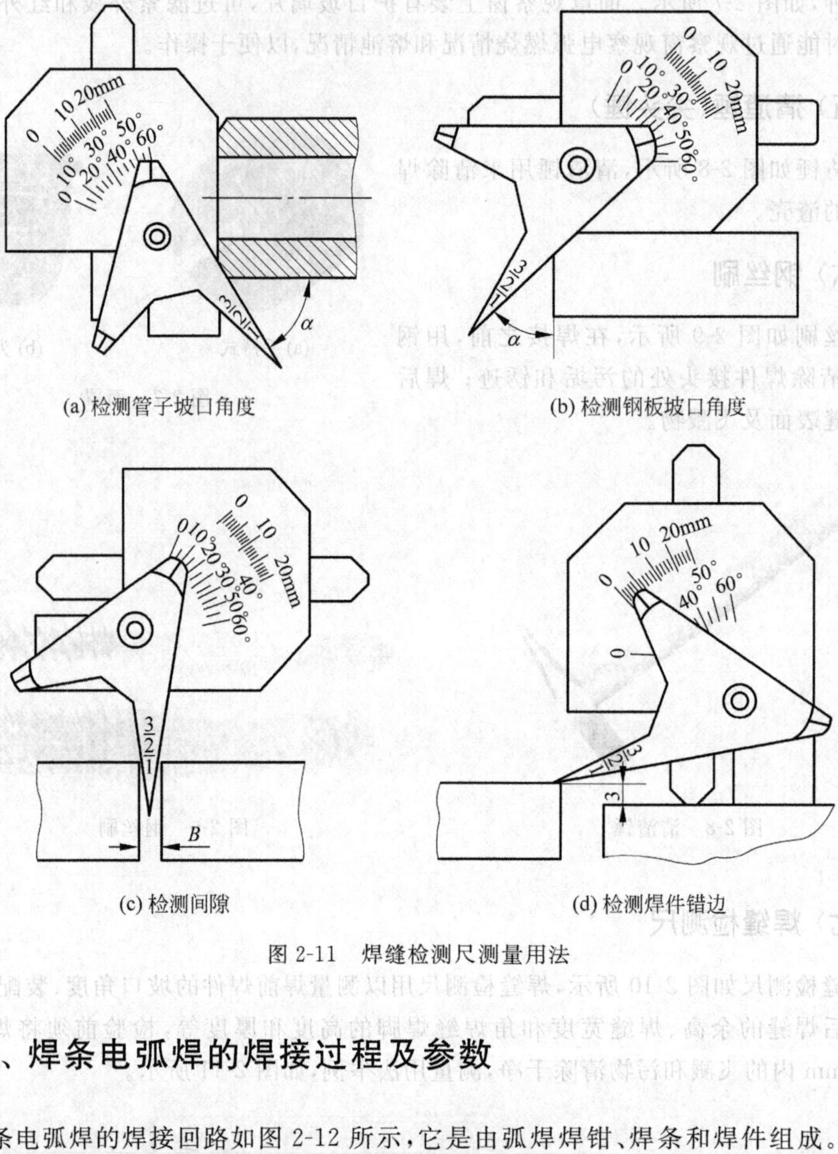

(a) 检测管子坡口角度　(b) 检测钢板坡口角度

(c) 检测间隙　(d) 检测焊件错边

图 2-11　焊缝检测尺测量用法

二、焊条电弧焊的焊接过程及参数

焊条电弧焊的焊接回路如图 2-12 所示，它是由弧焊焊钳、焊条和焊件组成。开始焊接时，将焊条与焊件接触短路，然后立即提起焊条，起燃电弧。电弧的高温将焊条与焊件局部熔化，熔化的焊芯以熔滴的形式过渡到局部熔化的焊件表面，融合一起形成液态熔池。焊条的药皮熔化后形成熔渣覆盖在熔池上，熔渣冷却后形成渣壳对焊缝起保护作用。最后将渣壳清除掉，接头的焊接工作就此完成。

焊条电弧焊采用的焊接电流既可以是交流也可以是直流，所以，焊条电弧焊电源既有交流电源也有直流电源。目前，我国焊条电弧焊用的电源按结构分为四大类，即交流弧焊机、直流弧焊机、交直流两用弧焊机和机械驱动式弧焊机。

交流弧焊机的主要优点是成本低、制造及维护简单；缺点是不能用于碱性焊条，且焊接电压、电流容易受到电网波动的干扰。直流弧焊机(包括逆变式直流弧焊机)引弧容易，性能柔和，电弧稳定，飞溅小，是理想的更新换代产品。

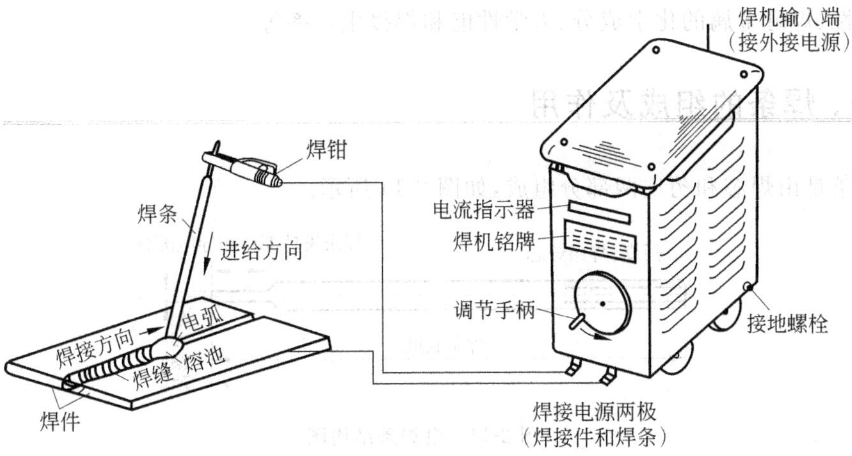

图 2-12 焊条电弧焊焊接回路

直流弧焊机是供给焊接用直流电的电源设备，其输出端有固定的正负之分，由于电流方向不随时间的变化而变化，因此电弧燃烧稳定，运行使用可靠，有利于掌握和提高焊接质量。

使用直流弧焊机时，其输出端有固定的极性，即有确定的正极和负极，因此焊接导线的连接有两种接法，如图 2-13 所示。

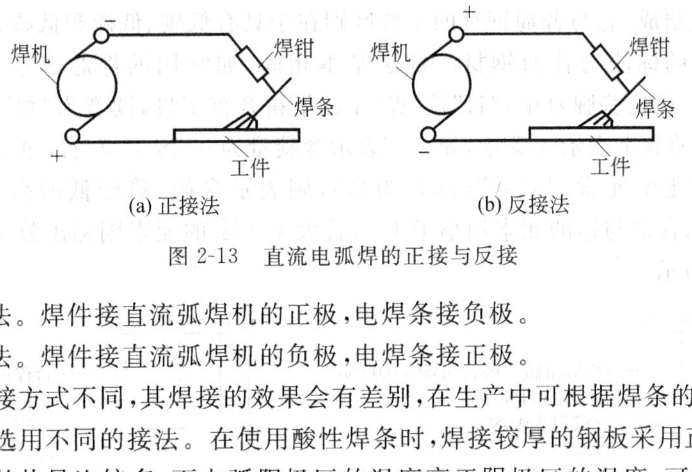

图 2-13 直流电弧焊的正接与反接

(1) 正接法。焊件接直流弧焊机的正极，电焊条接负极。

(2) 反接法。焊件接直流弧焊机的负极，电焊条接正极。

导线的连接方式不同，其焊接的效果会有差别，在生产中可根据焊条的性质或焊件所需热量情况来选用不同的接法。在使用酸性焊条时，焊接较厚的钢板采用正接法，因局部加热熔化所需的热量比较多，而电弧阳极区的温度高于阴极区的温度，可加快母材的熔化，以增加熔深，保证焊缝根部熔透；焊接较薄的钢板或对铸铁、高碳钢及有色合金等材料的焊接，则采用反接法，因不需要强烈的加热，以防烧穿薄钢板。当使用碱性焊条时，按规定均应采用直流反接法，以保证电弧燃烧稳定。

第三节 焊条电弧焊焊条知识

电焊条(简称焊条)是涂有药皮的供手弧焊用的熔化电极。焊条电弧焊时，焊条既作电极，又作填充金属，熔化后与母材熔合形成焊缝。因此，焊条的性能将直接影响到电弧的稳定性、焊缝金属的化学成分、力学性能和焊接生产率等。

一、焊条的组成及作用

焊条是由焊芯和药皮两部分组成，如图 2-14 所示。

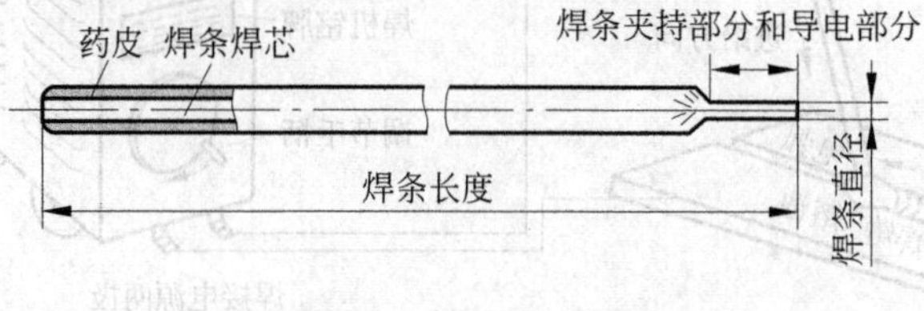

图 2-14　电焊条结构图

(一) 焊芯

焊芯是焊条内被药皮包覆的金属丝，它的作用是：

(1) 传导电流。传导焊接电流，产生电弧把电能转换成热能。

(2) 形成焊缝。焊芯本身熔化作为填充金属与液态母材金属熔合形成焊缝。

为了保证焊缝金属具有良好的塑性、韧性和减少产生裂纹的倾向，焊芯是经特殊冶炼的焊条钢拉拔制成，它与普通钢材的主要区别在于具有低碳、低硫和低磷。

焊芯牌号的标法与普通钢材的标法基本相同，如常用的焊芯牌号有 H08、H08A、H08SiMn 等。在这些牌号中，“H”是“焊”字汉语拼音首字母，读音为“焊”，表示焊接用实芯焊丝；其后的数字表示含碳量，如“08”表示含碳量为 0.08 % 左右；再其后的内容则表示质量和所含化学元素，如“A”(读音为高)，则表示含硫、磷较低的高级优质钢，又如“SiMn”则表示含硅与锰的元素均小于 1%(若大于 1% 的元素则标出数字)，焊芯牌号举例如图 2-15 所示。

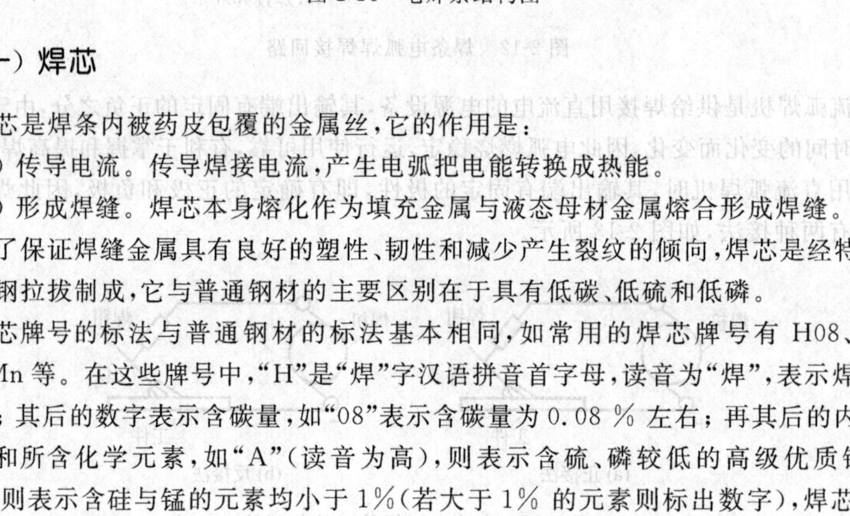

图 2-15　焊芯牌号标法

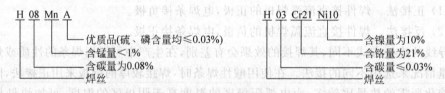

焊条的直径是焊条规格的主要参数，它是由焊芯的直径来表示的。常用的焊条直径有 ϕ2、ϕ2.5、ϕ3.2、ϕ4、ϕ5、ϕ6mm 等，长度为 250～450mm。一般细直径的焊条较短，粗焊条则较长。

(二) 药皮

药皮是压涂在焊芯上的涂料层。它是由多种矿石粉、有机物粉、铁合金粉和黏结剂等原料按一定比例配制而成。由于药皮内有稳弧剂、造气剂和造渣剂等，药皮的主要作用有以下几方面。

(1) 稳定电弧。药皮中某些成分可促使气体粒子电离，从而使电弧容易引燃，并稳定燃烧和减少熔滴飞溅等。

(2) 保护熔池。在高温电弧的作用下，药皮分解产生大量的气体和熔渣，防止熔滴和熔池金属与空气接触。熔渣凝固后形成渣壳覆盖在焊缝表面上，防止了高温焊缝金属被氧化，同时可减缓焊缝金属的冷却速度。

(3) 改善焊缝质量。通过熔池中的冶金反应进行脱氧、去硫、去磷、去氢等有害杂质，并补充被烧损的有益合金元素，使焊缝获得合乎要求的力学性能。

电焊条要妥善保管，应保存在干燥的地方，避免受潮。特别是碱性焊条，每次使用前都要经烘干处理后才能使用。

二、焊条的分类、型号及牌号

(一) 焊条的分类

焊条的品种繁多，有如下分类方法。

1. 按用途分类

按国家标准可分为七大类：碳钢焊条、低合金钢焊条、不锈钢焊条、堆焊焊条、铸铁焊条、铜及铜合金焊条和铝及铝合金焊条。其中碳钢焊条使用最为广泛。

2. 按药皮熔化成的熔渣化学性质分类

焊条分为酸性焊条和碱性焊条两大类。药皮熔渣中以酸性氧化物为主的焊条称为酸性焊条。药皮熔渣中以碱性氧化物为主的焊条称为碱性焊条。在碳钢焊条和低合金钢焊条中，低氢型焊条(包括低氢钠型、低氢钾型和铁粉低氢型)是碱性焊条，其他涂料的焊条均属酸性焊条。

酸性焊条具有良好的焊接工艺性，电弧稳定，对铁锈、油脂和水分等不易产生气孔，脱渣容易，焊缝美观，可使用交流或直流电源，应用较为广泛。但酸性焊条氧化性强，合金元素易烧损，脱硫、磷能力也差，因此焊接金属的塑性、韧性和抗裂性能不高，适用于一般低碳钢和相应强度的结构钢的焊接。

碱性焊条氧化性弱、脱硫、磷能力强，所以焊缝塑性、韧性高，扩散氢含量低、抗裂性能强。因此，焊缝接头的力学性能较使用酸性焊条的焊缝要好，但碱性焊条的焊接工艺性较差，仅适于直流弧焊机，对锈、水、油污的敏感性大，焊件易产生气孔，焊接时产生有毒气体和烟尘多，应注意通风。

(二) 焊条的型号

焊条型号是由国家标准局及国际标准组织(ISO)制定，反映焊条主要特性的一种表示方法。现以“GB/T 5117—1995 国标碳钢焊条”等规定，其型号编制方法为：字母“E”(英文字母)表示焊条；E后的前两位数字表示熔敷金属抗拉强度的最小值，单位为MPa；第三位数字表示焊条的焊接位置，若为“0”及“1”则表示焊条适用于全位置焊接(即可进行平、立、仰、横焊)，“2”表示焊条适用于平焊及平角焊，“4”表示焊条适用于向下立焊；第三位和第四位数字组合时表示药皮类型及焊接电流种类,如为“03”表示钛钙型药皮、交直流正反接,又如“15”表示低氢钠型、直流反接。举例如图 2-16 所示。

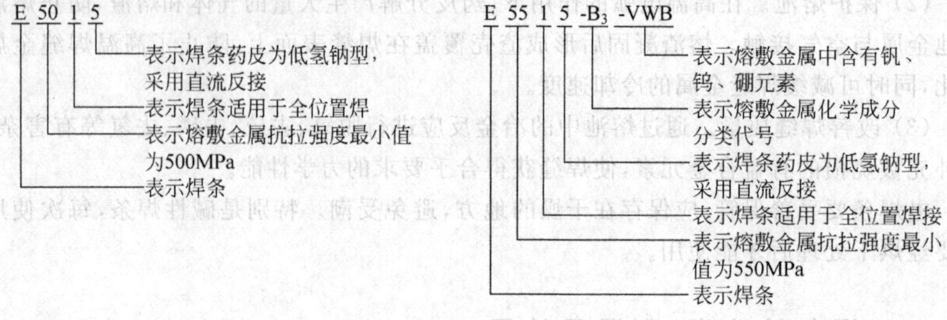

图 2-16 焊条型号

(三)焊条的牌号

焊条的牌号指除国家标准的焊条型号外,考虑到国内各行业对原机械工业部部标的焊条牌号印象较深,因此仍保留了原焊条分十大类的牌号名称,其编制方法为:每类电焊条的第一个大写汉语特征字母表示该焊条的类别,例如 J(或“结”)代表结构钢焊条(包括碳钢和低合金钢焊条),A 代表奥氏体铬镍不锈钢焊条等;特征字母后面有三位数字,其中前两位数字在不同类别焊条中的含义是不同的,对于结构钢焊条而言,此两位数字表示焊缝金属最低的抗拉强度,单位是 kgf/mm^2($kgf/mm^2 = 9.81MPa$);第三位数字均表示焊条药皮类型和焊接电源要求。

两种常用碳钢焊条型号和其相应的原牌号如表 2-1 所示。

表 2-1 两种常用碳钢焊条

型号	原牌号	药皮类型	焊接位置	电流种类
E4303	J422	钛钙型	全位置	交流、直流
E5015	J507	低氢钠型	全位置	直流反接

“焊条牌号”应尽快过渡到国家标准的“焊条型号”。若生产厂仍以“焊条牌号”标注,则必须在牌号的边上表明所属的“焊条型号”,如焊条牌号 J442(符合 GB/T 5117—1995 E4303 型)。

三、焊条的选用

焊条的种类与牌号很多,选用的是否恰当将直接影响焊接质量、生产率和产品成本。选用时应考虑下列原则。

(1) 根据焊件的金属材料选用相应的焊条种类。例如,焊接碳钢或普通低合金钢,应选用结构钢焊条;焊接不锈钢或耐热钢等有特殊性能要求的钢材,应选用相应的专用焊条,以保证焊缝金属的主要化学成分和性能与母材相同。

(2) 焊缝金属要与母材等强度，可根据钢材强度等级来选用相应强度等级的焊条。对异种钢焊接，应选用与强度等级低的钢材相适应的焊条。

(3) 同一强度等级的酸性焊条或碱性焊条的选用，主要考虑焊件的结构形状、钢材厚度、载荷性能、钢材抗裂性等因素。例如，对于结构形状复杂、厚度大的焊件，因其刚性大，焊接过程中有较大的内应力，容易产生裂纹，应选用抗裂性好的低氢型焊条；在母材中碳、硫、磷等元素含量较高时，也应选用低氢型焊条；承受动载荷或冲击载荷的焊件应选择强度足够、塑性和韧性较高的低氢焊条。如焊件受力不复杂，母材质量较好、含碳量低，应尽量选用较经济的酸性焊条。

(4) 焊条工艺性能要满足施焊操作需要，如在非水平位置焊接时，应选用适合于各种位置焊接的焊条。

结构钢焊条的选用方法如表 2-2 所示，常见碳钢焊条的应用如表 2-3 所示。

表 2-2 结构钢焊条的选用

钢种	钢号	一般结构	承受动载荷、复杂和厚板结构的受压容器
低碳钢	Q235、Q255、08、10、15、20	J422、J423、J424、J425	J426、J427
	Q275、20、30	J502、J503	J506、J507
普低钢	09Mn2、09MnV	J422、J423	J426、J427
	16Mn、16MnCu	J502、J503	J506、J507
	15MnV、15MnTi	J506、J556、J507、J557	J506、J556、J507、J557
	15MnVN	J556、J557、J606、J607	J556、J557、J606、J607

表 2-3 常见碳钢焊条的应用

牌号	型号(国际)	药皮类型	焊接位置	电流	主要用途
J422GM	E4303	铁钙型	全位置	交流、直流	焊接海上平台、船舶、车辆、工程机械等表面装饰焊缝
J422	E4303	铁钙型	全位置	交流、直流	焊接较重要的低碳钢结构和同强度等级的低合金钢
J426	E4316	低氢钾型	全位置	交流、直流	焊接重要的低碳钢及某些低合金钢结构
J427	E4315	低氢钠型	全位置	直流	焊接重要的低碳钢及某些低合金钢结构
J502	E5003	钛钙型	全位置	交流、直流	焊接 16Mn 及相同强度等级低合金钢的一般结构
J502Fe	E5014	铁粉钛钙型	全位置	交流、直流	合金钢的一般结构
J506	E5016	铁粉钛钙型	全位置	交流、直流	焊接中碳钢及某些重要的低合金钢(如 16Mn)结构
J507	E5015	低氢钠型	全位置	直流	焊接中碳钢 16Mn 等低合金钢重要结构
J507R	E5015-G	低氢钠型	全位置	直流	焊接压力容器

第四节　焊条电弧焊理论基础知识

一、焊接接头

在两焊件的连接处为焊接接头，简称接头，如图 2-17 所示。被焊工件的材料称为母材料，或称基本金属。焊接过程中，母材局部受热熔化形成熔池，熔池不断移动并冷却后形成焊缝；焊缝侧部分母材受焊接加热的影响而引起金属内部组织和力学性能变化的区域，称为焊接热影响区；焊缘与母材交接的过渡区其受热到固相和液相之间，母材部分熔化，此区域称为熔合区，也称半熔化区。因此。焊接接头是由焊缝、熔合区和热影响区三部分组成。

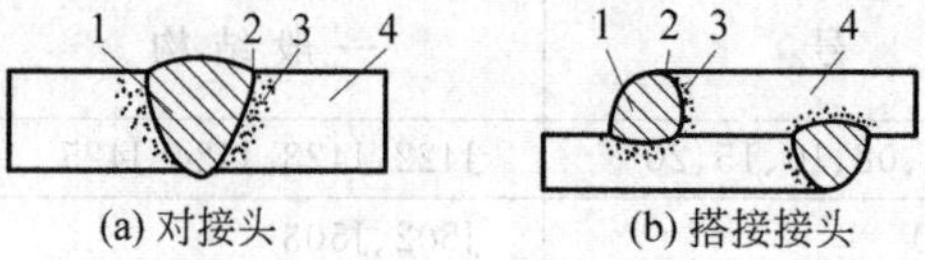

图 2-17　熔焊焊接头的组成

1—熔焊金属；2—熔合区；3—热影响区；4—母材

焊缝各部分的名称如图 2-18 所示。焊缝高出母材表面的高度叫堆高(余高)；熔化的宽度，即冷却凝固后的焊缝宽度，称为熔宽；母材熔化的深度叫熔深。

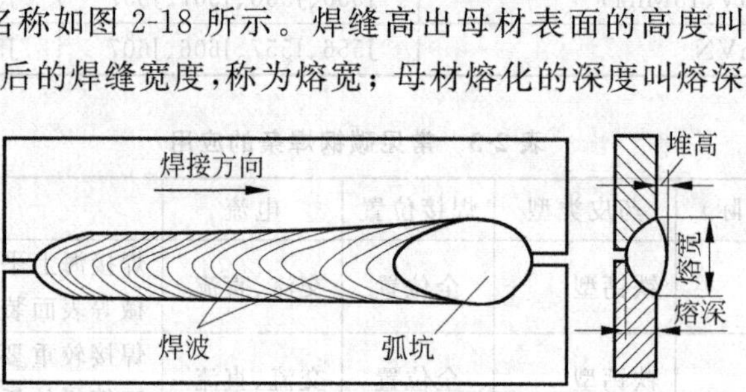

图 2-18　焊缝各部分名称

二、焊接接头型式

焊缝的形式是由焊接接头的型式来决定的。根据焊件厚度、结构形状和使用条件的不同，最基本的焊接接头型式有对接接头、搭接接头、角接接头、T 形接头，如图 2-19 所示。对接接头受力比较均匀，使用最多，重要的受力焊缝应尽量选用。

三、焊缝坡口型式

焊接前把两焊件间的待焊处加工成所需的几何形状的沟槽称为坡口。坡口的作用是为了保证电弧能深入焊缝根部，使根部能焊透，便于清除熔渣，以获得较好的焊缝成形和保证

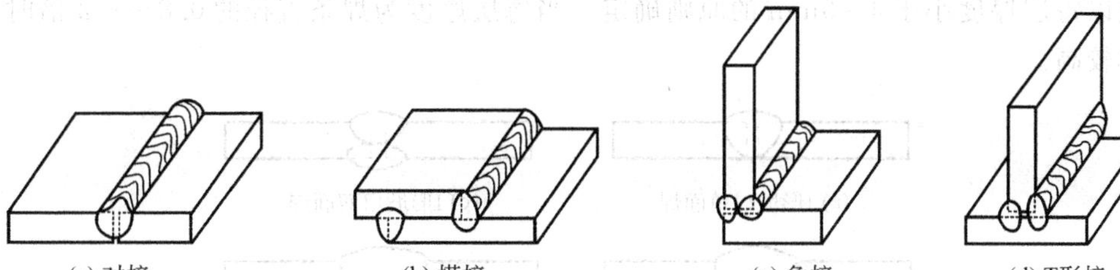

图 2-19 焊接接头型式

焊缝质量。坡口加工称为开坡口，常用的坡口加工方法有刨削、车削和乙炔火焰切割等。

坡口型式应根据被焊件的结构、厚度、焊接方法、焊接位置和焊接工艺等进行选择，同时还应考虑能否保证焊缝焊透、是否容易加工、节省焊条、焊后减少变形以及提高劳动生产率等问题。

坡口包括斜边和钝边，为了便于施焊和防止焊穿，坡口的下部都要留有 2mm 的直边，称为钝边。

对接接头的坡口型式有：I 形、Y 形、双 Y 形(X 形)、U 形和双 U 形，如图 2-20 所示。

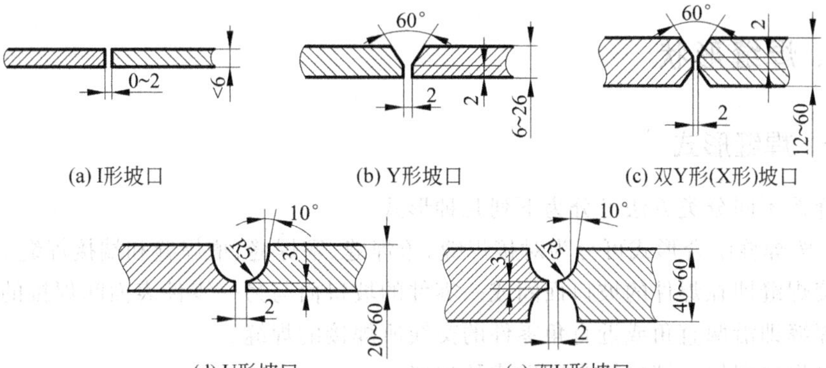

图 2-20 焊缝的坡口型式

焊件厚度小于 6mm 时，采用 I 形，如图 2-20(a)所示，不需开坡口，在接缝处留出 0～2mm 的间隙即可。焊件厚度大于 6mm 时，则应开坡口，其型式如图 2-20(b)～(e)所示，其中：Y 形加工方便；双 Y 形由于焊缝对称，焊接应力与变形小；U 形容易焊透，焊件变形小，用于焊接锅炉、高压容器等重要厚壁件；在板厚相同的情况下，双 Y 形和 U 形的加工比较费工。

对 I 形、Y 形、U 形坡口，采取单面焊或双面焊均可焊透，如图 2-21 所示。当焊件必须焊透时，在条件允许的情况下，应尽量采用双面焊，因为它能保证焊透。

工件较厚时，要采用多层焊才能焊满坡口，如图 2-22 所示。如果坡口较宽，同一层中还可采用多层道焊，如图 2-22(b)所示。多层焊时，要保证焊缝根部焊透。第一层焊道应采用直径为 3～4mm 的焊条，以后各层可根据焊件厚度，选用较大直径的焊条。每焊完一道后，必须仔细检查、清理，才能施焊下一道，以防止产生夹渣、未焊透等缺陷。焊接层数应以每层厚度小于4～5mm的原则确定。当每层厚度为焊条直径的0.8～1.2倍时,生产率较高。

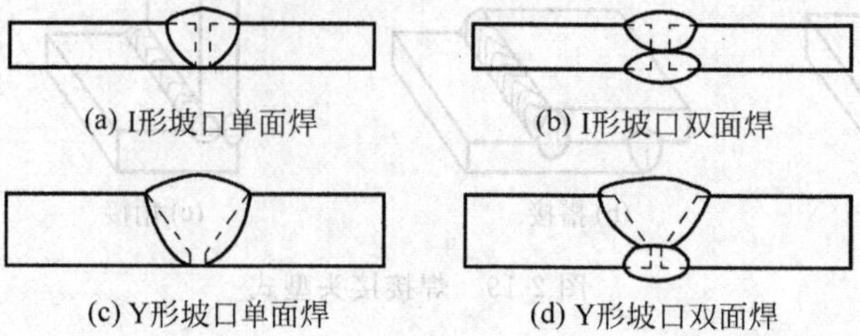

图2-21　单面焊和双面焊

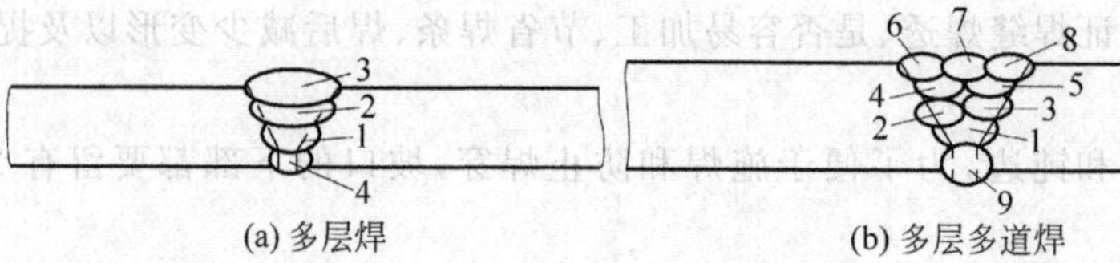

图2-22　对接Y形坡口的多层焊

四、焊缝形状

(一) 焊缝形式

焊缝按不同分类方法可分为下列几种形式。

(1) 按焊缝结合形式可分为对接焊缝、角焊缝、塞焊缝、槽焊缝和端接焊缝5种。

对接焊缝即在焊件的坡口面间或一零件的坡口面与另一零件表面间焊接的焊缝。

角焊缝即沿两直角或近直角零件的交线所焊接的焊缝。

端接焊缝即构成端接接头所形成的焊缝。

塞焊缝即两零件相叠,其中一块开圆孔,在圆孔中焊接两板所形成的焊缝。只在孔内焊角焊缝者不称为塞焊。

槽焊缝即两板相叠,其中一块开长孔,在长孔中焊接两板的焊缝。只焊角焊缝者不称为槽焊。

(2) 按施焊时焊缝在空间所处位置分为平焊缝、立焊缝、横焊缝及仰焊缝4种形式。

(3) 按焊缝断续情况分为连续焊缝、断续焊缝和定位焊缝三种形式。焊前为装配和固定构件接缝的位置而焊接的短焊缝为定位焊缝;连续焊接的焊缝为连续焊缝;焊接成具有一定间隔的焊缝为断续焊缝。

(二) 焊缝的形状尺寸

焊缝的形状可用一系列几何尺寸表示,不同形式的焊缝,其形状尺寸也不一样。

(1) 焊缝宽度焊缝表面与母材的交界处叫焊趾,焊缝表面两焊趾之间的距离叫做焊缝宽度,如图2-23所示。

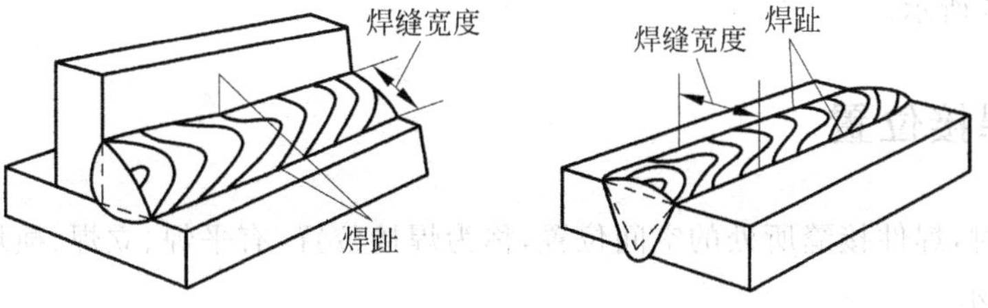

(a) 角焊焊缝宽度　　(b) 对接焊焊缝宽度

图 2-23　焊缝宽度

（2）余高超出母材表面连线上面的那部分焊缝金属的最大高度叫做余高，如图 2-24 所示。在动载或交变载荷下，它非但不起加强作用，反而因焊趾处应力集中易于发生脆断，所以余高不能过高。焊条电弧焊的余高值一般为 0～3mm。

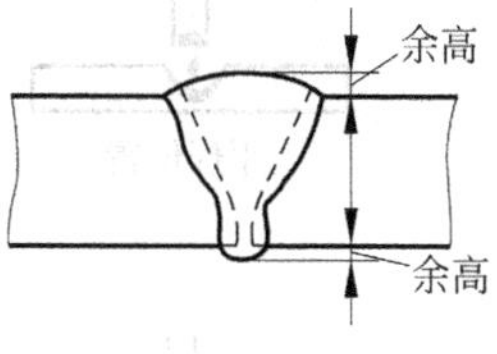

图 2-24　余高

（3）熔深在焊接接头横截面上，母材或前道焊缝熔化的深度叫做熔深，如图 2-25 所示。

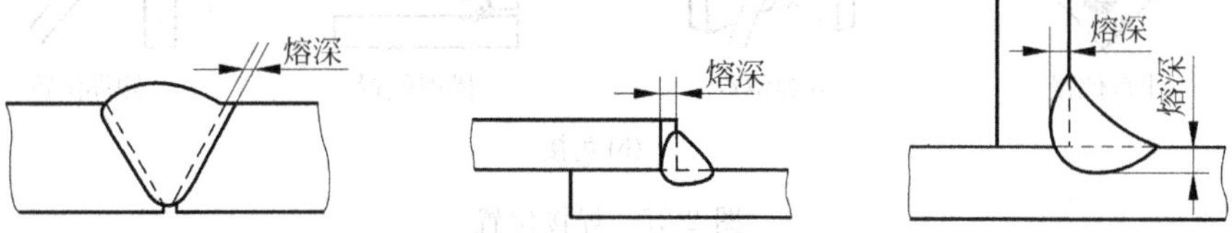

(a) 对接接头熔深　　(b) 搭接接头熔深　　(c) T形接头熔深

图 2-25　熔深

（4）焊缝厚度在焊缝横截面中，从焊缝正面到焊缝背面的距离，叫焊缝厚度，如图 2-26 所示。

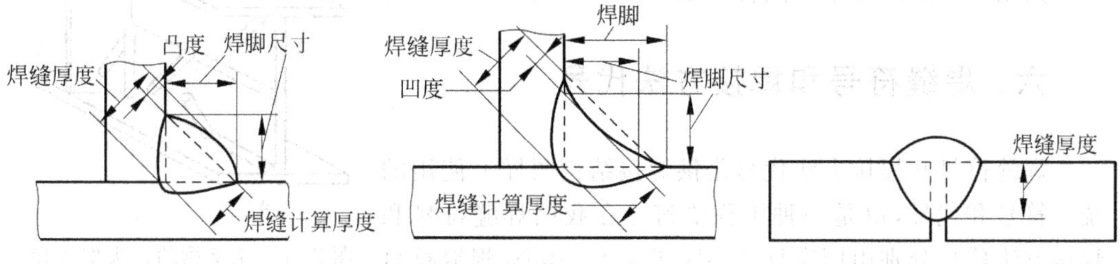

(a) 凸形角焊缝的焊缝厚度　　(b) 凹形角焊缝的焊缝厚度　　(c) 对接焊缝的焊缝厚度

图 2-26　焊缝厚度及焊脚

焊缝计算厚度是设计焊缝时使用的焊缝厚度。对接焊缝焊透时等于焊件的厚度；角焊缝时等于在角焊缝横截面内画出的最大等腰直角三角形中，从直角的顶到斜边的垂线长度，习惯上也称为喉厚，如图 2-26 所示。

（5）在角焊缝的横截面中，从一个直角面上的焊趾到另一个直角面表面的最小距离，叫做焊脚。在角焊缝的横截面中画出的最大等腰直角三角形中直角边的长度叫做焊脚尺寸，如图 2-26 所示。

五、焊接位置

熔化焊时，焊件接缝所处的空间位置，称为焊接位置，有平焊、立焊、横焊和仰焊位置，如图 2-27 所示。

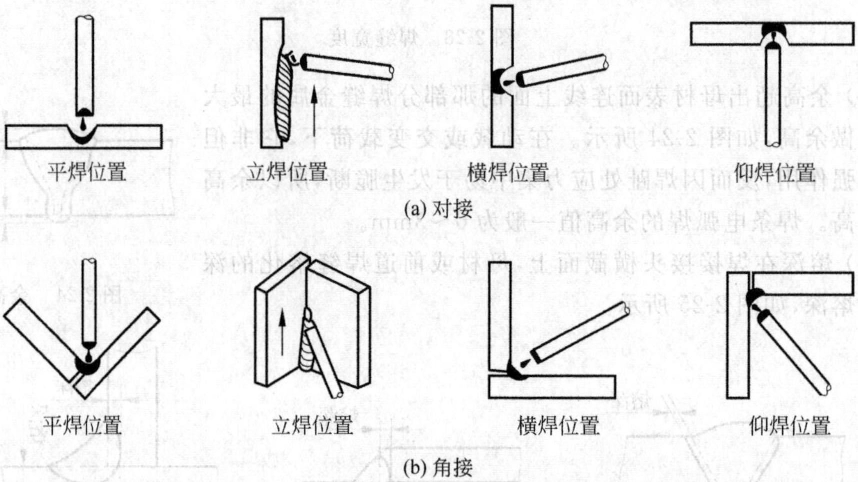

图 2-27 焊接位置

焊接位置对施焊的难易程度影响很大，从而也影响了焊接质量和生产率。其中平焊操作方便，劳动强度小，熔化金属不会外流，飞溅较少，易于保证质量，是最理想的操作空间位置，应尽可能地采用。立焊和横焊熔化金属有下流倾向，不易操作。而仰焊位置最差，操作难度大，不易保证质量。典型工字梁的焊缝空间位置如图 2-28 所示。

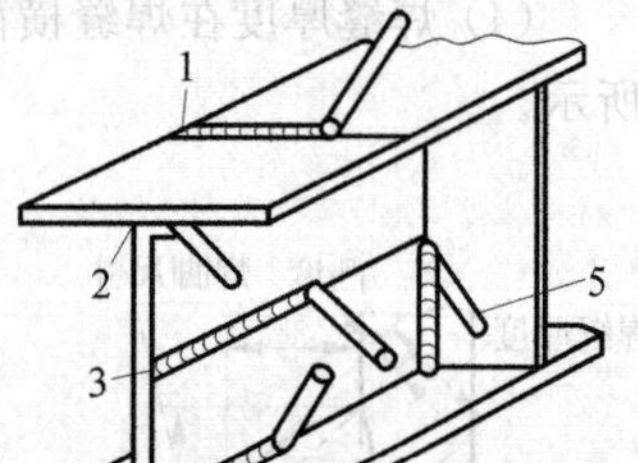

图 2-28 工字梁的接头型式和焊接位置

1—对接平焊；2—角接仰焊；3—对接横焊；4—角接平焊；5—角接立焊

六、焊缝符号和焊接方法代号

焊缝符号和焊接方法代号是供焊接结构图样上使用的统一符号和代号，也是一种工程语言。在我国焊缝符号和焊接方法代号分别由国家标准 GB/T 324—2008《焊缝符号表示法》和 GB/T 5185—2005/ISO 4063：1998《焊接及相关工艺方法代号》规定。

（一）焊缝符号

焊缝符号一般由基本符号、辅助符号、补充符号、焊缝尺寸符号和指引线组成。

基本符号是表示焊缝横截面形状的符号，如表 2-4 所示，焊缝尺寸符号是表示焊接坡口和焊缝尺寸的符号，如表 2-5 所示。

表 2-4 焊缝基本符号

序号	名称	示意图	符号
1	卷边焊缝(卷边完全熔化)		
2	I 形焊缝		
3	V 形焊缝		
4	单边 V 形焊缝		
5	带钝边 V 形焊缝	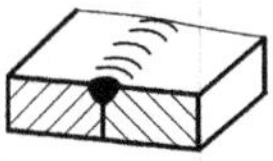	
6	带钝边单边 V 形焊缝	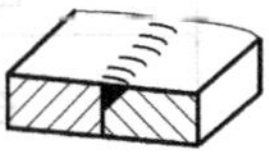	
7	带钝边 U 形焊缝		
8	带钝边 J 形焊缝	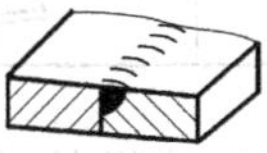	
9	封底焊缝	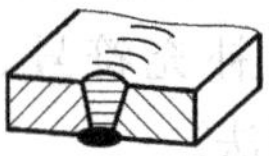	
10	角焊缝	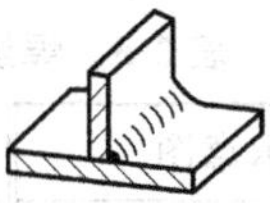	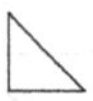
11	塞焊缝或槽焊缝		
12	点焊缝		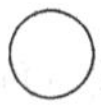
13	缝焊缝	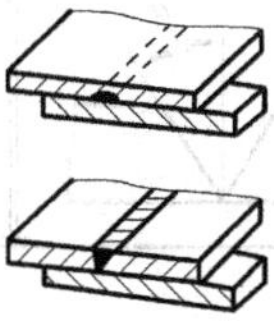	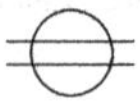

续表

序号	名　称	示　意　图	符　号
14	陡边 V 形焊缝		
15	陡边单 V 形焊缝		
16	端焊缝		
17	堆焊缝		
18	平面连接(钎焊)	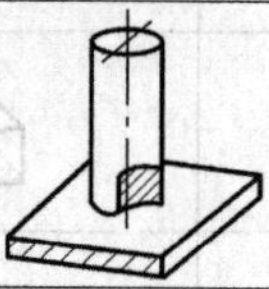 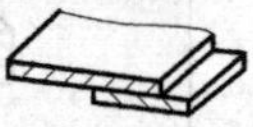	
19	斜面连接(钎焊)	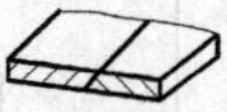	
20	折叠连接(钎焊)		

辅助符号是表示焊缝表面形状特征的符号,补充符号是为了补充说明焊缝的某些特征而采用的符号。辅助符号、补充符号、符号在图样上的标注位置等相关内容见 GB/T 324—2008《焊缝符号表示法》。

表 2-5　焊缝尺寸符号

符号	名　称	示意图	符号	名　称	示意图
δ	工件厚度	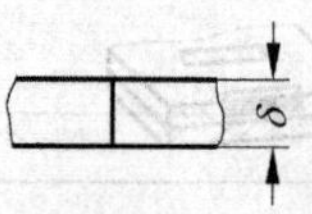	c	焊缝宽度	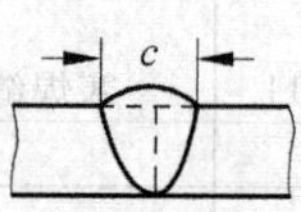
α	坡口角度	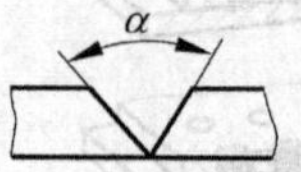	K	焊脚尺寸	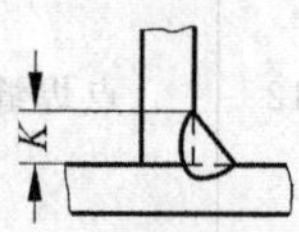
β	坡口面角度	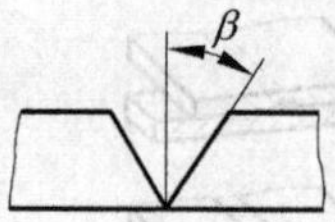	d	点焊：熔核直径 塞焊：孔径	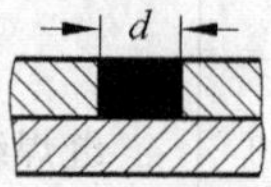

续表

序号	名　称	示意图	序号	名　称	示意图
b	根部间隙	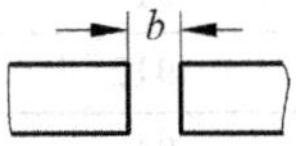	*n*	焊缝段数	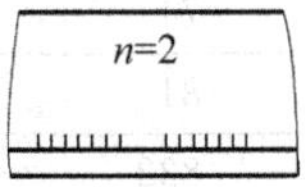
p	钝边	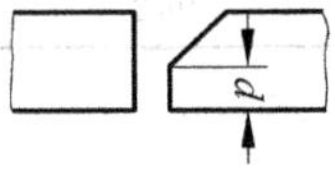	*l*	焊缝长度	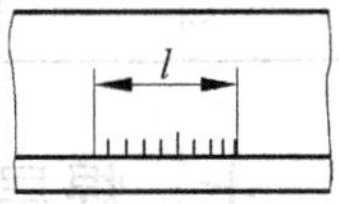
R	根部半径	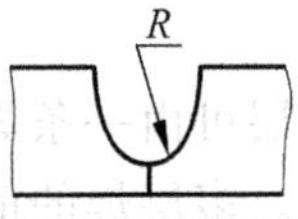	*e*	焊缝间距	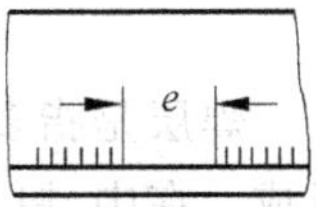
H	坡口深度	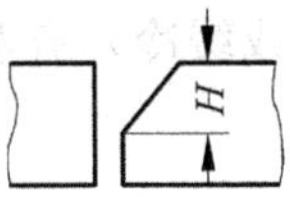	*N*	相同焊缝数量	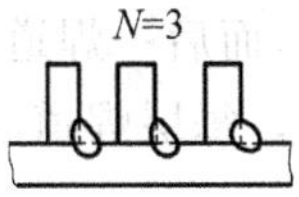
S	焊缝有效厚度	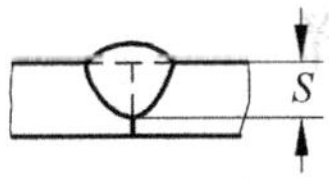	*h*	余高	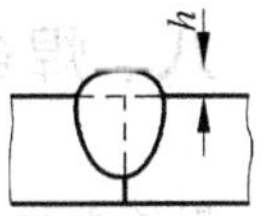

（二）焊接方法代号

在焊接结构图上，为简化焊接方法的标注和说明，国家标准 GB/T 5185—2005/ISO 4063：1998《焊接及相关工艺方法代号》规定，每种工艺方法可通过代号加以识别，焊接及相关工艺方法一般采用三位数字代号表示。其中，一位数代号表示工艺方法大类，二位数代号表示工艺方法分类，而三位数代号表示某种工艺方法。详见 GB/T 5185—2005《焊接及相关工艺方法代号》，常用焊接方法代号如表 2-6 所示。

表 2-6　常用焊接方法代号

焊接方法代号	焊 接 方 法	焊接方法代号	焊 接 方 法
1	电弧焊	4	压力焊
101	金属电弧焊	42	摩擦焊
111	焊条电弧焊	441	爆炸焊
12	埋弧焊	52	激光焊
13	熔化极气体保护电弧焊	7	其他焊接方法
14	非熔化极气体保护电弧焊	72	电渣焊
15	等离子弧焊	73	气电立焊
2	电阻焊	24	闪光焊
21	点焊	25	电阻对焊
22	缝焊	3	气焊
23	凸焊	311	氧乙炔焊

续表

焊接方法代号	焊接方法	焊接方法代号	焊接方法
74	感应焊	91	硬钎焊
81	火焰气割	912	火焰硬钎焊
822	氧电弧切割	94	软钎焊
84	激光切割	942	火焰软钎焊

七、焊层

焊层是指多层焊时的每一个分层。每个焊层可由一条焊道或几条并排相搭的焊道所组成。在中、厚板焊接时，必须采用多层多道焊。多层焊的前一焊道对后一焊道起预热作用，而后一焊道对前一焊道起热处理作用(退火或缓冷)，有利于改善焊缝金属的塑性和韧性。每层焊道厚度不大于4mm。

八、焊条直径与焊接电流的选择

焊条直径是指焊芯的直径，是表示焊条规格的一个主要尺寸。焊条的直径根据焊件厚度、焊接位置、接头形式、焊接层数等进行选择。

厚度较大的焊件应选择直径较大的焊条，厚度越大，焊条直径越大，焊条直径与焊件厚度的关系见表2-7。对于厚板开坡口、小坡口焊件，为了保证底层熔透，宜采用较细的焊条，一般选用ϕ2.5mm或ϕ3.2mm的焊条。多层焊时第一层应采用小直径焊条，一般不超过ϕ3.2mm，以保证良好熔合。其他各焊层、焊缝位置选用比打底焊大一些的焊条直径。平板对接时焊条直径的选择可参考表2-7。

表2-7 焊条直径的选择 单位：mm

焊件厚度	≤1.6	2.0	3	4～6	7～12	≥13
焊条直径	1.6	1.6～2.0	2.0～3.2	3.2～4.0	4.0～5.0	4.0～6.0

焊接电流是指焊接时流经焊接回路的电流。它是焊条电弧焊最重要的焊接参数，也是焊工在操作过程中唯一需要调节的参数，而焊接速度和电弧电压都是由焊工控制的。选择焊接电流时要考虑的因素很多，如焊条直径、药皮类型、工件厚度、接头类型、焊接位置、焊接层数等。但主要由焊条直径、焊接位置和焊道层次决定。焊条直径越大，焊接电流越大。每种直径的焊条都有一个最合适的电流范围，各种焊条直径常用的焊接电流范围可参考表2-8。

表2-8 焊接电流的选择

焊条直径/mm	1.6	2.0	2.5	3.2	4.0	5.0	5.8
焊接电流/A	25～40	40～70	70～90	100～130	160～200	200～270	260～300

电流过大或过小都易产生焊接缺陷。电流过大时，焊条易发红，使药皮变质，而且易造成咬边、弧坑等缺陷，同时还会使焊缝过热，促使晶粒过大；电流过小时，电弧燃烧不稳定，焊条易粘在焊件上，熔渣和铁液很难分离，焊缝金属窄而高，且两侧与母材熔合不良；电流适中时，焊缝金属高度适中，且两侧与母材熔合良好。

九、焊接速度的选择

焊道是指每一次熔敷所形成的一条单道焊缝。焊接速度是指单位时间内完成的焊缝长度。在保证焊缝所要求的尺寸和质量的前提下，由焊工根据情况灵活掌握。速度过慢，热影响区加宽，晶粒粗大，变形也大；速度过快，易造成未焊透、未熔合、焊缝成型不良等缺陷。

焊接速度是指单位时间所完成的焊缝长度，它对焊缝质量影响很大。焊接速度由焊工凭经验掌握，在保证焊透和焊缝质量前提下，应尽量快速施焊。工件越薄，焊速应越高。图 2-29 表示焊接电流和焊接速度对焊缝形状的影响。

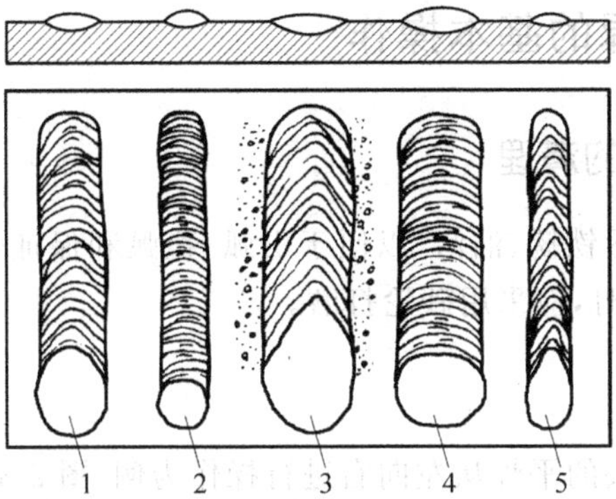

图 2-29 电流、焊速、弧长对焊缝形状的影响

图 2-29 中的焊缝形状分析如下。

1 表示焊缝形状规则，焊波均匀并呈椭圆形，焊缝各部分尺寸符合要求，说明焊接电流和焊接速度选择合适；

2 表示焊接电流太小，电弧不易引出，燃烧不稳定，弧声变弱，焊波呈圆形，堆高增大和熔深减小；

3 表示焊接电流太大，焊接时弧声强，飞溅增多，焊条往往变得红热，焊波变尖，熔宽和熔深都增加。焊薄板时易烧穿；

4 表示的焊缝焊波变圆且堆高，熔宽和熔深都增加，这表示焊接速度太慢。焊薄板时可能会烧穿；

5 表示焊缝形状不规则且堆高，焊波变尖，熔宽和熔深都小，说明焊接速度过快。

十、电弧电压与焊弧长度的选择

电弧电压是指电弧两端(两电极)之间的电压。焊条电弧焊时，电弧电压是由焊工根据具体情况灵活掌握的。当其他条件不变时,若电弧电压升高,则焊缝宽度显著增大,而焊缝厚度和余高略有减小。这是因为电弧电压升高意味着电弧长度增加(电弧电压与电弧长度成正比),所以,电弧摆动范围扩大而导致焊缝宽度减小,相应焊缝厚度和余高就略有减小。

在焊接过程中,一般希望弧长始终保持一致,而且尽可能用短弧(特别是碱性焊条)焊接,以加强保护,防止气孔等缺陷的产生,从而保证焊接质量。

电弧过长,燃烧不稳定,熔深减小,空气易侵入熔池产生缺陷。电弧长度超过焊条直径者为长弧,反之为短弧。因此,操作时尽量采用短弧才能保证焊接质量,即弧长 $L=0.5\sim 1d(\mathrm{mm})$。$d$ 为焊条直径,一般为 2~4mm。

第五节 焊条电弧焊焊接工艺

一、焊条电弧焊的基本操作

(一)焊接接头处的清理

焊接前接头处应除尽铁锈、油污,以便于引弧、稳弧和保证焊缝质量。除锈要求不高时,可用钢丝刷;要求高时,应采用砂轮打磨。

(二)操作姿势

以对接和丁字形接头的平焊从左向右进行操作为例,图 2-30 所示。操作者应位于焊缝前进方向的右侧;左手持面罩,右手握电焊钳;左肘放在左膝上,以控制身体上部不作向下跟进动作;大臂必须离开肋部,不要有依托,应伸展自由。

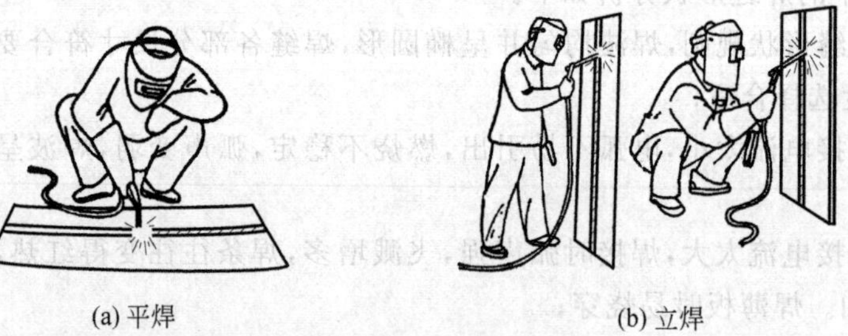

(a) 平焊　　(b) 立焊

图 2-30 焊接时的操作姿势

(三)引弧

引弧就是使焊条与焊件之间产生稳定的电弧,以加热焊条和焊件进行焊接的过程。引弧操作时首先用防护面罩挡住面部,将焊条末端对准引弧处。焊条电弧焊采用接触法引弧,常用的引弧方法有划擦法和碰击法两种,如图 2-31 所示。

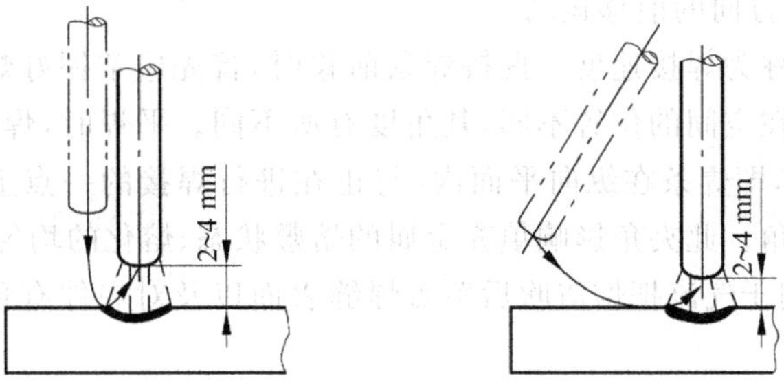

(a) 碰击法　　(b) 划擦法

图 2-31　引弧方法

（1）碰击法引弧。先将焊条垂直对准焊件待焊部位轻轻碰击，并将焊条适时提起 2～4mm，如图 2-31(a)所示，即引燃电弧。若焊条与焊件接触时间太长，就会粘条，产生短路，这时可左右摆动拉开焊条重新引弧或松开焊钳，切断电源，待焊条冷却后再作处理；若焊条提起距离太高，则电弧立即熄灭。若焊条与焊件经接触而未起弧，往往是焊条端部有药皮等妨碍了导电，这时可敲击几下，将这些绝缘物清除，直到露出焊芯金属表面，但是不能用力过大，否则容易将焊条引弧端药皮碰裂，甚至脱落，影响引弧和焊接。

（2）划擦法引弧。先将焊条末端对准引弧处，然后像划火柴似的使焊条在焊件表面利用腕力轻轻划擦一下，划擦距离 10～20mm，并将焊条提起 2～4mm，如图 2-31(b)所示，电弧即可引燃。

引弧时，不得随意在焊件(母材)表面上“打火”，尤其是高强度钢、低温钢、不锈钢。这是因为电弧擦伤部位容易引起淬硬或微裂，不锈钢则会降低耐蚀性。所以引弧应在待焊部位或坡口内。

焊接时，一般选择焊缝前端 10～20mm 处作为引弧的起点。对焊接表面要求很平整的焊件，可以另外用引弧板引弧。如果焊件厚薄不一致、高低不平、间隙不相等，则应在薄件上引弧向厚件施焊，从大间隙处引弧向小间隙处施焊，由低的焊件引弧向高的焊件处施焊。

（四）焊接的点固

为了固定两焊件的相对位置，以便施焊，在焊接装配时，每隔一定距离焊 30～40mm 的短焊缝，使焊件相互位置固定，称为点固，或称定位焊，如图 2-32 所示。

（五）运条

焊条的操作运动简称为运条，运条一般分三个基本运动，如图 2-33 所示。焊条的操作运动实际上是一种合成运动，即焊条同时完成三个基本方向的运动：焊条沿焊接方向逐渐移动；焊条向熔池方向作逐渐送进运动；焊条的横向摆动，上述三个动作不能机械地分开，而应相互协调才能焊出满意的焊缝。

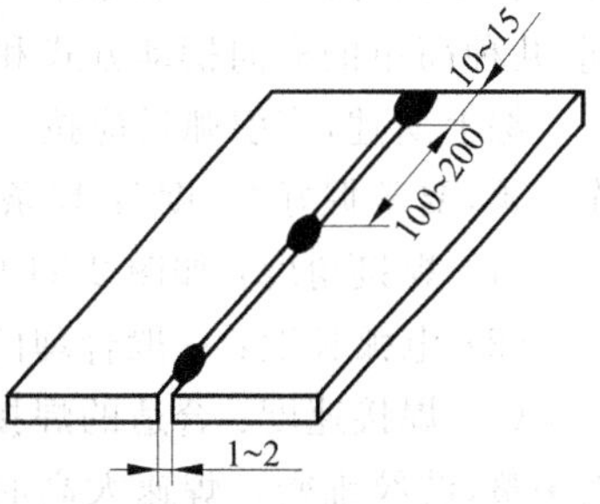

图 2-32　焊接的点固

1）焊条沿焊接方向的前移运动

其移动的速度称为焊接速度。握持焊条前移时，首先应掌握好焊条与焊件之间的角度。各种焊接接头在空间的位置不同，其角度有所不同。平焊时，焊条应向前倾斜70°～80°，如图2-34所示，即焊条在纵向平面内，与正在进行焊接的一点上垂直于焊缝轴线的垂线向前所成的夹角。此夹角影响填充金属的熔敷状态、熔化的均匀性及焊缝外形，能避免咬边与夹渣，有利于气流把熔渣吹后覆盖焊缝表面以及对焊件有预热和提高焊接速度等作用。

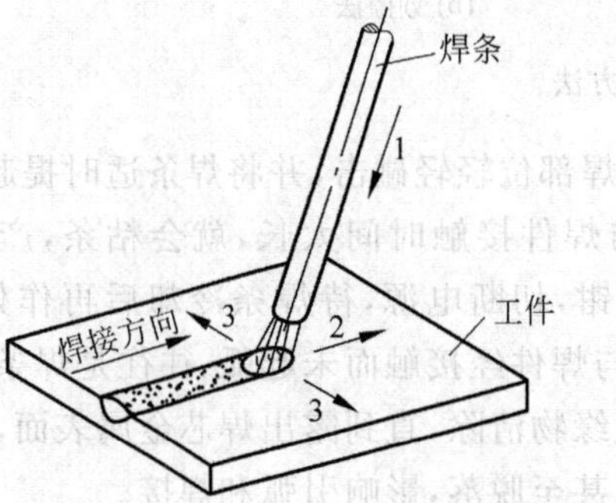

图2-33　焊条的三个基本运动方向

1—向下送进；2—沿焊接方向移动；3—横向摆动

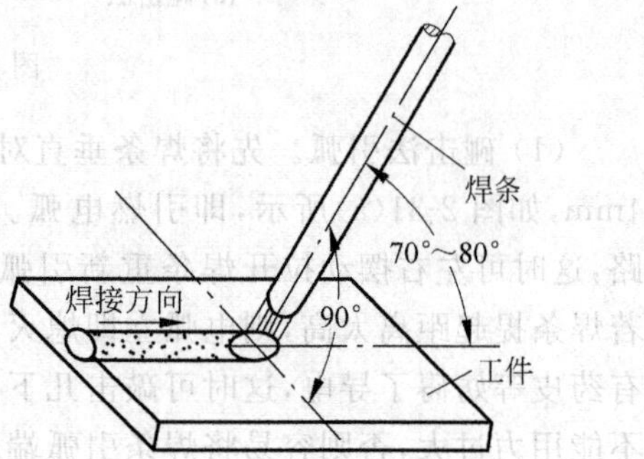

图2-34　平焊的焊条角度

2）焊条的送进运动

送进运动是沿焊条的轴线向焊件方向的下移运动。维持电弧是靠焊条均匀的送进，以逐渐补偿焊条端部的熔化过渡到熔池内。进给运动应使电弧保持适当长度，以便稳定燃烧。

3）焊条的横向摆动

焊条的摆动是指焊条在焊缝宽度方向上的横向运动，其目的是加宽焊缝，并使接头达到足够的熔深，同时可延缓熔池金属的冷却结晶时间，有利于熔渣和气体浮出。焊条的横向摆动方法很多，选用时应根据接头的形式、装配间隙、焊缝的空间位置、焊条的直径与性能、焊接电流及技术水平等方面而定。焊缝的宽度和深度之比称为"宽深比"，窄而深的焊缝易出现夹渣和气孔。手弧焊的"宽深比"为2～3。焊条摆动幅度越大，焊缝就越宽。焊接薄板时，不必过大摆动甚至直线运动即可，这时的焊缝宽度为焊条直径的0.8～1.5倍；焊接较厚的焊件，需摆动运条，焊缝宽度可达直径的3～5倍。根据焊缝在空间的位置不同，几种简单的横向摆动方式和常用的焊接走势如图2-35所示。

综上所述，当引弧后应按三个运动方向正确运条，并对应用最多的对接平焊提出其操作要领，要掌握好"三度"：焊条角度、电弧长度和焊接速度。

（1）焊接角度：如图2-34所示，焊条应向前倾斜70°～80°。

（2）电弧长度：一般合理的电弧长度约等于焊条直径。

（3）焊接速度：合适的焊接速度应使所得焊道的熔宽约等于焊条直径的两倍，其表面平整，波纹细密。焊速太高时焊道窄而高，波纹粗糙，熔合不良。焊速太低时，熔宽过大，焊件容易被烧穿。

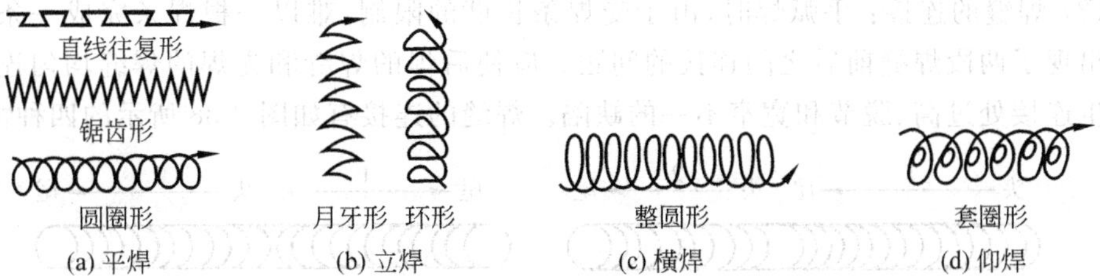

图 2-35 常用的运条方法

同时要注意，电流要合适、焊条要对正、电弧要低、焊速不要快、力求均匀。

（六）灭弧（熄弧）

焊条的长度是一定的，每焊完一根焊条后必须更换焊条，在焊接过程中，电弧的熄灭也是不可避免的。灭弧不好，会形成很浅的熔池，焊缝金属的密度和强度差，因此最易形成裂纹、气孔和夹渣等缺陷。灭弧时将焊条端部逐渐往坡口斜角方向拉，同时逐渐抬高电弧，以缩小熔池，减小金属量及热量，使灭弧处不致产生裂纹、气孔等缺陷。灭弧时堆高弧坑的焊缝金属，使熔池饱满地过渡，焊好后，锉去或铲去多余部分。灭弧操作方法有多种，常见方法如图 2-36 所示。

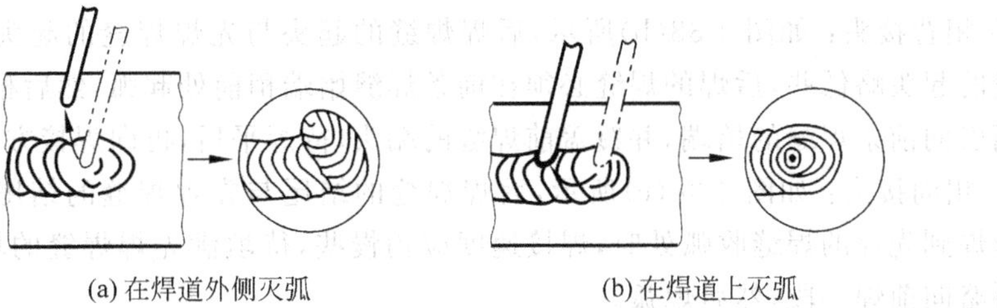

图 2-36 灭弧

(1) 在焊道外侧灭弧，如图 2-36(a)所示，将焊条运条至接头的尾部，焊成稍薄的熔敷金属，将焊条运条方向反过来，然后将焊条拉起来灭弧。

(2) 在焊道上灭弧，如图 2-36(b)所示，将焊条握住不动一定时间，填好弧坑然后拉起来灭弧。

（七）焊缝的起头、连接和收尾

(1) 焊缝的起头：焊缝的起头是指刚开始焊接的部分，平焊和碱性焊条多采用回焊法，从距离始焊点 10mm 左右处引弧，回焊到始焊点，如图 2-37 所示。在一般情况下，因为焊件在未焊时温度低，引弧后常不能迅速使温度升高，所以这部分熔深较浅，使焊缝强度减弱。为此，应在起弧后先将电弧稍拉长，以利于对端头进行必要的预热，然后适当缩短弧长进行正常焊接。

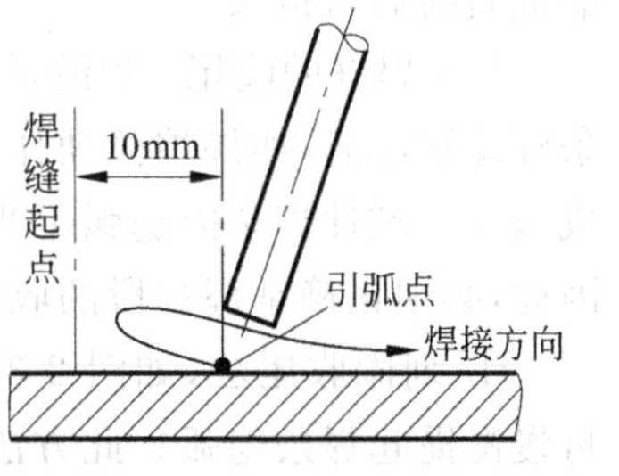

图 2-37 焊缝的起头

(2) 焊缝的连接：手弧焊时，由于受焊条长度的限制，难以一根焊条完成一条焊缝，因而出现了两段焊缝前后之间连接的问题。应使后焊的焊缝和先焊的焊缝均匀连接，避免产生连接处过高、脱节和宽窄不一的缺陷。焊缝的连接有如图 2-38 所示的四种情况。

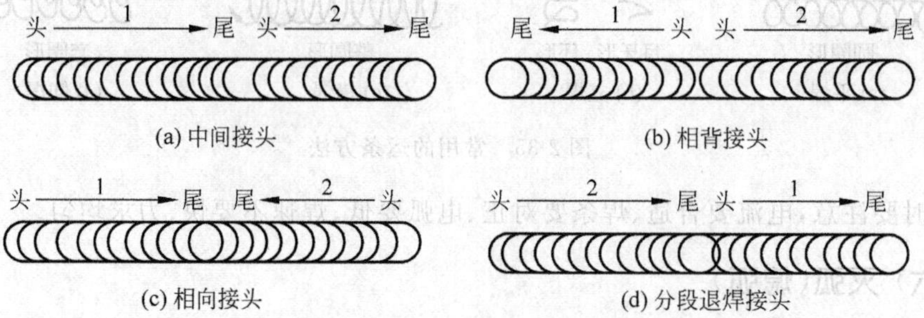

(a) 中间接头　(b) 相背接头　(c) 相向接头　(d) 分段退焊接头

图 2-38 焊缝的连接

① 中间接头：如图 2-38(a)所示，后焊焊缝的起头与先焊焊缝的结尾连接，要求在弧坑前约 10mm 附近引弧，电弧长度应比正常焊接时略长些，然后回移到弧坑处，压低电弧并稍作摆动，待填满弧坑后即向前转入正常焊接。这种接头方法是使用最多的一种，适用于单层焊及多层焊的表层接头。在连接时，更换焊条的动作越快越好，因为在熔池尚未冷却时进行焊缝连接(俗称热接法)，不仅能保证接头质量，而且可使焊缝成形美观。

② 相背接头：如图 2-38(b)所示，后焊焊缝的起头与先焊焊缝的起头连接。要求先焊焊缝的起头略低些，后焊的焊缝必须在前条焊缝始端稍前处起弧，然后稍拉长电弧将电弧逐渐引向前条焊缝的始端，并覆盖前焊缝的端头，待焊平后，再向焊接方向移动。

③ 相向接头：如图 2-38(c)所示，后焊焊缝的结尾与先焊焊缝的结尾连接。当后焊的焊缝焊到先焊的焊缝收弧处时，焊接速度应稍慢些，待填满先焊焊缝的坑后，以较快的速度再略向前焊一段，然后熄弧。

④ 分段退焊接头：如图 2-38(d)所示，后焊焊缝的结尾与先焊焊缝的起头连接。要求后焊缝焊至靠近前焊焊缝的始端时，应改变焊条角度，使焊条指向前焊缝的后端，拉长电弧，待形成熔池后，再压低电弧，往回移动，最后返回原来熔池处收弧。

接头连接的平整与否，与焊工的操作技术有关，同时还与接头处温度高低有关。温度高，接得越平整。因此，中间接头要求电弧中断时间要短，换焊条动作要快。多层焊接时，层间接头要错开，以提高焊缝的致密性。除焊缝中间接头时可不清理焊渣外，其余接头前，必须先将需接头处的焊渣清除掉，否则接不好焊缝的接头，必要时可将需接头处先打磨成斜面后再接头。

(3) 焊缝的收尾：焊缝的收尾是指一条焊缝焊完后，应把收尾处的弧坑填满。当一条焊缝结尾时，如果熄弧动作不当，则会形成比母材低的弧坑，从而使焊缝强度降低，并形成裂纹。碱性焊条因熄弧不当而引起的弧坑中常伴有气孔出现，所以不允许有弧坑出现。因此，必须正确掌握焊段的收尾工作，一般收尾动作有如下三种，如图 2-39 所示。

① 划圈收尾法，如图 2-39(a)所示，电弧在焊段收尾处作圆圈运动，直到弧坑填满后再慢慢提起焊条熄弧。此方法最宜用于厚板焊接中，若用于薄板，则易烧穿。

② 反复断弧收尾法，如图 2-39(b)所示，在焊段收尾处，在较短时间内，电弧反复熄弧

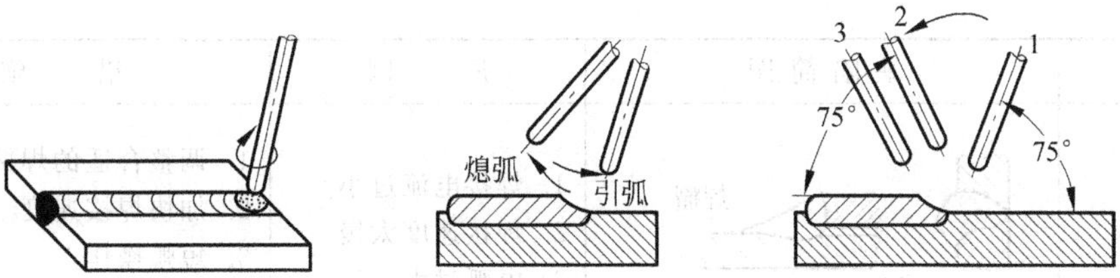

(a) 划圈收尾法　(b) 反复断弧收尾法　(c) 回焊收尾法

图 2-39　焊段收尾法

和引弧数次，直到弧坑填满。此方法多用于薄板和多层焊的底层焊中，不适用于碱性焊条。

③ 回焊收尾法，如图 2-39(c)所示，电弧在焊段收尾处停住，同时改变焊条的方向，由位置 1 移至位置 2，待弧坑填满后，再稍稍后移至位置 3，然后慢慢拉断电弧。此方法对碱性焊条较为适宜。

（八）焊件清理

焊后用钢丝刷等工具将焊渣和飞溅物清理干净。

二、常见焊接缺陷产生原因及预防措施

如表 2-9 所示为常见焊接缺陷产生的原因及预防措施。

表 2-9　常见焊接缺陷产生的原因及预防措施

缺陷	缺陷简图	原　　因	措　　施
未焊透	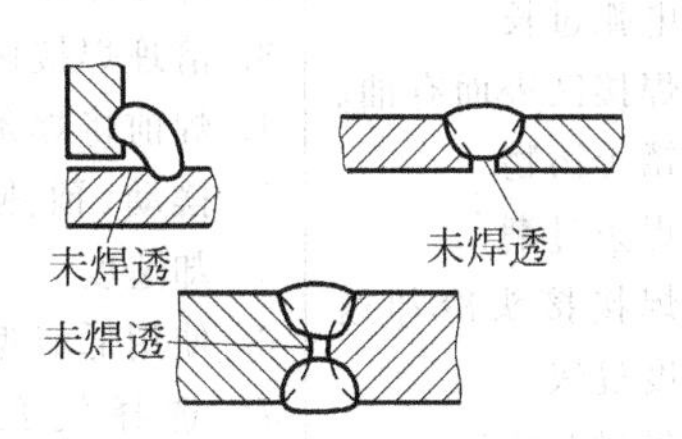	1. 坡口角度太小，钝边太厚 2. 焊接速度太快 3. 焊接电流太小 4. 运条方法不当	1. 加大坡口角度，减小钝边厚度，增加根部间隙 2. 降低焊接速度 3. 在不影响熔渣覆盖的前提下加大电流，短弧操作，使焊条保持近于垂直的角度 4. 掌握正确的运条方法
咬边	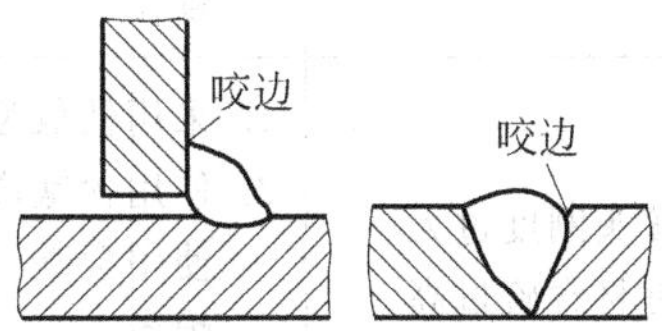	1. 焊接电流过大 2. 运条方法不当 3. 焊接速度过快 4. 电弧太长 5. 焊条选择不当	1. 减小焊接电流 2. 掌握正确的运条方法 3. 降低焊接速度 4. 短弧操作 5. 根据焊接条件选择合适的焊条型号和直径

续表

缺陷	缺陷简图	原　因	措　施
焊瘤	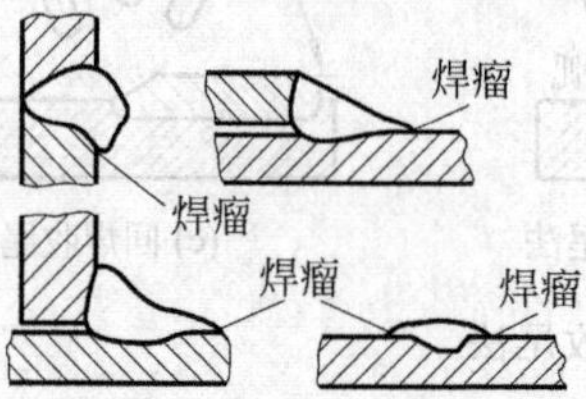	1. 焊接电流过小 2. 焊接速度太慢 3. 电弧过大 4. 运条方法不正确 5. 焊条选择不当	1. 调整合适的焊接电流 2. 加快焊接速度 3. 短弧操作 4. 正确掌握运条方法 5. 根据焊接条件选择合适的焊条型号和直径
焊缝外观不良/尺寸不符	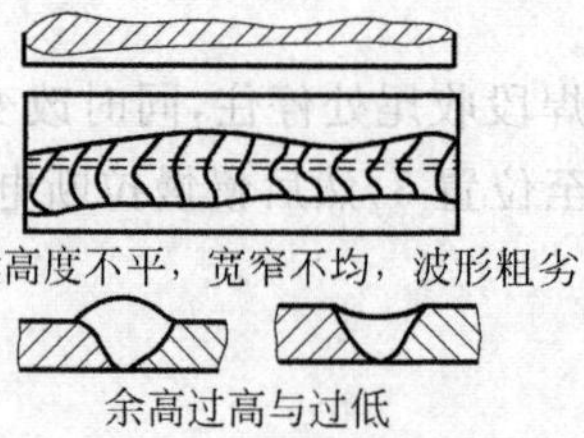	1. 焊接电流过大或过小 2. 焊接速度不当使熔渣覆盖不良 3. 运条方法不当 4. 焊接接头过热 5. 焊条选择不当	1. 调整合适电流 2. 调整焊接速度 3. 掌握正确运条方法 4. 避免焊接过热 5. 根据焊接条件，母材及板厚选择合适的焊条型号和直径
夹渣	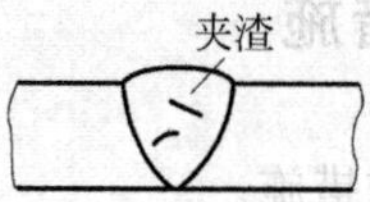	1. 前一层焊道的熔渣清理不净 2. 焊接速度过慢，熔渣前淌 3. 坡口角度过小 4. 焊条角度和运条不当	1. 仔细清理熔渣 2. 稍微提高焊接电流，加快焊速 3. 加大坡口角度，增加根部间隙 4. 正确掌握运条方法
气孔		1. 电流过大 2. 电弧过长 3. 焊接区表面有油、锈等污物 4. 焊条过潮 5. 焊接接头冷却速度过快 6. 母材含硫过高 7. 焊条选择不当 8. 引弧方法不当	1. 使用适当的电流 2. 短弧操作 3. 清理焊接区表面 4. 焊前将焊条烘干 5. 摆动、预热等，以降低冷却速度 6. 使用低氢型焊条 7. 选择气孔敏感性小的焊条 8. 采用引弧板或用回弧法操作
热裂纹	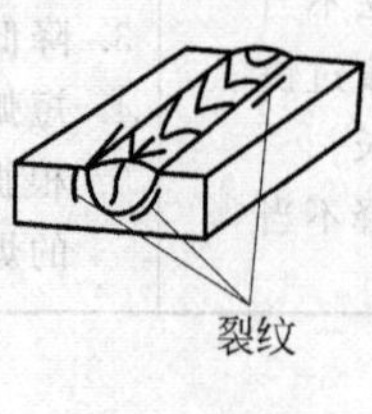	1. 接头刚度过大 2. 母材含硫过高 3. 根部间隙过大	1. 采用低氢型焊条 2. 使用含锰高的低氢焊条，使用含碳、硅、硫、磷低的焊条 3. 保持合适的间隙，收弧时要把弧坑填满

续表

缺陷	缺陷简图	原　因	措　施
冷裂纹	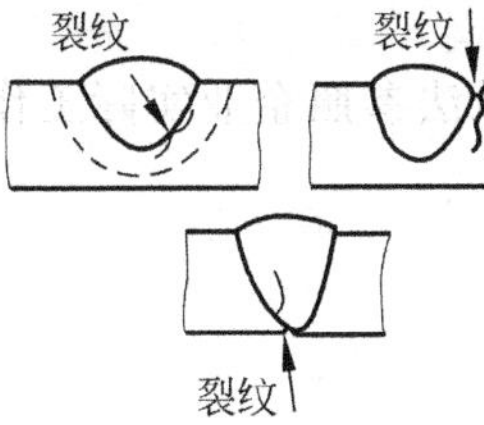	1. 母材中含合金元素量高 2. 接头刚度过大 3. 接头冷却速度过快 4. 焊条吸潮	1. 预热，使用低氢焊条，使用碳当量低、韧性高、抗裂性好的焊条 2. 预热，正确安排焊接顺序 3. 进行预热和后热，控制层间温度，选择合适的焊接规范 4. 焊前焊条烘干，选用难吸潮焊条或超低氢焊条
烧穿	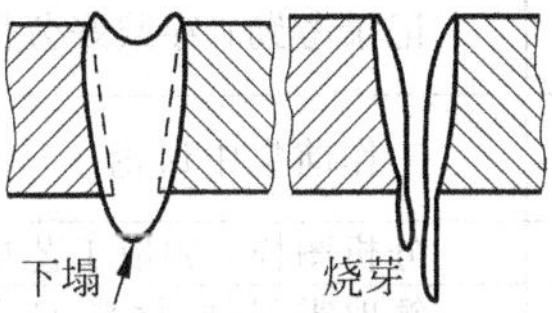	1. 坡口形状不良 2. 焊接电流过大 3. 焊接速度过慢 4. 母材过热 5. 电弧过长	1. 减小根部间隙及加大钝边高度 2. 使用较小的电流或选用电弧吹力小的焊条 3. 适当加快焊接速度 4. 避免接头过热 5. 短弧操作
变形	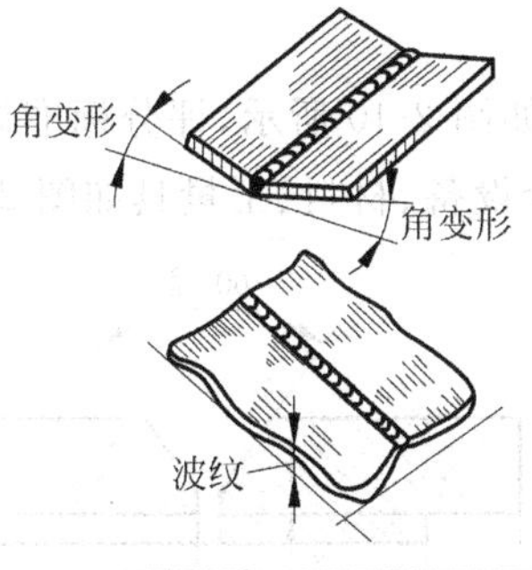	1. 焊接接头设计不当 2. 接头下部过热 3. 焊接速度过慢 4. 焊接顺序不当 5. 缺乏约束条件	1. 设计时预先考虑到接头的膨胀、收缩 2. 使用小电流、选用熔深浅的焊条 3. 适当加快焊接速度 4. 正确安排焊接顺序 5. 使用夹具等进行充分约束，但必须注意防止产生裂缝
凹坑	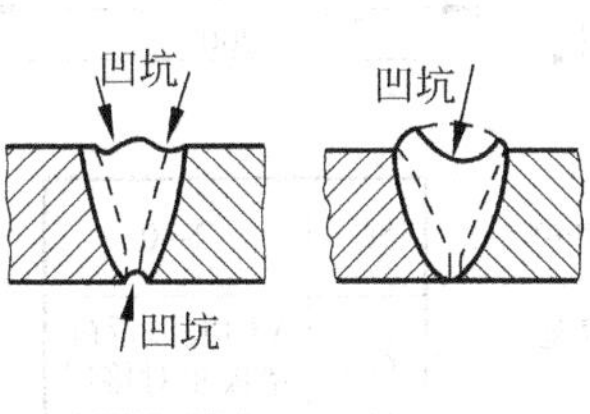	1. 焊条吸潮 2. 焊接区表面脏物太多 3. 焊条过热发红 4. 母材含硫过高 5. 母材的碳、锰含量过高	1. 焊前焊条烘干 2. 清除表面油、锈、油漆等污物 3. 使用小电流、避免焊条过热 4. 使用低氢型焊条 5. 使用碱度高的焊条
飞溅	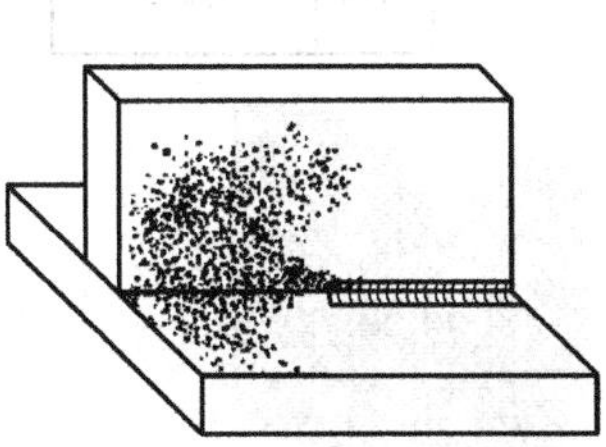	1. 电流过大 2. 焊接时产生磁偏吹 3. 碱性焊条错用正极性 4. 焊条吸潮 5. 电弧过大	1. 使用合适的电流 2. 尽量防止磁偏吹 3. 改用反接（即焊条接正极） 4. 焊前焊条烘干 5. 用短弧施焊

第六节　V 形坡口带衬垫板平对接焊“校企合一”操作训练

根据本章学习内容,进行实际操作训练。所有做法参照企业实际工作进行安排。

一、工作(工艺)准备

前期工作(工艺)准备如表 2-10 所示。

表 2-10　工作(工艺)准备

序号	学 校 情 况	企 业 情 况
1	检查学生出勤情况;检查工作服、帽、鞋等是否符合安全操作要求	记录考勤;穿戴好劳保用品
2	布置本次实操作业,集中讲课,重温相关操作工艺	工作前集中讨论
3	教师分析焊接图样,介绍焊件工艺	分析图样;领取工艺单(卡)
4	准备本次实习课题需要的材料,工、量具	领取零部件、材料、工具、刃具、量具

(一) 实操课题

本次实操课题 V 形坡口带衬垫板平对接焊如图 2-40 所示,评分标准如表 2-11 所示,所需要的设备、材料、工量具如表 2-12 所示,部分设备、材料、工量具如图 2-41 所示。

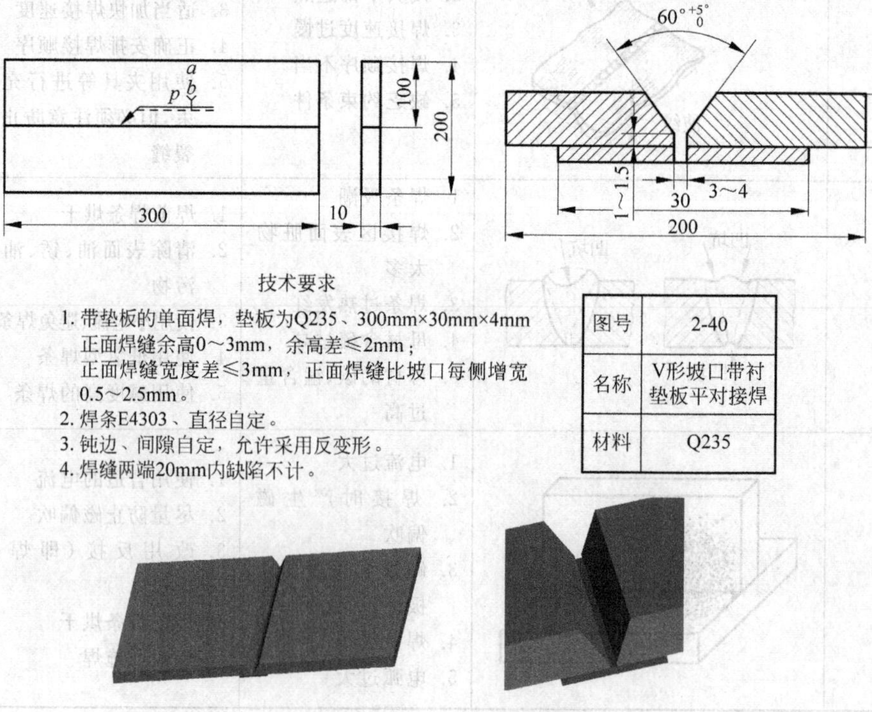

60°+5° 0
a
b
p
100
200
300
10
10
1~1.5
30
3~4
200
技术要求
1. 带垫板的单面焊,垫板为Q235、300mm×30mm×4mm
正面焊缝余高0~3mm,余高差≤2mm;
正面焊缝宽度差≤3mm,正面焊缝比坡口每侧增宽0.5~2.5mm。
2. 焊条E4303、直径自定。
3. 钝边、间隙自定,允许采用反变形。
4. 焊缝两端20mm内缺陷不计。
图号 2-40
名称 V形坡口带衬垫板平对接焊
材料 Q235

图 2-40　V 形坡口带衬垫板平对接图

表 2-11　V形坡口带衬垫板平对接焊训练评分表

姓名：________　学号：________　总成绩：________

焊接位置		平对接焊	焊接名称	V形坡口带垫板平对接焊			
材料	Q235		等级	上岗	工时	30min	
项目	序号	考核要求	分值	评分标准	结果	得分	备注
焊缝外观质量	1	表面无裂纹	5	有裂纹不得分			
	2	无烧穿	5	有烧穿不得分			
	3	无焊瘤	6	每处焊瘤扣 0.5 分			
	4	无气孔	5	每个气孔扣 0.5 分，直径＞1.5mm 不得分			
	5	无咬边	6	深度＞0.5mm，累计长 15mm 扣 1 分			
	6	无夹渣	6	每处夹渣扣 0.5 分			
	7	无未熔合	6	未熔合累计长 10mm 扣 1 分			
	8	焊缝起头、接头、收尾无缺陷	9	起头、收尾过高、脱节每处扣 1 分			
	9	焊缝宽度不均匀≤3mm	6	焊缝宽度变化＞3mm 累计长 30mm 不得分			
焊缝内部质量	10	焊缝内部无气孔、夹渣、未熔透、裂纹	10	Ⅰ级不扣分，Ⅱ级扣 6 分，Ⅲ级扣 10 分			
焊缝外形尺寸	11	焊缝宽度比坡口每侧增宽 0.5～2.5mm；宽度差≤3mm	8	每超差 1mm 累计长 20mm 扣 1 分			
	12	焊缝余高差≤2mm	8	每超差 1mm 累计长 20mm 扣 1 分			
焊后变形错位	13	角变形≤3°	5	超差不得分			
	14	错位量≤0.1 板厚	5	超差不得分			
安全文明生产	15	按照有关安全操作规程在总分中扣除，不得超过 10 分；出现重大事故，总评直接不及格	10				
总分			100	总得分			
考场记录							

注：焊件上非焊道处不得有引弧痕迹，保持焊缝原状。

表 2-12 V形坡口带衬垫板平对接焊设备、材料、工量具一览表

序号	名 称	规格/型号	数量	备注
1	低碳钢电焊条	E4303(J422),ϕ3.2mm × 350mm,ϕ4mm×350mm	若干	
2	防护面罩		1个	
3	绝缘手套		1副	
4	口罩		1对	
5	防护眼镜		1副	
6	焊缝检测尺		1把	
7	清渣锤		1把	
8	手锤		1把	
9	直钢尺	300mm	1把	
10	钢丝刷		1个	
11	铁钳		1个	
12	手工弧焊机	BX3—300型或ZX5—400型	1台	
13	焊接工作架		1个	
14	坡口板	Q235,300mm×100mm×10mm	2块	V形
15	衬垫板	Q235,300mm×40mm×4mm	1块	

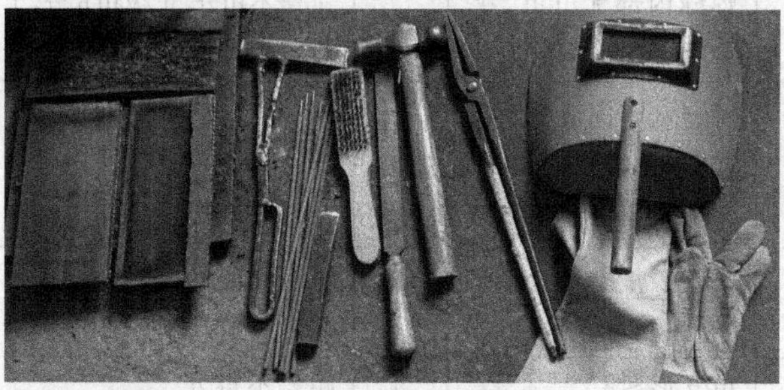

图 2-41 部分常用焊接设备、材料、工量具

(二)实操安全事宜

交流焊机在调节焊接电流时,手柄逆时针旋转为增大电流,顺时针为减小,手摇一圈约为5A。

(1)检查焊接现场10m范围内,不得堆放油类、木材、氧气瓶、乙炔发生器等易燃、易爆物品。

(2)检查并确认电焊机的初、次级线接线正确,接线处是否装有防护罩,次级抽头连接铜板应压紧,接线柱应有垫圈。

(3)检查输入电压是否符合电焊机铭牌规定,合闸前,应详细检查接线螺帽、螺栓及其他部件并确认完好齐全、无松动或损坏,检查电缆线是否破损,接线柱处是否均有保护罩。

(4) 检查电焊钳是否完好，握柄与导线联结应牢靠，接触良好，联结处应采用绝缘布包好并不得外露。

二、实操训练工艺介绍

(一) 对应焊接工艺

焊接工艺参考如下，如表 2-13 所示。

表 2-13　V 形坡口带衬垫板平对接焊工艺

考核级别	上岗	教案	001	备　注
焊接项目	V 形坡口带衬垫板	焊接方法	焊条电弧焊	
试件材料	Q235	试件尺寸	300mm×100mm×10mm	
焊接材料	E4303(J422)	焊机	BX3 型 ZX5 型	
焊接要求	带垫板	坡口形式、角度	60°V 形	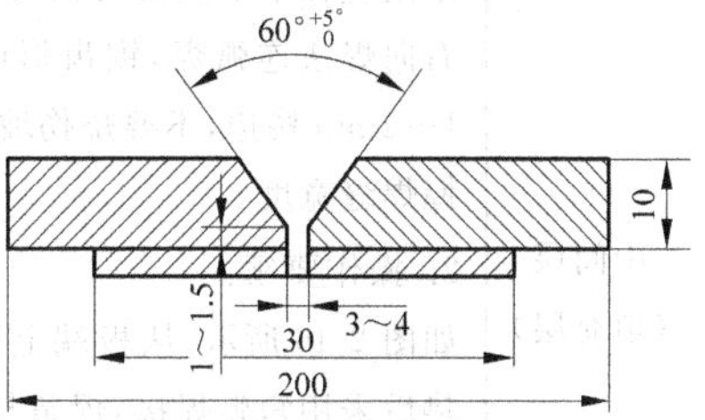
电源极性	反接	焊接层数	3	
定位焊	技能要求： 1. 清理坡口面两侧正反面各 20mm 范围内的油污、锈蚀、水分及其他污物，清理垫板的油污、锈蚀、水分及其他污物； 2. 装配间隙 4.0mm，错边量≤0.6mm； 3. 选用的焊接材料与试件焊接牌号相同，电位焊缝长度为 10～15mm； 4. 所用的电流比正式焊接大 10%～15%，以保证焊透； 5. 预制置反变形量为 3°； 6. 效果图如图 2-42～图 2-44 所示			坡口板和衬垫板的定位焊 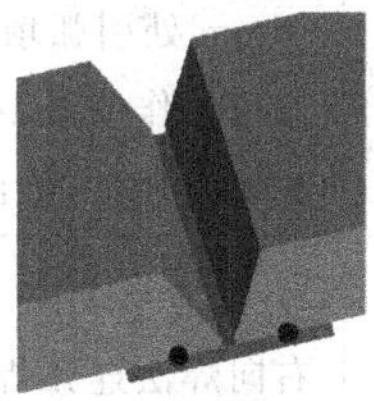 背面定位焊  预置反变形量 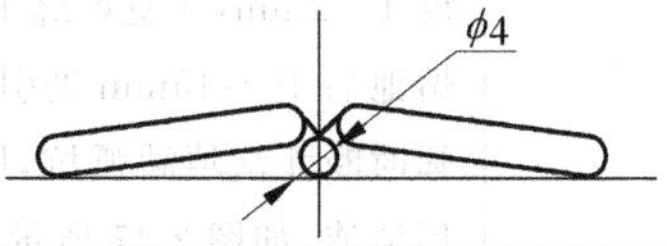

续表

考核级别	上岗	教案	001	备　注
底层 (第一层)	1. 技能要求： 采用直径 ϕ3.2mm 焊条，调节好电流 135A，右向焊法连弧焊，直线形运条法，焊道厚度 3～4mm 2. 操作要领： 从板端上引弧，稍拉长电弧做预热后采用短弧焊接，焊条与试板两侧成 90°角，与前进方向成 45°～55°夹角，焊接速度 50～70mm/min，接头时在熔池后 10～15mm 处引弧填满弧坑正常焊接，运条到两侧坡口边稍作停留 1～2s，防止死角夹渣，焊道收弧时断弧法填满弧坑，防止产生缩孔或裂纹。焊后清渣，如图 2-45 所示			清渣前焊道 直线运条  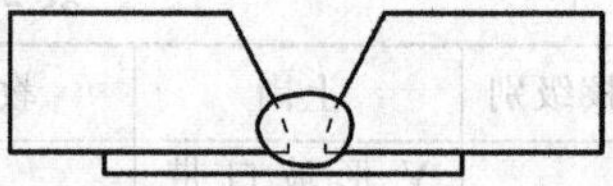
中间层 (填充层)	1. 技能要求： 采用直径 ϕ3.2mm 焊条，调节好电流 130A； 右向焊法连弧焊，锯齿形或月牙形运条法，预留 1～2mm 棱边，不要烧伤坡口边，便于盖面焊时掌握焊缝宽度 2. 操作要领： 如图 2-46 所示，从板端上引弧，稍拉长电弧做预热后采用短弧焊接，焊条与试板两侧成 90°角，与前进方向成 55°～75°夹角，接头时在熔池后 10～15mm 处引弧填满弧坑正常焊接，运条到两侧坡口边稍作停留 1～2s，防止死角夹渣，收弧时断弧法填满弧坑，防止产生缩孔或裂纹；焊后清渣			填充层焊道 小锯齿形横向摆动 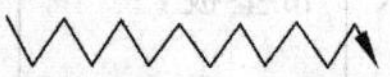 
盖面层	1. 技能要求： 右向焊法连弧焊，锯齿形或月牙形运条法，采用直径 ϕ4.0mm 焊条，调节好电流 160A。覆盖棱边高度 1～2mm，并使焊缝平滑过渡到母材 2. 操作要领： 从板端上引弧，稍拉长电弧做预热后采用短弧焊接，焊条与试板两侧成 90°角，与前进方向成 75°～85°夹角，焊条摆动幅度比填充层大些，摆动运条到两侧坡口边稍作停留 1～2s，覆盖棱边高度 1～2mm，并使焊缝平滑过渡到母材，接头时在熔池后 10～15mm 处引弧填满弧坑正常焊接，收弧时断弧法填满弧坑，防止产生缩孔或裂纹；焊后清渣，如图 2-47 所示			面层焊道 小锯齿形横向摆动  

图 2-42 点焊定位坡口板和衬垫板

图 2-43 焊接固定第二块坡口板

图 2-44 预置反变形量

图 2-45 清渣

图 2-46 焊接填充层

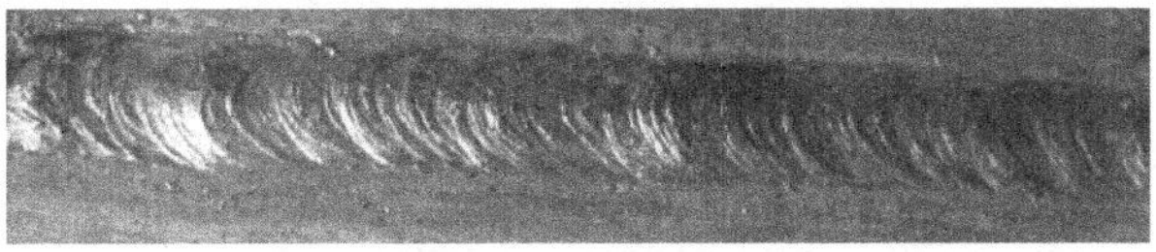

图 2-47 焊表面层清渣后的焊道

（二）操作操作过程

(1) 修磨试件坡口,清理试件；按装配要求进行装配,按要求进行定位焊,并按要求预置反变形量。

(2) 采用直径 3.2mm 的焊条进行底层焊。以合适的焊速焊透保证焊缝熔合良好并成形。

(3) 按焊接工艺参数规定焊接填充层焊道。用直径 3.2mm 焊条进行焊接,采用月牙形或锯齿形运条法。两侧稍作停顿,以保证焊道平整无尖角和夹渣等缺陷。

(4) 用直径 4.0mm 焊条,采用月牙形或月牙形运条法进行盖面层焊接,焊条运条到两侧稍停顿,以保证焊缝熔合并防止咬边等缺陷。

(5) 质量要求按照表 2-11 进行评分。

三、自我总结与点评

(1) 清理熔渣及飞溅物,并检查焊接质量,分析问题,总结经验。

(2) 自我评分,自我总结文明生产、安全操作情况。

(3) 操作完毕整理工作位置,清理干净工作场地,整理好工具、量具,搞好场地卫生。

第三章

气焊、气割与钎焊

知识要点：气焊、气割与火焰钎焊等是利用可燃气体与助燃气体混合燃烧产生的气体火焰作为热源，进行金属材料的焊接或切割的加工工艺方法。现已在机械、锅炉、压力容器、管道、电力、造船及金属结构等方面得到了广泛的应用。

技能目标：掌握正确的气焊、气割与钎焊姿势，掌握气焊、气割与钎焊操作技能，达到一定的熟练程度。

学习建议：认真看示范操作，注意操作过程中姿势自然、正确，及时改正操作中错误动作；注意安全，勤学苦练。

第一节　气焊的原理、特点及设备

一、气焊原理及特点和应用

（一）气焊原理

气焊是利用可燃气体与助燃气体混合燃烧后，产生的高温火焰对金属材料进行熔化焊的一种方法。如图 3-1 所示，将乙炔和氧气在焊炬中混合均匀后，从焊嘴喷出燃烧火焰，将焊件和焊丝熔化后形成熔池，待冷却凝固后形成焊缝连接。

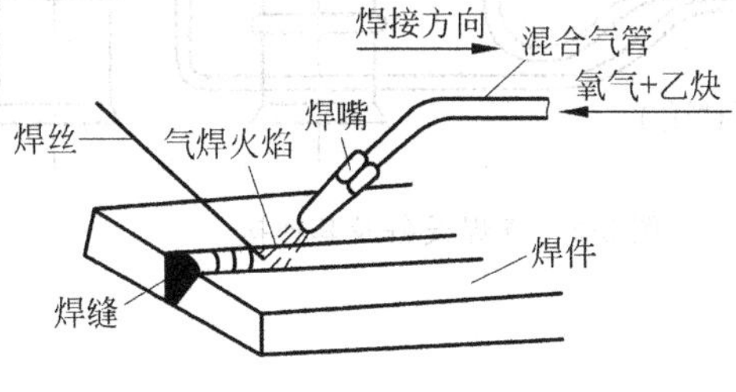

图 3-1　气焊原理图

气焊所用的可燃气体很多，有乙炔、氢气、液化石油气、煤气等，而最常用的是乙炔气。乙炔气的发热量大，燃烧温度高，制造方便，使用安全，焊接时火焰对金属的影响最小，火焰温度高达 3100～3300℃。氧气作为助燃气，其纯度越高，耗气越少。因此，气焊也称为氧-乙炔焊。

（二）气焊的特点及应用

(1) 火焰对熔池的压力及对焊件的热输入量调节方便，故熔池温度、焊缝形状和尺寸、焊缝背面成形等容易控制。

(2) 设备简单，移动方便，操作易掌握，但设备占用生产面积较大。

(3) 焊炬尺寸小，使用灵活。由于气焊热源温度较低，加热缓慢，生产率低，热量分散，热影响区大，焊件有较大的变形，接头质量不高。

(4) 气焊适于各种位置的焊接。适于焊接厚度 3mm 以下的低碳钢、高碳钢薄板、铸铁焊补以及铜、铝等有色金属的焊接。在船上无电或电力不足的情况下，气焊则能发挥更大的作用，常用气焊火焰对工件、刀具进行淬火处理，对紫铜皮进行回火处理，并矫直金属材料和净化工件表面等。此外，由微型氧气瓶和微型溶解乙炔气瓶组成的手提式或肩背式气焊气割装置，在旷野、山顶、高空作业中应用是十分简便的。

二、气焊设备

气焊所用设备及气路连接如图 3-2 所示。气焊设备及工具主要有：焊炬、乙炔瓶、回火安全器、氧气瓶、液化石油气瓶、减压器、橡胶管、通针、点火枪等。

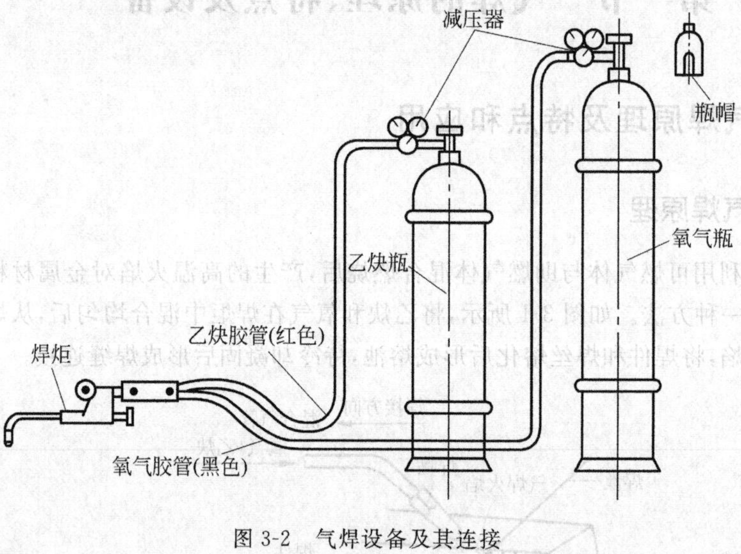

图 3-2　气焊设备及其连接

（一）焊炬

焊炬是气焊的主要设备，用于气体火焰加热及铁、铜、铝、铅等金属的熔化焊和钎焊。它的构造多种多样，但基本原理相同。焊炬是气焊时用于控制气体混合比、流量及火焰并进行焊接的手持工具。焊炬有射吸式和等压式两种，常用的是射吸式焊炬，如图 3-3 所示。它是由主体、手把、乙炔阀门、氧气阀门、喷嘴、混合管、焊嘴、乙炔管接头和氧气管接头等组成。它的工作原理是：打开氧气调节阀，氧气即从喷嘴口快速射出，并在喷嘴外围形成真空而造成负压(吸力);再打开乙炔调节阀,乙炔气即聚集在喷射孔的外围;由于氧射流负压的作用,乙炔很快被氧气吸入混合管,并从焊嘴喷出,点燃即形成了火焰。

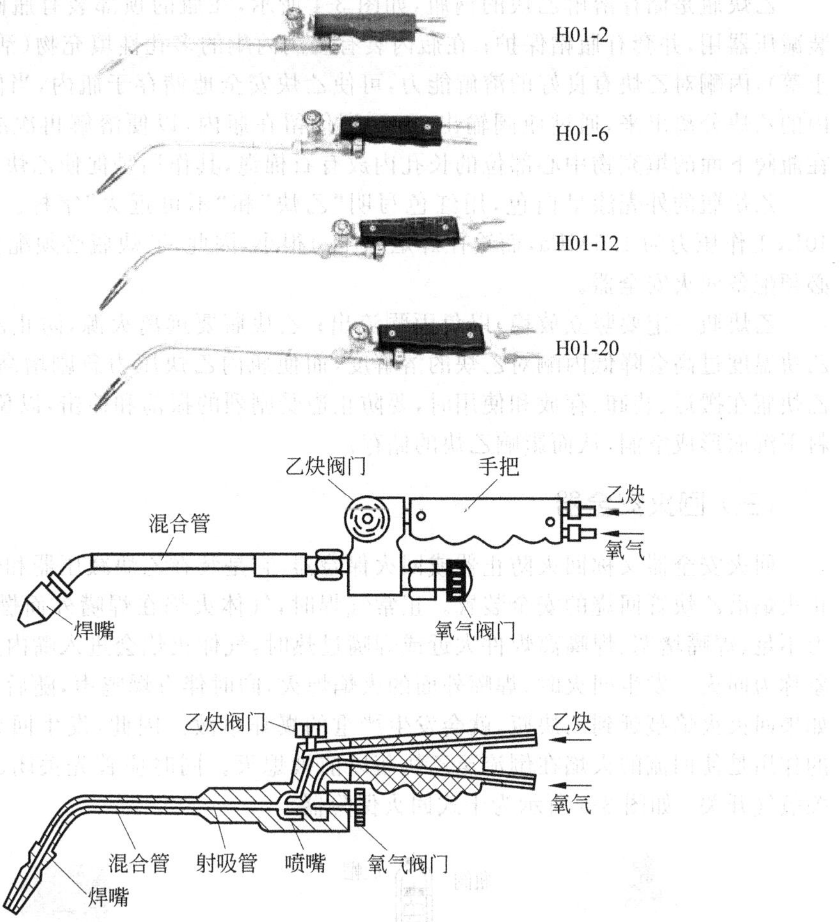

图 3-3　射吸式焊炬外形图及内部构造

射吸式焊炬的型号有 H01-2 和 H01-6 等,H01-6 表示手工操作的可焊接最大厚度为 6mm 的射吸式焊炬。

各型号的焊炬均备有 5 个大小不同的焊嘴,可供焊接不同厚度的工件使用。如表 3-1 所示为 H01 型的焊炬基本参数。

表 3-1　射吸式焊炬型号及其参数

型号	焊接低碳钢厚度/mm	氧气工作压力/MPa	乙炔使用压力/MPa	可换焊嘴个数	焊嘴直径/mm				
					1	2	3	4	5
H01-2	0.5～2	0.1～0.25	0.001～0.10	5	0.5	0.6	0.7	0.8	0.9
H01-6	2～6	0.2～0.4			0.9	1.0	1.1	1.2	1.3
H01-12	6～12	0.4～0.7			1.4	1.6	1.8	2.0	2.2
H01-20	12～20	0.6～0.8			2.4	2.6	2.8	3.0	3.2

(二) 乙炔瓶

乙炔瓶是储存溶解乙炔的钢瓶，如图 3-4 所示，在瓶的顶部装有瓶阀，供开闭气瓶和装减压器用，并套有瓶帽保护；在瓶内装有浸满丙酮的多孔性填充物(活性炭、木屑、硅藻土等)，丙酮对乙炔有良好的溶解能力，可使乙炔安全地储存于瓶内，当使用时，溶在丙酮内的乙炔分离出来，通过瓶阀输出，而丙酮仍留在瓶内，以便溶解再次灌入瓶中的乙炔；在瓶阀下面的填充物中心部位的长孔内放有石棉绳，其作用是促使乙炔与填充物分离。

乙炔瓶的外壳漆呈白色，用红色写明“乙炔”和“不可近火”字样。乙炔瓶的容量为 40L，工作压力为 1.5MPa，而输往焊炬的压力很小，因此，乙炔瓶必须配备减压器，同时还必须配备回火安全器。

乙炔瓶一定要竖立放稳，以免丙酮流出；乙炔瓶要远离火源，防止乙炔瓶受热，因为乙炔温度过高会降低丙酮对乙炔的溶解度，而使瓶内乙炔压力急剧增高，甚至发生爆炸；乙炔瓶在搬运、装卸、存放和使用时，要防止遭受剧烈的振荡和撞击，以免瓶内的多孔性填料下沉而形成空洞，从而影响乙炔的储存。

(三) 回火安全器

回火安全器又称回火防止器或回火保险器，它是装在乙炔减压器和焊炬之间，用来防止火焰沿乙炔管回烧的安全装置。正常气焊时，气体火焰在焊嘴外面燃烧。但当气体压力不足、焊嘴堵塞、焊嘴离焊件太近或焊嘴过热时，气体火焰会进入嘴内逆向燃挠，这种现象称为回火。发生回火时，焊嘴外面的火焰熄灭，同时伴有爆鸣声，随后有“吱吱”的声音。如果回火火焰蔓延到乙炔瓶，就会发生严重的爆炸事故。因此，发生回火时，回火安全器的作用是使回流的火焰在倒流至乙炔瓶以前被熄灭。同时应首先关闭乙炔开关，然后再关氧气开关。如图 3-5 所示为干式回火保险器。

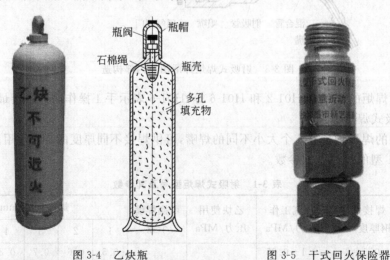

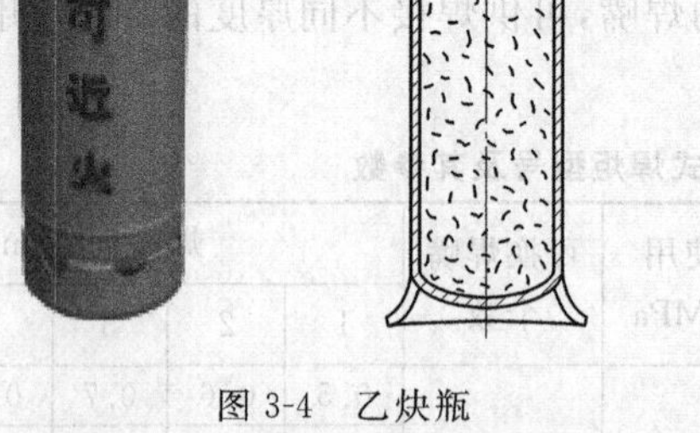

图 3-4　乙炔瓶

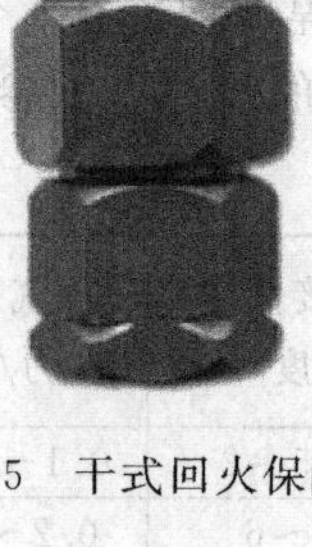
图 3-5　干式回火保险器

(四) 氧气瓶

氧气瓶是储存氧气的一种高压容器钢瓶。如图 3-6 所示，由于氧气瓶要经受搬运、滚动，甚至还要经受振动和冲击等，因此材质要求很高，产品质量要求十分严格，出厂前要经过严格检验，以确保氧气瓶的安全可靠。氧气瓶是一个圆柱形瓶体，瓶体上有防震圈；瓶体的上端有瓶口，瓶口的内壁和外壁均有螺纹，用来装设瓶阀和瓶帽；瓶体下端还套有一个增强用的钢环圈瓶座，一般为正方形，便于立稳，卧放时也不至于滚动；为了避免腐蚀和发生火花，所有与高压氧气接触的零件都用黄铜制作；氧气瓶外表漆呈天蓝色，用黑漆标明“氧气”字样。氧气瓶的容积为 40L，储氧最大压力为 15MPa，但提供给焊炬的氧气压力很小，因此氧气瓶必须配备减压器。由于氧气化学性质极为活泼，能与自然界中绝大多数元素化合，与油脂等易燃物接触会剧烈氧化，引起燃烧或爆炸，所以使用氧气时必须十分注意安全，要隔离火源，禁止撞击氧气瓶，严禁在瓶上沾染油脂、瓶内氧气不能用完，应留有余量等。

（五）液化石油气瓶

液化石油气瓶是储存液化石油气的专用容器。它是焊接钢瓶，其壳体采用气瓶专用钢焊接而成，如图 3-7 所示。按用量及使用方式分，气瓶容量有 15kg、20kg、30kg、50kg 等多种规格。工业上常采用 30kg，如企业用量大，还可以制成容量为 1t、2t 或更大的储气罐。气瓶最大工作压力 1.6MPa，水压试验的压力为 3MPa。

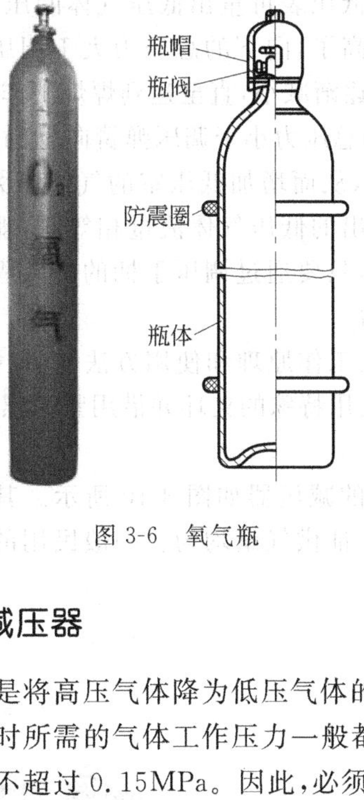

图 3-6 氧气瓶

图 3-7 液化石油气瓶

（六）减压器

减压器是将高压气体降为低压气体的调节装置。因此，其作用是减压、调压、量压和稳压。气焊时所需的气体工作压力一般都比较低，如氧气压力通常为 0.2～0.4MPa，乙炔压力最高不超过 0.15MPa。因此，必须将氧气瓶和乙炔瓶输出的气体经减压器减压后才能使用，而且可以调节减压器的输出气体压力。

减压器按用途不同可分为氧气减压器、乙炔减压器、液化石油气减压器等；按构造不同可分为单级式和双级式两类；按工作原理不同可分为正作用式和反作用式两类。目前常用的是单级反作用式减压器。

(1) 氧气减压器。单级反作用式氧气减压器的构造及工作原理如图 3-8 所示。

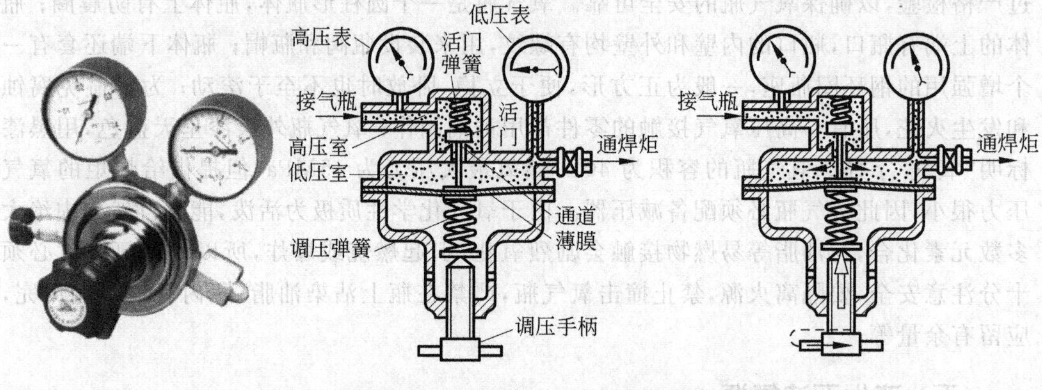

图 3-8 单级反作用式氧气减压器的构造及工作原理

松开调压手柄(逆时针方向),活门弹簧闭合活门,高压气体就不能进入低压室,即减压器不工作,从气瓶来的高压气体停留在高压室的区域内,高压表量出高压气体的压力,也是气瓶内气体的压力。拧紧调压手柄(顺时针方向),使调压弹簧压紧低压室内的薄膜,再通过传动件将高压室与低压室通道处的活门顶开,使高压室内的高压气体进入低压室,此时的高压气体体积膨胀,气体压力得以降低,低压表可量出低压气体的压力,并使低压气体从出气口通往焊炬。如果低压室气体压力高了,向下的总压力大于调压弹簧向上的力,即压迫薄膜和调压弹簧,使活门开启的程度逐渐减小,直至达到焊炬工作压力时,活门重新关闭;如果低压室的气体压力低了,向上的总压力小于调压弹簧向上的力,此时薄膜上鼓,使活门重新开启,高压气体又进入低压室,从而增加低压室的气体压力;当活门的开启度恰好使流入低压室的高压气体流量与输出的低压气体流量相等时,即稳定地进行气焊工作。减压器能自动维持低压气体的压力,只要通过调压手柄的旋入程度来调节调压弹簧压力,就能调整气焊所需的低压气体压力。

(2) 乙炔减压器。乙炔瓶用减压器的构造、工作原理和使用方法与氧气减压器基本相同,所不同的是乙炔减压器与乙炔瓶的连接是用特殊的夹环并借用紧固螺钉加以固定,如图 3-9 所示。

(3) 液化石油气减压器。液化石油气瓶用的减压器如图 3-10 所示。其作用也是将气瓶内的压力降至工作压力并稳定输出压力,保证供气量均匀。一般民用的减压器稍加改制即可用于切割一般厚度的钢板。

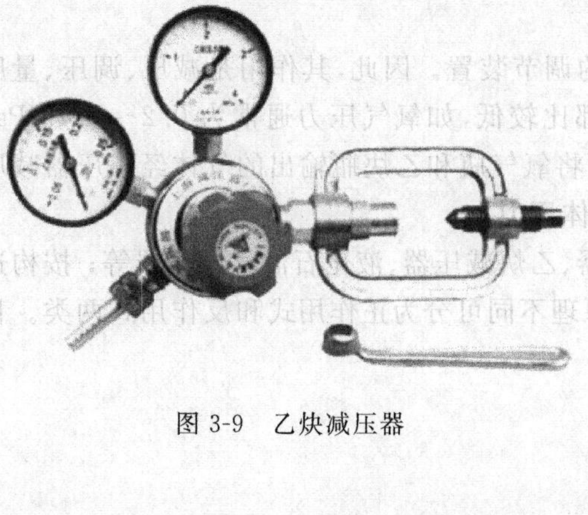

图 3-9 乙炔减压器

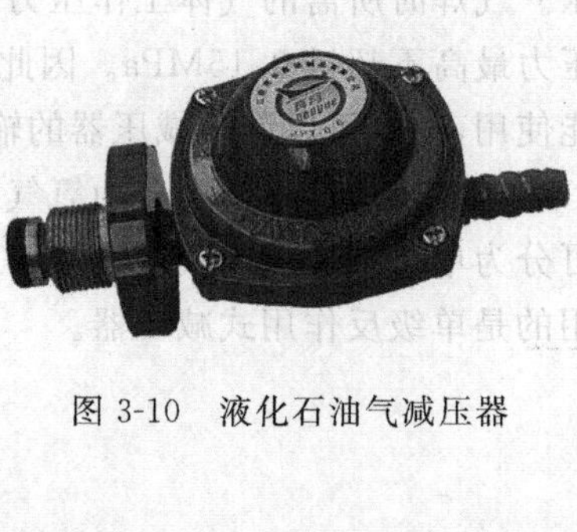

图 3-10 液化石油气减压器

（七）橡胶管

橡胶管是输送气体的管道，分氧气橡胶管和乙炔橡胶管，两者不能混用。国家标准规定：氧气橡胶管为黑色，乙炔橡胶管为红色。氧气橡胶管的内径为 8mm，工作压力为 1.5MPa；乙炔橡胶管的内径为 10mm，工作压力为 0.5MPa 或 1.0MPa。

氧气橡胶管和乙炔橡胶管不可有损伤和漏气发生，严禁明火检漏。特别要经常检查橡胶管的各接口处是否紧固，橡胶管有无老化现象。橡胶管不能沾有油污等。

（八）通针

用于清理发生堵塞的火焰孔道，一般由焊工用钢丝或黄铜丝自制。

（九）点火枪

用于焊炬、割炬的火焰点燃，禁止用打火机点火，禁止焊接期间拿着焊炬到邻位处“借火”，常用点火枪如图 3-11 所示。

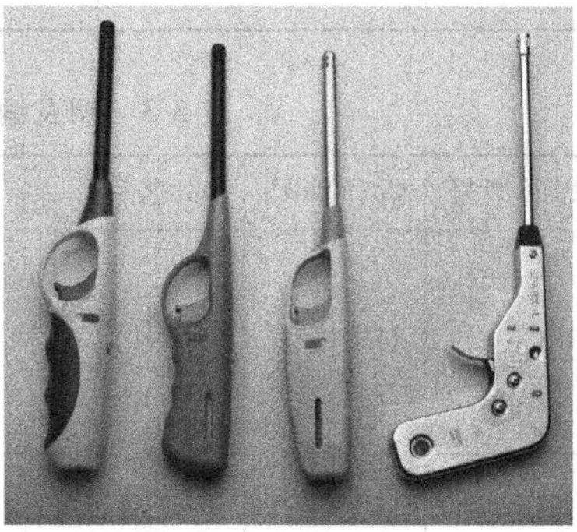

图 3-11 点火枪

三、气焊焊接材料

（一）焊丝

气焊用的焊丝在气焊中起填充金属作用，与熔化的母材一起形成焊缝。常用的气焊丝有碳素结构钢焊丝、合金结构钢焊丝、不锈钢焊丝、铜及铜合金焊丝、铝及铝合金焊丝和铸铁焊丝等。碳素结构钢焊丝、合金结构钢焊丝、不锈钢焊丝的牌号及用途如表 3-2 所示。铜及铜合金、铝及铝合金、铸铁焊丝的型号、牌号、化学成分及用途分别如表 3-3～表 3-5 所示。

表 3-2 钢焊丝的牌号及用途

碳素结构钢焊丝		合金结构钢焊丝		不锈钢焊丝	
牌号	用途	牌号	用途	牌号	用途
H08	焊接一般低碳钢结构	H10Mn2 H08Mn2Si	用途与 H08Mn 相同	H00Cr19Ni9	焊接超低碳不锈钢
H08A	焊接较重要的低、中碳钢及某些低合金钢结构	H10Mn2MoA	焊接普通低合金钢	H0Cr19Ni9	焊接 18-8 型不锈钢
H08E	用途与 H08A 相同，工艺性能较好	H10Mn2MoVA	焊接普通低合金钢	H1Cr19Ni9	焊接 18-8 型不锈钢
H08Mn	焊接较重要的碳素钢及普通低合金钢结构，如锅炉、受压容器等	H08CrMoA	焊接铬钼钢等	H1Cr19Ni9Ti	焊接 18-8 型不锈钢
H08MnA	用途与 H08Mn 相同，但工艺性能较好	H18CrMoA	焊接结构钢，如铬钼钢、铬锰硅钢等	H1Cr24Ni13	焊接高强度结构钢和耐热合金钢等

续表

碳素结构钢焊丝		合金结构钢焊丝		不锈钢焊丝	
牌号	用　途	牌号	用　途	牌号	用　途
H15A	焊接中等强度工件	H30CrMnSiA	焊接铬锰硅钢	H1Cr26Ni21	焊接高强度结构钢和耐热合金钢等
H15Mn	焊接高强度工件	H10MoCrA	焊接耐热合金钢		

表 3-3　铜及铜合金焊丝的型号、牌号、化学成分及用途

焊丝型号	焊丝牌号	名称	主要化学成分	熔点/℃	用途
HSCu	HS201	特制紫铜焊丝	$w(Sn)=1.0\%\sim1.1\%$; $w(Si)=0.35\%\sim0.5\%$; $w(Mn)=0.35\%\sim0.5\%$; 其余为 Cu	1050	紫铜的氩弧焊及气焊
HSCu	HS202	低磷铜焊丝	$w(P)=0.2\%\sim0.4\%$; 其余为 Cu	1060	紫铜的气焊及碳弧焊
HSCuZn-1	HS221	锡黄铜焊丝	$w(Cu)=59\%\sim61\%$; $w(Sn)=0.8\%\sim1.2\%$; $w(Si)=0.15\%\sim0.35\%$; 其余为 Zn	890	黄铜的气焊及碳弧焊。也可用于钎焊铜、钢、铜镍合金、灰铸铁以及镶嵌硬质合金刀具等。其中 HS222 流动性较好，HS224 能获得较好的力学性能
HSCuZn-2	HS222	铁黄铜焊丝	$w(Cu)=57\%\sim59\%$; $w(Sn)=0.7\%\sim1.0\%$; $w(Si)=0.05\%\sim0.15\%$; $w(Fe)=0.35\%\sim1.20\%$; $w(Mn)=0.03\%\sim0.09\%$; 其余为 Zn	860	
HSCuZn-4	HS224	硅黄铜焊丝	$w(Cu)=61\%\sim69\%$; $w(Si)=0.3\%\sim0.7\%$; 其余为 Zn	905	

表 3-4　铝及铝合金焊丝的型号、牌号、化学成分及用途

焊丝型号	焊丝牌号	名称	主要化学成分	熔点/℃	用途
SAl-3	HS301	纯铝焊丝	$w(Al)\geqslant99.6\%$	660	纯铝的氩弧焊及气焊
SAlSi-1	HS311	铝硅合金焊丝	$w(Si)=4\%\sim6\%$,其余为 Al	580～610	焊接除铝镁合金外的铝合金
SAlMn	HS321	铝锰合金焊丝	$w(Mn)=1.0\%\sim1.6\%$; 其余为 Al	643～654	铝锰合金的氩弧焊及气焊
SAlMg-5	HS331	铝镁合金焊丝	$w(Mg)=4.7\%\sim5.7\%$; $w(Mn)=0.2\%\sim0.6\%$; $w(Si)=0.2\%\sim0.5\%$; 其余为 Al	638～660	焊接铝镁合金及铝锌镁合金

表 3-5 铸铁焊丝的型号、牌号、化学成分及用途

焊丝型号、牌号	化学成分/%					用途
	w(C)	w(Mn)	w(S)	w(P)	w(Si)	
RZC-1	3.20～3.50	0.6～0.75	≤0.10	0.5～0.75	2.7～3.0	焊补灰铸铁
RZC-2	3.5～4.5	0.3～0.8	≤0.1	≤0.05	3.0～3.8	
HS401	3.0～4.2	0.3～0.8	≤0.08	≤0.5	2.8～3.6	
HS402	3.0～4.2	0.5～0.8	≤0.05	≤0.5	3.0～3.6	焊补球墨铸铁

2. 气焊熔剂

气焊熔剂是气焊时的助熔剂，其作用是与熔池内的金属氧化物或非金属夹杂物相互作用生成熔渣，覆盖在熔池表面，使熔池与空气隔离，因而能有效地防止熔池金属的继续氧化，改善了焊缝的质量。所以焊接有色金属(如铜及铜合金、铝及铝合金)、铸铁、耐热钢及不锈钢等材料时，通常采用气焊熔剂。

气焊熔剂可以在焊前直接撒在焊件坡口上或者蘸在焊丝上加入熔池。常用气焊熔剂的牌号、性能及用途如表 3-6 所示。

表 3-6 常用气焊熔剂的牌号、性能及用途

焊剂牌号	名称	基本性能	用途
CJ101	不锈钢及耐热钢气焊焊剂	熔点为 900℃，有良好的湿润作用，能防止熔化金属被氧化，焊后熔渣易清除	用于不锈钢及耐热钢气焊
CJ201	铸铁气焊焊剂	熔点为 650℃，呈碱性反应，具有潮解性，能有效地去除铸铁在气焊时所产生的硅酸盐和氧化物，有加速金属熔化的功能	用于铸铁件气焊
CJ301	铜气焊焊剂	系硼基盐类，易潮解，熔点约为 650℃。呈酸性反应，能有效地熔解氧化铜和氧化亚铜	用于铜及铜合金气焊
CJ401	铝气焊焊剂	熔点约为 560℃，呈酸性反应，能有效地破坏氧化铝膜，因极易吸潮，在空气中能引起铝的腐蚀，焊后必须将熔渣清除干净	用于铝及铝合金气焊

第二节 气体火焰

气焊、火焰钎焊与气割的热源是气体火焰。产生气体火焰的气体有可燃气体和助燃气体，可燃气体有乙炔、液化石油气等，助燃气体是氧气。气焊常用的是氧气与乙炔燃烧产生的气体火焰：氧-乙炔焰，气割的预热火焰除氧-乙炔焰外，还有氧气与液化石油气燃烧产生的气体火焰：氧-液化石油气火焰等。

一、氧气

在常温、常态下氧是气态，不能燃烧，但具有强烈的助燃作用。

氧气的纯度对气焊与气割的质量、生产率和氧气本身的消耗量都有直接影响。气焊与气割对氧气的要求是纯度越高越好。气焊与气割用的工业用氧气一般分为两级：一级纯度氧气含量不低于99.2%，二级纯度氧气含量不低于98.5%。

一般情况下，由氧气厂和氧气站供应的氧气可以满足气焊与气割的要求。对于质量要求较高的气焊应采用一级纯度的氧气。气割时氧气纯度不应低于98.5%。

企业安全生产中，常用的高压氧气，如果与油脂等易燃物质相接触时，就会发生剧烈的氧化反应而使易燃物自行燃烧，甚至发生爆炸。因此在操作中，切不可使氧气瓶瓶阀、氧气减压器、焊炬、割炬、氧气胶管等沾上油脂。

二、乙炔

乙炔是由电石(碳化钙)和水相互作用而得到的一种无色而带有特殊臭味的碳氢化合物。

乙炔是可燃性气体，它与空气混合时所产生的火焰温度为2350℃，而与氧气混合燃烧时所产生的火焰温度为3000～3300℃，因此，足以迅速熔化金属而进行焊接和切割。

乙炔是一种具有爆炸性的危险气体，在一定压力和温度下很容易发生爆炸。乙炔爆炸时会产生高热，特别是产生高压气浪，其破坏力很强，因此使用乙炔时必须注意安全。

企业安全生产中，乙炔与铜或银长期接触后生成的乙炔银是一种爆炸性的化合物，它们受到剧烈振动或者加热到110～120℃就会引起爆炸。所以凡是与乙炔接触的器具设备禁止用银或含铜量超过70%的铜合金制造。乙炔和氯、次氯酸盐等反应会发生燃烧和爆炸，所以乙炔燃烧时，禁止使用四氯化碳来灭火。

三、液化石油气

液化石油气的主要成分是丙烷、丁烷、丙烯等碳氢化合物，在常压下以气态存在，在0.8～1.5MPa压力下，就可变成液态，便于装入瓶中储存和运输，液化石油气由此而得名。

液化石油气与乙炔一样，与空气或氧气形成的混合气体具有爆炸性，但比乙炔安全。

液化石油气的火焰温度比乙炔的火焰温度低，其在氧气中的燃烧温度为2800～2850℃；液化石油气在氧气中的燃烧速度低，约为乙炔的1/3，其完全燃烧所需氧气量比乙炔所需氧气量大。因此，用于气割时，金属预热时间稍长，但其切割质量容易保证，割口光洁，不渗碳，质量较好。

由于液化石油气价格低廉，比乙炔安全，质量又较好，用它来代替乙炔进行金属切割和焊接，具有较大的经济意义。

四、气体火焰

(一) 氧-乙炔焰

根据氧与乙炔混合比的不同，氧-乙炔焰可分为中性焰、碳化焰(也称还原焰)和氧化焰三种，其构造和形状如图 3-12 所示，三种火焰的特点如表 3-7 所示。

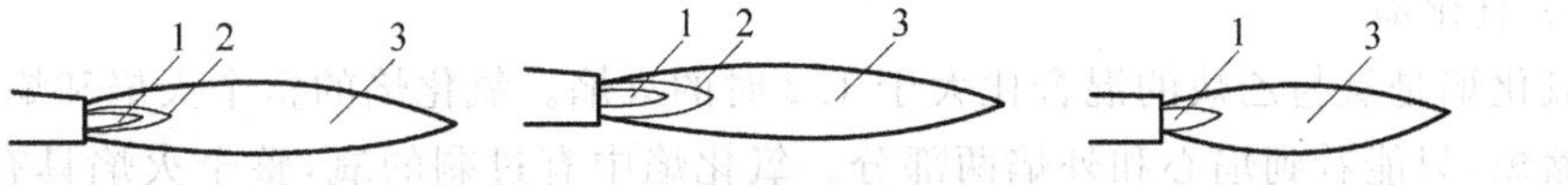

图 3-12 氧-乙炔焰

1—焰心；2—内焰；3—外焰

表 3-7 氧-乙炔焰三种火焰的特点

火焰种类	氧气与乙炔混合比	火焰最高温度/℃	火焰特点
中性焰	1.1～1.2	3050～3150	氧气与乙炔充分燃烧，既无过剩氧，也无过剩的乙炔。焰心明亮，轮廓清楚，内焰具有一定的还原性
碳化焰	＜1.1	2700～3000	乙炔过剩，火焰中有游离状态的碳和氢，具有较强的还原作用，也有一定的渗碳作用。碳化焰整个火焰比中性焰长
氧化焰	＞1.2	3100～3300	火焰中有过量的氧，具有强烈的氧化性，整个火焰较短，内焰和外焰层次不清

1）中性焰

氧气和乙炔的混合比为 1.1～1.2 时燃烧所形成的火焰称为中性焰，又称正常焰。它由焰心、内焰和外焰三部分组成。焰心靠近喷嘴孔呈尖锥形，色白而明亮，轮廓清楚；内焰呈蓝白色，轮廓不清，并带深蓝色线条而微微闪动，它与外焰无明显界限。外焰由里向外逐渐由淡紫色变为橙黄色。火焰各部分温度分布，如图 3-13 所示。中性焰最高温度在焰心前 2～4mm 处，为 3050～3150℃。用中性焰焊接时主要利用内焰这部分火焰加热焊件。中性焰燃烧完全，对红热或熔化了的金属没有碳化和氧化作用，所以称为中性焰。气焊一般都可以采用中性焰。它广泛用于低碳钢、低合金钢、中碳钢、不锈钢、紫铜、灰铸铁、锡青铜、铝及合金、铅锡、镁合金等的气焊。

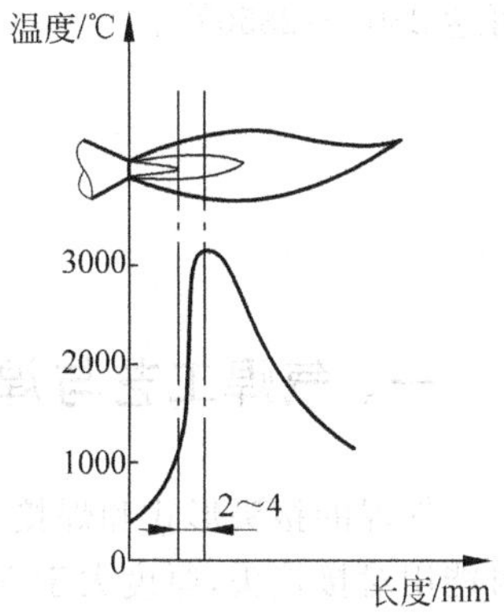

图 3-13 中性焰的温度分布

2）碳化焰(还原焰)

氧气和乙炔的混合比小于 1∶1 时燃烧形成的火焰称为碳化焰。碳化焰的整个火焰比中性焰长而软，它也由焰心、内焰和外焰组成，而且这三部分均很明显。焰心呈灰白色，并发生乙炔的氧化和分解反应；内焰有多余的碳，故呈淡白色；外焰呈橙黄色，除燃烧产物二氧化碳和水蒸气外，还有未燃烧的碳和氢。

碳化焰的最高温度为 2700～3000℃，由于火焰中存在过剩的碳微粒和氢，碳会渗入熔池金属，使焊缝的含碳量增高，故称碳化焰，它不能用于焊接低碳钢和合金钢，同时碳具有较强的还原作用，故又称还原焰；游离的氢也会透入焊缝，产生气孔和裂纹，造成硬而脆的焊接接头。因此,碳化焰只使用于高速钢、高碳钢、铸铁焊补、硬质合金堆焊、铬钢等。

3）氧化焰

氧化焰是氧与乙炔的混合比大于1.2时的火焰。氧化焰的整个火焰和焰心的长度都明显缩短,只能看到焰心和外焰两部分。氧化焰中有过剩的氧,整个火焰具有氧化作用,故称氧化焰。氧化焰的最高温度可达3100～3300℃。使用这种火焰焊接各种钢铁时,金属很容易被氧化而造成脆弱的焊接接头;在焊接高速钢或铬、镍、钨等优质合金钢时,会出现互不融合的现象;在焊接有色金属及其合金时,产生的氧化膜会更厚,甚至焊缝金属内有夹渣,形成不良的焊接接头。因此,氧化焰一般很少采用,仅适用于烧割工件和气焊黄铜、锰黄铜及镀锌铁皮,特别是适合于黄铜类,因为黄铜中的锌在高温极易蒸发,采用氧化焰时,熔池表面上会形成氧化锌和氧化铜的薄膜,起了抑制锌蒸发的作用。

气焊时不论采用何种火焰,喷射出来的火焰(焰心)形状应该整齐垂直,不允许有歪斜、分叉或发出"吱吱"的声音。只有这样才能使焊缝两边的金属均匀加热,并正确形成熔池,从而保证焊缝质量。否则不管焊接操作技术多好,焊接质量也要受到影响。所以,当发现火焰不正常时,要及时使用专用的通针把焊嘴口处附着的杂质消除掉,待火焰形状正常后再进行焊接。

2. 氧-液化石油气火焰

氧-液化石油气火焰的构造,同氧-乙炔火焰基本一样,也分为中性焰、碳化焰和氧化焰三种。其焰心也有部分分解反应,不同的是焰心分解产物较少,内焰不像乙炔那样明亮,而有点发蓝,外焰则显得比氧-乙炔焰清晰且较长。由于液化石油气的着火点较高,使得点火较乙炔困难,必须用明火才能点燃。氧-液化石油气火焰的温度比氧-乙炔焰略低,可达2800～2850℃。

第三节 气　焊

一、气焊工艺与焊接规范

气焊的接头形式和焊接空间位置等工艺问题的考虑与焊条电弧焊基本相同。气焊尽可能用对接接头,厚度大于5mm的焊件须开坡口以便焊透。焊前接头处应清除铁锈、油污水分等。

气焊的焊接规范主要需确定焊丝直径、焊嘴大小、焊接速度等。

焊丝直径由工件厚度、接头和坡口形式决定,焊开坡口时第一层应选较细的焊丝。焊丝直径的选用可参考表3-8所示。

表3-8　不同厚度工件配用焊丝的直径　　单位:mm

工作厚度	1.0～2.0	2.0～3.0	3.0～5.0	5.0～10.0	10.0～15.0
焊丝直径	1.0～2.0	2.0～3.0	3.0～4.0	3.0～5.0	4.0～6.0

焊嘴大小影响生产率。导热性好、熔点高的焊件，在保证质量前提下应选较大号焊嘴(较大孔径的焊嘴)。

在平焊时，焊件越厚，焊接速度应越慢。对熔点高、塑性差的工件，焊速应慢。在保证质量的前提下，尽可能提高焊速，以提高生产效率。

二、气焊基本操作

(一) 板对接平焊

1. 焊前清理

焊前应将焊件表面的氧化皮、铁锈、油污、脏物等用钢丝刷、砂布或抛光的方法进行清理，直至露出金属光泽。

2. 气焊火焰的点燃和调节

1) 焊炬的握法

右手持焊炬，将拇指位于乙炔阀处，食指位于氧气阀处，以便随时调节气体流量，其他三指握住焊炬把手，如图 3-14 所示。

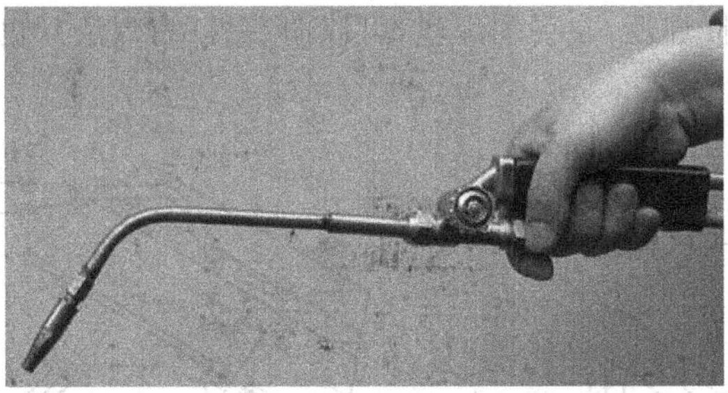

图 3-14 焊炬的握法

2) 火焰的点燃

点火之前，先把氧气瓶和乙炔瓶上的总阀打开，然后转动减压器上的调压手柄(顺时针旋转)，将氧气和乙炔调到工作压力。再打开焊炬上的乙炔调节阀，此时可以把氧气调节阀稍打开一些以助燃点火(用点火枪点燃)，如果氧气开得大，点火时就会因为气流太大而出现“啪啪”的响声，而且还点不着。如果不采用氧气助燃点火，虽然也可以点着，但是黑烟较大。点火时，手应放在焊嘴的侧面，不能对着焊嘴，以免点着后喷出的火焰烧伤手臂。

3) 火焰的调节

开始点燃的火焰多为碳化焰，如要调成中性焰，应逐渐增加氧气的供给量，直至火焰的内、外焰无明显的界限。如继续增加氧气或减少乙炔，就得到氧化焰；反之，减少氧气或增加乙炔，可得到碳化焰。需要大火焰时，应先把乙炔调节阀开大，再调大氧气调节阀；需要小火焰时，应先把氧气关小，再调小乙炔。

3. 定位焊

将准备好的两块钢板试件水平整齐地放置在工作台上，预留根部间隙约 0.5mm。定位焊缝的长度和间距视焊件的厚度和焊缝长度而定。焊件越薄，定位焊缝的长度和间距越小；反之则应加大。如果焊接薄件时，定位焊可由焊件中间开始向两头进行，定位焊缝长度为 5～7mm，间隔 50～100mm，如图 3-15(a)所示；焊接厚件时，定位焊则由焊件两端开始向中间进行，定位焊缝长度为 20～30mm，间隔 200～300mm，如图 3-15(b)所示。定位焊点不宜过长、过高或过宽，但要保证焊透。

定位焊后，可采用焊件预置反变形法，以防止焊件角变形。即将焊件沿接缝处向下折成 160°左右，如图 3-16 所示，然后用胶木锤将接缝处校正齐平。

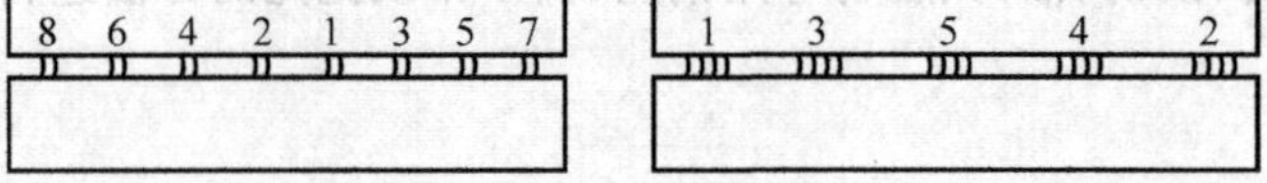

(a) 薄焊件的定位焊　　(b) 厚焊件的定位焊

图 3-15　定位焊的顺序

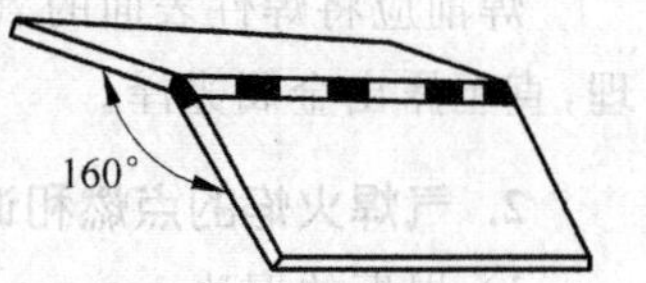

图 3-16　预置反变形法

4. 焊接方向

气焊操作是右手握焊炬，左手拿焊丝，可以向右焊(右焊法)，也可向左焊(左焊法)，如图 3-17 所示。

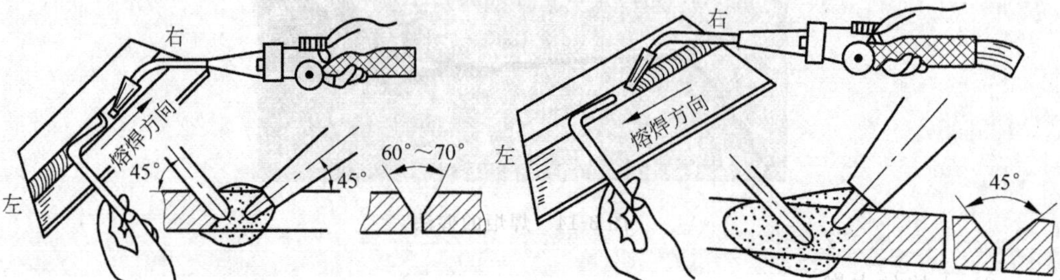

(a) 右焊法　　(b) 左焊法

图 3-17　气焊的焊接方向

右焊法是焊炬在前，焊丝在后。这种方法是焊接火焰指向已焊好的焊缝，加热集中，熔深较大，火焰对焊缝有保护作用，容易避免气孔和夹渣，但较难掌握。此种方法适用于较厚工件的焊接，而一般厚度较大的工件均采用电弧焊，因此右焊法很少使用。

左焊法是焊丝在前，焊炬在后。这种方法是焊接火焰指向未焊金属，有预热作用，焊接速度较快，可减少熔深和防止烧穿，操作方便、适宜焊接薄板。用左焊法，还可以看清熔池，分清熔池中铁水与氧化铁的界限，因此左焊法在气焊中被普遍采用。

5. 施焊方法

1）起头

采用中性焰、左向焊法。首先将焊炬的倾斜角放大些，然后对准焊件始端作往复运动，进行预热。在第一个熔池未形成前，仔细观察熔池的形成，并将焊丝端部置于火焰中进行预热。当焊件由红色熔化成白亮而清晰的熔池时，便可熔化焊丝，将焊丝熔滴滴入熔池，随后立即将焊丝抬起，焊炬向前移动，形成新的熔池，如图 3-18 所示。

2）焊接中

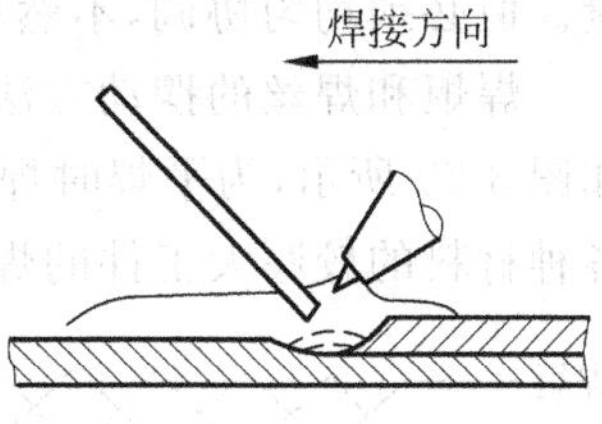

图 3-18 左向焊法起头

在焊接过程中，必须保证火焰为中性焰，否则易出现熔池不清晰、有气泡、火花飞溅或熔池沸腾等现象。同时，控制熔池的大小非常关键，一般可通过改变焊炬的倾斜角、高度和焊接速度来实现。若发现熔池过小，焊丝与焊件不能充分熔合，应增加焊炬倾斜角，减慢焊接速度，以增加热量；若发现熔池过大，且没有流动金属时，表明焊件被烧穿。此时应迅速提起焊炬或加快焊接速度，减小焊炬倾斜角，并多加焊丝，再继续施焊。

施焊时，要使焊嘴轴线的投影与焊缝重合，同时要掌握好焊炬与工件的倾角 α。工件越厚，倾角越大；金属的熔点越高，导热性越大，倾角就越大。在开始焊接时，工件温度尚低，为了较快地加热工件和迅速形成熔池，α 应该大一些（80°～90°），喷嘴与工件近于垂直，使火焰的热量集中，尽快使接头表面熔化。正常焊接时，一般保持 α 为 30°～50°。焊接将结束时，倾角可减至 20°，并使焊炬作上下摆动，以便连续地对焊丝和熔池加热，这样能更好地填满焊缝和避免烧穿。焊嘴倾角与工件厚度的关系如图 3-19 所示。

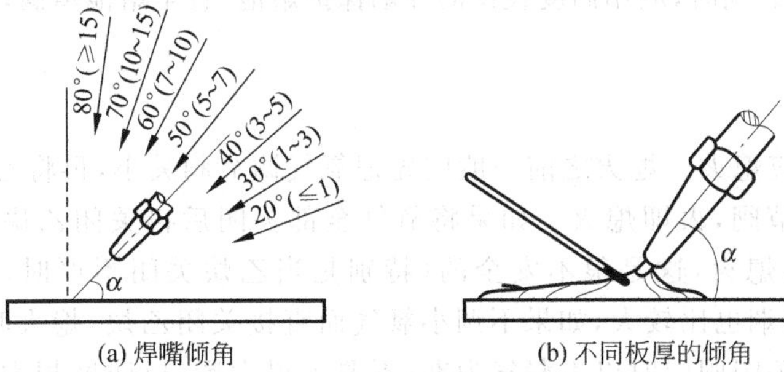

(a) 焊嘴倾角　　(b) 不同板厚的倾角

图 3-19 焊嘴倾角与工件厚度的关系

焊接时，还应注意送进焊丝的方法，焊接开始时，焊丝端部放在焰心附近预热。待接头形成熔池后，才把焊丝端部浸入熔池。焊丝熔化一定数量之后，应退出熔池，焊炬随即向前移动，形成新的熔池。注意焊丝不能经常处在火焰前面，以免阻碍工件受热；也不能使焊丝在熔池上面熔化后滴入熔池；更不能在接头表面尚未熔化时就送入焊丝。焊接时，火焰内层焰心的尖端要距离熔池表面 2～4mm，形成的熔池要尽量保持瓜子形、扁圆形或椭圆形。

在焊接过程中，为了获得优质而美观的焊缝，焊炬与焊丝应作均匀协调的摆动。通过摆动既能使焊缝金属熔透、熔匀，又避免了焊缝金属的过热和过烧。在焊接某些有色金属时，还要不断地用焊丝搅动熔池，以促使熔池中各种氧化物及有害气体的排出。

焊炬摆动常用的有三种动作。

(1) 沿焊缝向前移动。

(2) 沿焊缝作横向摆动(或作圆圈摆动)。

(3) 作上下跳动,即焊丝末端在高温区和低温区之间作往复跳动,以调节熔池的热量。但必须均匀协调,不然就会造成焊缝高低不平、宽窄不一等现象。

焊炬和焊丝的摆动方法与摆动幅度,同焊件的厚度、性质、空间位置及焊缝尺寸有关。如图 3-20 所示,为平焊时焊炬和焊丝常见的几种摆动方法。其中图 3-20(a)～(c)适用于各种材料的较厚大工件的焊接及堆焊,图 3-20(d)适用于各种薄件的焊接。

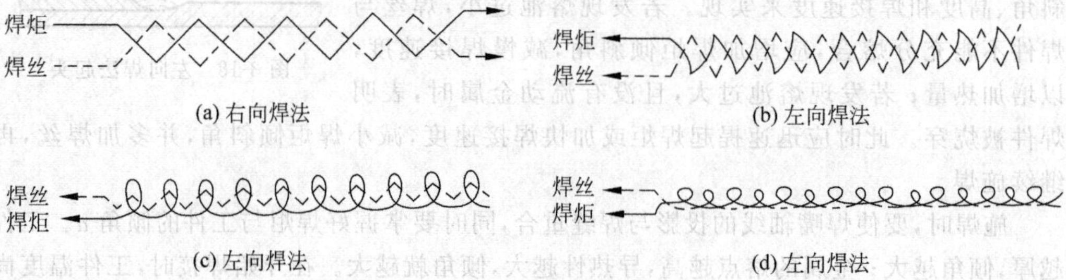

图 3-20 焊炬和焊丝的摆动方法

6. 收尾

当焊到焊件的终点时,要减小焊炬的倾斜角,增加焊接速度,并多加一些焊丝,避免熔池扩大,防止烧穿。同时,应用温度较低的外焰保护熔池,直至熔池填满,火焰才能缓慢离开熔池。

7. 熄火

焊接结束时应熄火。熄火之前一般应先把氧气调节阀关小,再将乙炔调节阀关闭,最后关闭氧气调节阀,火即熄灭。如果将氧气全部关闭后再关闭乙炔,就会有余火窝在焊嘴里,不容易熄火,这是很不安全的(特别是当乙炔关闭不严时,更应注意)。此外,这样的熄火黑烟也比较大,如果不调小氧气而直接关闭乙炔,熄火时就会产生很响的爆裂声。注意关闭阀门时以不漏气为准,不要关得太紧,以防磨损太快,降低焊炬的使用寿命。

8. 焊接质量要求

(1) 焊缝宽度 6～8mm,缝余高 0～2mm,成形应整齐美观。

(2) 定位焊产生缺陷时,必须铲除或打磨修补,以保证质量。

(3) 焊缝边缘和母材要圆滑过渡,无咬边。

(4) 焊缝不能过高、过低、过宽、过窄,不允许有粗大的焊瘤和凹坑。

(5) 焊缝背面必须均匀焊透。

(二) 钢管气焊

基本操作与板对接平焊差不多,仅介绍不同之处。

1. 装配

钝边0.5mm，无毛刺，根部间隙为1.5～2mm，错边量≤0.5mm。

2. 定位焊

对直径不超过70mm的管子，一般只需定位焊2处；对直径70～300mm的管子可定位焊4～6处；对直径超过300mm的管子可定位焊6～8处或以上。不论管子直径大小，定位焊的位置要均匀对称布置，焊接时的起焊点应在两个定位焊点中间，如图3-21所示。

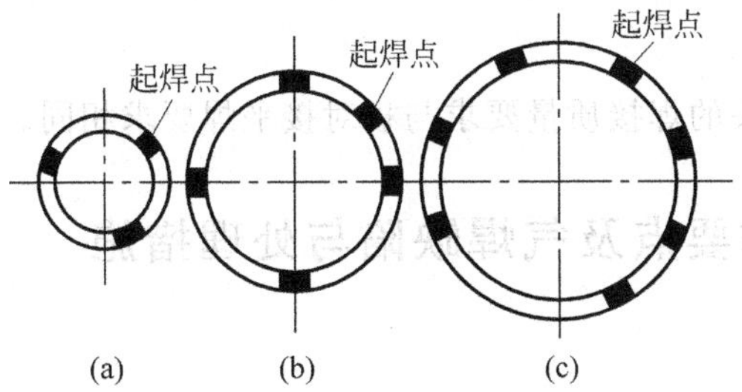

图3-21 不同管径定位焊及起焊点

(a) 直径不超过70mm；(b) 直径70～300mm；(c) 直径超过300mm

3. 操作要点及注意事项

在水平转动管焊接中，由于管子可以自由转动，焊缝熔池始终可以控制在平焊位置施焊，但管壁较厚和开坡口的管子不应在水平位置焊接。这是因为管壁厚，填充金属多，加热时间长，若采用平焊，不易得到较大的熔深，不利于焊缝金属的堆高，同时焊缝表面成形也不美观。故通常采用爬坡位置，即半立焊位置施焊。

(1) 若采用左向爬坡焊，应始终控制在与管道水平中心线夹角50°～70°的范围内进行焊接，如图3-22所示。这样可以加大熔深，并易于控制熔池形状，使接头全部焊透；同时被填充的熔滴金属自然流向熔池下边，使焊缝堆高快，有利于控制焊缝的高低，更好地保证焊缝质量。

(2) 若采用右向爬坡焊，因火焰吹向熔化金属部分，为了防止熔化金属被火焰吹成焊瘤，熔池也应控制在与垂直中心线夹角10°～30°的范围内进行焊接，如图3-23所示。

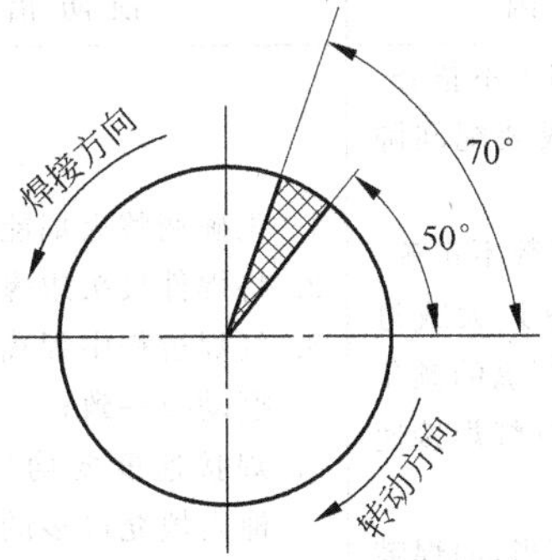

图3-22 左向爬坡焊

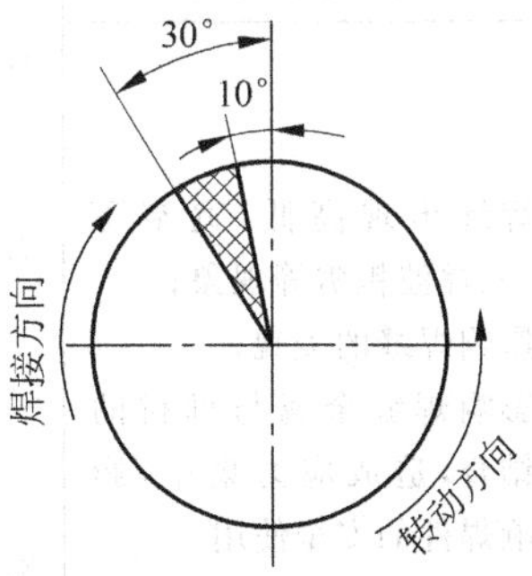

图3-23 右向爬坡焊

对于开坡口的管子,可分成两层焊接。第一层焊嘴和管子表面的倾斜角度为45°左右,火焰焰心末端距熔池3~5mm。当看到坡口钝边熔化并形成熔池后,立即把焊丝送入熔池前沿,使之熔化填充熔池。焊炬作圆周式移动,焊丝同时不断地向前移动,保证焊件的底部焊透。第二层焊接时,焊炬要作适当的横向摆动。但火焰能率应略小些,使焊缝成形美观。

在整个焊接过程中,每一层焊道应一次焊完,并且各层的起焊点互相错开20~30mm。每次焊接结束时,要填满熔池,火焰慢慢地离开熔池,防止产生气孔、夹渣等缺陷。

4. 焊接质量要求

钢管气焊焊接接头的焊接质量要求与板对接平焊要求相同。

三、气焊操作要点及气焊缺陷与处理措施

(一)回火的处理

在焊接操作中有时焊嘴头会出现爆响声,随着火焰自动熄灭,焊炬中会有"吱吱"的响声,这种现象叫做回火。因氧气比乙炔压力高,可燃混合会在焊炬内发生燃烧,并很快扩散在导管里而产生回火。如果不及时消除,不仅会使焊炬和皮管烧坏,而且会使乙炔瓶发生爆炸。所以当遇到回火时,不要紧张,禁止因害怕(特别是女生)把焊炬往一边扔。应迅速在焊炬上关闭乙炔调节阀,同时关闭氧气调节阀,等回火熄灭后,再打开氧气调节阀,吹除焊炬内的余焰和烟灰,并将焊炬的手柄前部放入水中冷却,查出回火原因并解决后再点火使用。

2. 常见的气焊外部缺陷原因及预防措施

常见的气焊外部缺陷包括焊缝尺寸不符合要求、表面气孔、裂纹、咬边、未焊满、焊瘤、烧穿等。内部缺陷位于焊缝内部,需要用破坏性试验或无损探伤等方法才能发现,如内部气孔、裂纹、夹渣、未焊透、未熔合等。常见焊接缺陷危害、产生原因及预防措施如表3-9所示。

表3-9 常见气焊缺陷产生原因及预防措施

缺陷	缺陷说明/危害	原因	预防措施
焊缝尺寸不符合要求	焊缝出现高低、宽窄不一、焊波粗劣等现象; 影响焊缝的美观; 影响焊缝金属与母材的结合,造成应力集中,影响焊件的安全使用	1. 接头边缘加工不整齐、坡口角度或装配间隙不均匀; 2. 焊接工艺参数不正确,如火焰能率过大或过小、焊丝和焊嘴的倾角配合不当、气焊焊接速度不均匀; 3. 操作技术不当,如焊嘴或焊炬横向摆动不一致等	1. 正确调整火焰能率; 2. 将焊件接头边缘调整齐; 3. 气焊过程中焊嘴、焊炬的横向摆动要一致; 4. 焊接速度要均匀且不要向熔池内填充过多的焊丝

续表

缺陷	缺陷说明/危害	原 因	预防措施
气孔	焊接时，熔池中的气泡在凝固时未能逸出而残留下来，形成的空穴称为气孔； 处于焊缝表面的气孔称为表面气孔，处于焊缝内部的气孔称为内部气孔	1. 焊丝、焊件表面的油、污、锈、垢及氧化膜没有清除干净； 2. 乙炔或氧气的纯度太低； 3. 火焰性质选择不当； 4. 熔剂受潮或质量不好； 5. 焊炬摆幅快而大； 6. 焊缝填充不均匀； 7. 焊接现场周围风力较大； 8. 焊接速度过快，火焰过早离开熔池； 9. 焊丝和母材的化学成分不匹配	1. 在焊前应将坡口及两侧 20～30mm 范围内的油、污、锈、垢及氧化膜清除干净； 2. 选用合格的乙炔和氧气，以保证纯度要求； 3. 选择中性焰、微碳化焰； 4. 均匀添加焊丝，焊嘴的摆动不能过快和过大，注意加强火焰对熔池的保护； 5. 如有必要，须在焊接场地设置防风装置； 6. 根据实际情况，焊前对工件预热，焊接时选用合适的焊接速度，在焊接终了和焊接中途停顿时，应慢慢撤离焊接火焰，使熔池缓慢冷却，从而使气体充分从熔池中逸出，减少气孔的产生； 7. 注意要使焊丝和母材合理匹配
咬边	母材焊接部位产生的沟槽或凹陷称为咬边； 咬边使母材金属的有效截面减小，减弱了焊接接头的强度，并且咬边处引起应力集中，承载后有可能在咬边处产生裂纹，甚至引起结构的破坏； 对于承受载荷的重要的焊接构件，如高压容器、管道等，不允许存在咬边现象	1. 焊接火焰过大； 2. 焊接工艺参数选择不当； 3. 操作技术不正确； 4. 焊丝选择不当	1. 减小焊接火焰； 2. 选择正确的焊接工艺参数； 3. 选用正确的操作技术； 4. 根据焊接条件选择合适的焊丝
未焊透	焊接时接头根部未能完全熔透的现象称为未焊透； 未焊透不仅降低了焊接接头的机械性能，而且在未焊透的缺口及末端处形成应力集中，进一步产生裂纹； 在重要的焊缝中，若发现有未焊透缺陷，必须铲除，重新补焊	1. 焊接接头在气焊前未经清理干净，如存在油污、氧化物等； 2. 坡口角度过小、接头间隙太小或钝边过厚； 3. 焊嘴太小，火焰能率不够或焊接速度过快； 4. 焊件的散热速度过快，使得熔池存在的时间短，以致填充金属与母材之间不能充分地熔合； 5. 熔剂质量不好或选择不当	1. 选择合理的坡口形式和装配间隙，并在焊前进行清理，彻底消除坡口两侧的氧化物和油污； 2. 根据板厚正确选用相应的焊嘴和焊丝直径，在焊接时选择合理的火焰能率和焊接速度； 3. 对厚大的铝及铝合金焊件，要进行焊前预热和在焊接过程中加热焊件； 4. 选用合格的气焊熔剂

续表

缺陷	缺陷说明/危害	原　因	预防措施
未熔合	焊接时，焊道与母材之间或焊道之间，未完全熔化结合的部分称为未熔合； 未熔合减小了焊缝有效工作截面，使焊接接头的承载能力下降； 在未熔合处还可以引起应力集中	1. 火焰能率过小，并且气焊火焰偏向坡口一侧，使母材或前一层焊缝金属未熔化就被填充金属覆盖； 2. 若坡口或前一层焊缝表面有污物或氧化膜时，也会形成未熔合	1. 注意观察坡口两侧熔化情况，采用稍大的火焰能率； 2. 焊接速度不宜过快，确保母材或前一层焊缝金属熔化
夹渣	焊后残留在焊缝中的熔渣称为夹渣； 夹渣降低焊接接头的塑性和韧性，还可引起应力集中	1. 焊丝选用不当； 2. 坡口边缘有污物存在，焊层和焊道间的熔渣未清除干净 3. 焊接时火焰能率过小，使熔池金属和熔渣所得到的热量不足，流动性降低，使熔渣浮不上来； 4. 熔池金属冷却过快，使熔渣来不及上浮就已经固定； 5. 焊丝和焊嘴角度不正确	1. 选用合格的焊丝，焊前对焊丝进行彻底清理，在焊接时对焊层间的熔渣清除干净； 2. 选择合理的火焰能率和其他的焊接工艺参数； 3. 在焊接时注意熔渣的流动方向，随时调整焊丝和焊嘴的角度，并不断地用焊丝将熔池内的熔渣挑出来，使熔渣能顺利地浮到熔池的表面
裂纹	在焊接应力及其他致脆因素的共同作用下，焊接接头中局部区域的金属原子结合力遭到破坏而形成新界面产生的缝隙称为焊接裂纹； 焊接裂纹是最危险的焊接缺陷，严重地影响着焊接结构的使用性能和安全可靠性	1. 焊接材料和焊接工艺选择不当； 2. 起焊点选择不当； 3. 焊缝熔合不良，余高不足，应力过于集中，焊缝金属冷却速度太快，定位焊缝太短； 4. 焊缝收尾处没有填满或火焰撤离过快	1. 根据匹配关系合理选择焊接材料和焊接工艺； 2. 合理选择起焊点位置； 3. 保证余高，使焊接接头处于自由状态以减少应力集中； 4. 定位焊缝长度、焊缝熔合要适当，焊缝冷却要缓慢； 5. 焊缝收尾处一定要注意填满，火焰应缓慢离开熔池
焊瘤	在焊接过程中，熔化金属流淌到焊缝金属之外未熔化的母材上所形成的金属称为焊瘤； 焊瘤不仅影响焊缝的外观，而且在焊瘤出现的同时还伴随着未焊透的情况发生； 容易引起应力集中，影响焊件质量； 管道内部的焊瘤，会使管内流通面积减少，甚至造成堵塞	1. 火焰能率太大； 2. 焊接速度过慢； 3. 焊件装配间隙过大； 4. 熔池面积过大； 5. 焊丝和焊嘴角度不正确	1. 适当选择火焰能率，一般当立焊或仰焊时，应选用比平焊小的火焰能率； 2. 适当提高焊接速度； 3. 焊件的装配间隙不能太大； 4. 适当控制熔池温度，熔池面积不宜过大，防止熔化金属下陷； 5. 焊丝和焊嘴的角度要适当

续表

缺陷	缺陷说明/危害	原　因	预 防 措 施
烧穿	在气焊过程中，熔化金属自坡口背面流出，形成穿孔的缺陷称为烧穿	1. 接头处间隙过大或钝边太薄； 2. 火焰能率过大； 3. 焊接速度太慢，焊接火焰在某一处停留时间过长； 4. 定位焊间距过大，气焊时产生变形； 5. 熔剂质量不好，容易产生氧化，因此不能顺利进行焊接，而使焊接处局部温度过高； 6. 焊丝选用不恰当	1. 选择合理的坡口，坡口角度和间隙不宜过大，钝边不宜过小； 2. 火焰能率和焊接速度要适当，在焊接过程中，给熔池冷却时间，用外焰保护熔池免受氧化； 3. 保证熔剂质量； 4. 合理选用焊丝； 5. 薄板单面焊时采用垫板形式可防止熔化金属自背面流出，避免造成烧穿

第四节　薄板对接气焊“校企合一”操作训练

根据本章学习内容，进行实际操作训练。所有做法参照企业实际工作进行安排。

一、工作（工艺）准备

薄板对接气焊的工作（工艺）准备如表 3-10 所示。

表 3-10　工作（工艺）准备

序号	学 校 情 况	企 业 情 况
1	检查学生出勤情况；检查工作服、帽、鞋等是否符合安全操作要求	记录考勤；穿戴好劳保用品
2	布置本次实操作业，集中讲课，重温相关操作工艺	工作前集中讨论
3	教师分析焊接图样，介绍焊件工艺	分析图样；领取工艺单（卡）
4	准备本次实习课题需要的材料，工具、量具	领取零部件、材料、工具、刃具、量具

（一）实操课题

本次实操课题薄板对接气焊如图 3-24 所示，评分标准如表 3-11 所示，所需要的设备、材料、工具、量具如表 3-12 所示。

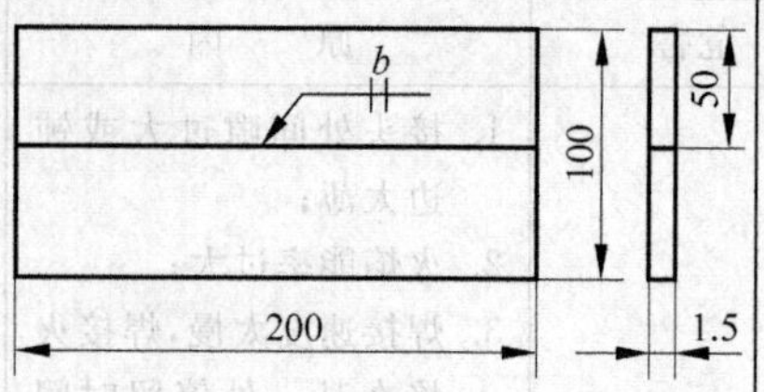

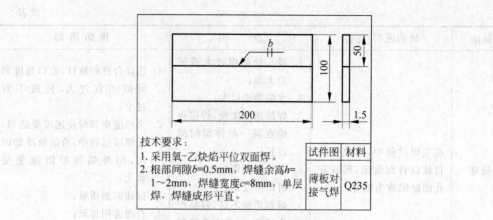

技术要求：
1. 采用氧-乙炔焰平位双面焊。
2. 根部间隙b=0.5mm，焊缝余高h=1～2mm，焊缝宽度c=8mm，单层焊，焊缝成形平直。

试件图	材料
薄板对接气焊	Q235

图 3-24 薄板对接气焊图

表 3-11 薄板对接气焊训练评分表

姓名：________ 学号：________ 总成绩：________

焊接位置		平对接焊	焊接名称		V形坡口带垫板平对接焊		
材料	Q235		等级	基础	工时	50min	
项目	序号	考核要求	分值	评分标准	结果	得分	备注
焊缝外观质量	1	表面无裂纹	6	有裂纹不得分			
	2	无烧穿	6	有烧穿不得分			
	3	无焊瘤	6	每处焊瘤扣 0.5 分			
	4	无气孔	7	每个气孔扣 0.5 分，直径＞1.5mm 不得分			
	5	无咬边	6	深度＞0.5mm，累计长 15mm 扣 1 分			
	6	无夹渣	6	每处夹渣扣 0.5 分			
	7	无未熔合	6	未熔合累计长 10mm 扣 1 分			
	8	焊缝起头、接头、收尾无缺陷	9	起头、收尾过高、脱节每处扣 1 分			
	9	焊缝宽度不均匀≤3mm	6	焊缝宽度变化＞3mm 累计长 30mm 不得分			
焊缝内部质量	10	焊缝内部无气孔、夹渣、未熔透、裂纹	8	Ⅰ级不扣分，Ⅱ级扣 6 分，Ⅲ级扣 10 分			
焊缝外形尺寸	11	焊缝宽度比坡口每侧增宽 0.5～2.5mm；宽度差≤3mm	6	每超差 1mm 累计长 20mm 扣 1 分			
	12	焊缝余高差≤2mm	6	每超差 1mm 累计长 20mm 扣 1 分			
焊后变形错位	13	角变形≤3°	6	超差不得分			
	14	错位量≤0.1 板厚	6	超差不得分			

续表

项目	序号	考核要求	分值	评分标准	结果	得分	备注
安全文明生产	15	按照有关安全操作规程在总分中扣除，不得超过10分；出现重大事故，总评直接不及格	10				
总分			100	总得分			
考场记录							

表 3-12 薄板对接气焊设备、材料、工量具一览表

序号	名　称	规格/型号	数量	备注
1	焊接设备	射吸式焊炬 H01-6(氧气瓶、减压器、乙炔瓶、橡胶软管)	1套	
2	通针		1根	
3	绝缘手套		1副	
4	口罩		1个	
5	防护眼镜		1副	
6	焊缝检测尺		1把	
7	清渣锤		1把	
8	直钢尺	300mm	1把	
9	钢丝刷		1个	
10	锉刀	3＃	1把	
11	扳手		1把	
12	点火枪		1个	
13	钢板	200mm×50mm×1.5mm	2块	Q235
14	焊丝	H08A,直径为2mm	若干	

（二）实操注意事项

（1）定位焊产生缺陷时，必须铲除、打磨、修补。

（2）焊缝平直，不应过高、过低、过宽、过窄。

（3）焊缝金属要圆滑过渡到母材，无过深、过长、咬边。

（4）背面均匀、焊透，无粗大的焊瘤、凹坑。

（5）安全文明操作。

二、实操训练工艺介绍

（一）焊接工艺参考

薄板对接气焊的工艺参考如表 3-13 所示。

表 3-13 薄板对接气焊接焊工艺

考核级别	上岗	教案	004	备 注
焊接项目	薄板对接	焊接方法	气焊	
试件材料	Q235	试件尺寸	200mm×50mm×1.5mm	
焊接材料	H08A、ϕ2.0mm	设备与工具	气瓶、减压器、软管 H01-6	
焊接要求	单面焊	坡口形式、角度	I形	
电源极性		焊接层数	1	
定位焊	技能要求： 1. 清理待焊部位各 20mm 范围内的油污、锈蚀、水分及其他污物，清理垫板的油污、锈蚀、水分及其他污物； 2. 装配间 0.5～1.0mm，错边量≤0.5mm； 3. 选用的焊接材料与试件焊接牌号相同，采用中性火焰进行定位焊，定位焊缝长度为 5～10mm；先从中间开始焊定位焊点，最少三处定位，效果如图 3-25 所示； 4. 预制置反变形量为 3°			
焊道 1 条	1. 技能要求： 采用直径 ϕ2.0mm 的焊丝，调节好合适的中性火焰； 左向焊法连弧焊，小锯齿形运条法，焊道高度 1～2mm，宽度 8mm； 焊炬、焊丝与焊件相对夹角为 40°～50°的位置； 每次续焊与前一焊道重叠 5～10mm 2. 操作要领： 如图 3-26 所示，从右侧板端面上开始用中性火焰进行预热，火焰焰心的末端与焊件表面保持 2～4mm，角度取大些，焊丝端部置于火焰中进行预热。预热到燃烧点有红色熔化成亮白而清晰的熔池时，添加焊丝，将焊丝熔滴与熔池熔合后将焊丝抬起，焊炬向前移动，形成新的熔池。焊接过程中，控制熔池大小是关键，可通过改变焊枪角度和焊接速度调节，焊炬、焊丝与焊件相对夹角为 40°～50°的位置，焊炬与焊丝作均匀协调的摆动，使焊缝金属熔透，避免出现过热、过烧的现象。接头时用火焰将原熔池重新加热熔化，形成新的熔池后再添加焊丝。重新开始焊接时，每次续焊与前一焊道重叠 5～10mm，重叠焊道可不加焊丝或少加焊丝，以保证焊缝高度合适及均匀光滑过渡。焊至终点时，要减少焊炬的倾角，增加焊接速度，并多加一些焊丝，避免熔池扩大，防止烧穿，或焊炬作上下跳动来适当控制熔池温度，焊接过程中，焊炬倾角是不断变化的，收尾时填满熔池，防止产生缩孔或裂纹。 焊完清理工件；完成后效果如图 3-27 所示			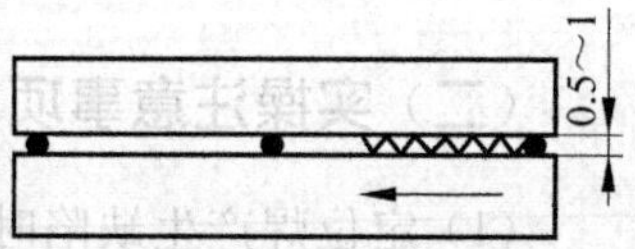

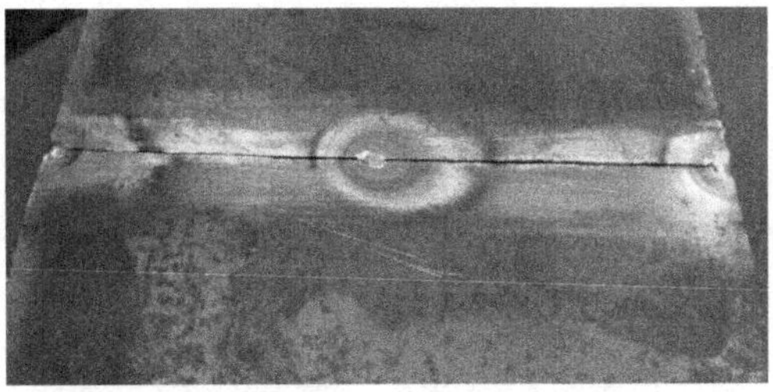

图 3-25 定位焊

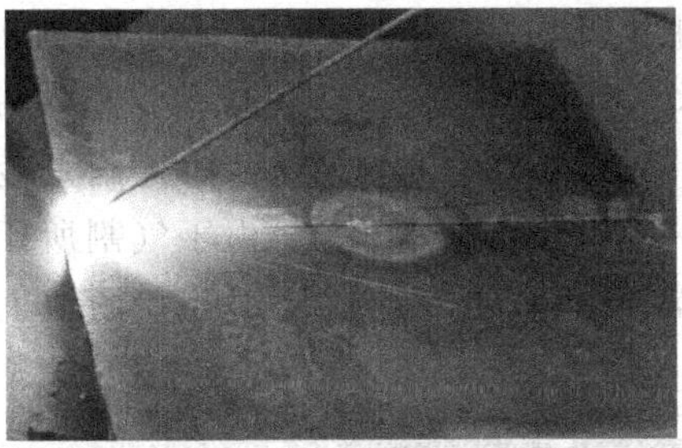

图 3-26 焊接过程

图 3-27 完成焊接后外形图

（二）操作过程

（1）清理试件，按装配要求进行试件装配，定位焊。

（2）采用 ϕ2.0mm 的焊丝，左向焊法施焊，焊接 1 条焊道，采用锯齿形运条或跳焊法运条进行施焊。

三、自我总结与点评

（1）清理熔渣及飞溅物，并检查焊接质量，分析问题，总结经验。

（2）自我评分，自我总结文明生产、安全操作情况。

（3）操作完毕整理工作位置，清理干净工作场地，整理好工具、量具，搞好场地卫生。

第五节　气　　割

一、气割的原理及应用特点

气割即氧气切割。它是利用割炬喷出乙炔与氧气混合燃烧的预热火焰,将金属的待切割处预热到它的燃烧点(红热程度),并从割炬的另一喷孔高速喷出纯氧气流,使切割处的金属发生剧烈的氧化,成为熔融的金属氧化物,同时被高压氧气流吹走,从而形成一条狭小整齐的割缝使金属割开,如图 3-28 所示。因此,气割包括预热、燃烧和吹渣三个过程。气割原理与气焊原理在本质上是完全不同的,气焊是熔化金属,而气割是金属在纯氧中的燃烧(剧烈的氧化),故气割的实质是“氧化”并非“熔化”。由于气割所用设备与气焊基本相同,而操作也有近似之处,因此常把气割与气焊在使用上和场地上都放在一起。

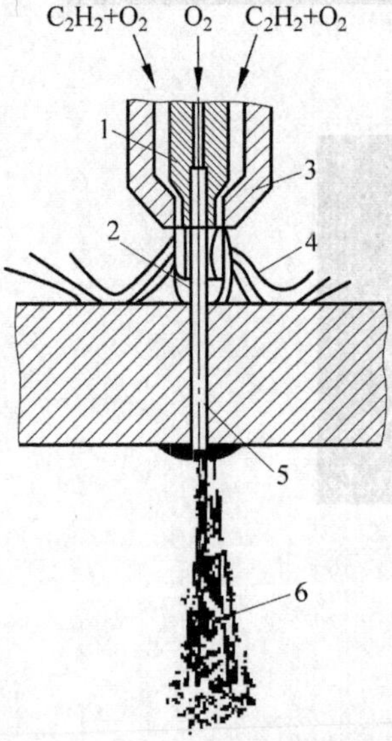

图 3-28　气割示意图

1—切割嘴；2—切割氧；3—预热嘴；4—预热焰；5—割缝；6—氧化渣

常用于气割的金属材料有纯铁、低碳钢、中碳钢和低合金结构钢。而高碳钢、铸铁、高合金钢及铜、铝等均难以气割。

与一般机械切割相比较,气割的最大优点是设备简单,操作灵活、方便,适应性强。它可以在任意位置、任何方向切割任意形状和任意厚度的工件,生产效率高、切口质量也相当好。如图 3-29 所示。采用半自动或自动切割时,由于运行平稳,切口的尺寸精度误差在±0.5mm 以内,表面粗糙度数值 Ra 为 25μm,因而在某些地方可代替刨削加工,如厚钢板的开坡口。气割的最大缺点是对金属材料的适用范围有一定的限制,但由于低碳钢和低合金钢是应用最广泛的材料，所以气割的应用也就非常普遍了。

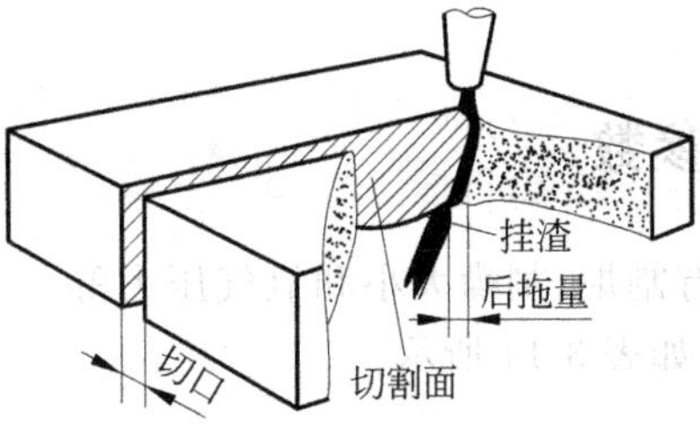

图 3-29 气割状况图

二、割炬及气割过程

气割所需的设备中，氧气瓶、乙炔瓶和减压器同气焊一样。所不同的是气焊用焊炬，而气割要用割炬。

割炬有两根导管，一根是预热焰混合气体管道，另一根是切割氧气管道。割炬比焊炬只多一根切割氧气管和一个切割氧阀门，如图 3-30 所示。此外，割嘴与焊嘴的构造也不同，割嘴的出口有两条通道，周围的一圈是乙炔与氧的混合气体出口，中间的通道为切割氧(即纯氧)的出口，二者互不相通。割嘴有梅花形和环形两种。常用的割炬型号有 G01-30、G01-100 和 G01-300 等。其中"G"表示割炬，"0"表示手工，"1"表示射吸式，"30"表示最大气割厚度为 30mm。同焊炬一样，各种型号割炬均配备几个不同大小的割嘴。

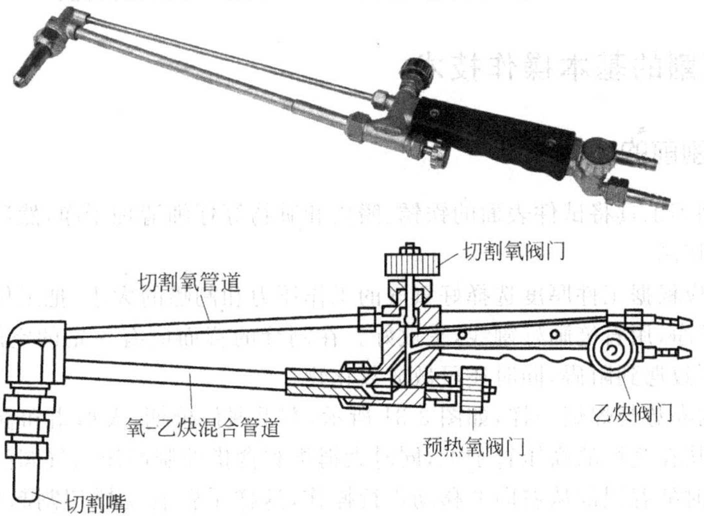

图 3-30 割炬

气割过程，例如切割低碳钢工件时，先开预热氧气及乙炔阀门，点燃预热火焰，调成中性焰，将工件割口的开始处加热到高温(达到橘红色至亮黄色约为 1300℃)。然后打开切割氧阀门，高压的切割与割口处的高温金属发生作用，产生激烈燃烧反应，将铁烧成氧化铁，氧化铁被燃烧热熔化后，迅速被氧气流吹走，这时下一层碳钢也已被加热到高温，与氧接触后继续燃烧和被吹走,因此氧气可将金属自表面烧到底部,随着割炬以一定速度向前移动即可形成割口。

三、气割的工艺参数

气割的工艺参数主要有割炬、割嘴大小和氧气压力等。工艺参数的选择也是根据要切割的金属工件厚度而定,如表 3-14 所示。

表 3-14 普通割炬及其技术参数

割炬型号	切割厚度/mm	氧气压力/Pa	可换割嘴数	割嘴孔径/mm
G01-30	2～30	$(2\sim3)\times10^5$	3	0.6～1.0
G01-100	10～100	$(2\sim5)\times10^5$	3	1.0～1.6
G01-300	100～300	$(5\sim10)\times10^5$	4	1.8～3.0

气割不同厚度的钢时,割嘴的选择和氧气工作压力调整,对气割质量和工作效率都有密切的关系。例如使用太小的割嘴来切割厚钢,由于得不到充足的氧气燃烧和喷射能力,切割工作就无法顺利进行,即使勉强一次又一次地割下来,质量坏,工作效率也低。反之,如果使用太大的割嘴来割薄钢,不但要浪费大量的氧气和乙炔,而且气割的质量也不好。因此要选择好割嘴的大小。切割氧的压力与金属厚度的关系:压力不足,不但切割速度缓慢,而且熔渣不易吹掉,切口不平,甚至有时会切不透;压力过大时,除了氧气消耗量增加外,金属也容易冷却,从而使切割速度降低,切口加宽,表面也粗糙。

四、气割的基本操作技术

(一)气割前的准备

用钢丝刷等工具将试件表面的铁锈、鳞皮和脏物等仔细清理干净,然后将割件用耐火砖垫空,便于切割。

气割前,应根据工件厚度选择好氧气的工作压力和割嘴的大小,把工件割缝处的铁锈和油污清理干净,用石笔画好割线,平放好。在割缝的背面应有一定的空间,以便切割气流冲出来时不致遇到阻碍,同时还可散放氧化物。

握割炬的姿势与焊炬一样,如图 3-31 所示,右手握住枪柄,大拇指和食指控制调节氧气阀门,左手扶在割炬的高压管子上,同时大拇指和食指控制高压氧气阀门。右手臂紧靠右腿,在切割时随着腿部从右向左移动进行操作,这样手臂有支撑切割起来比较稳当,特别是当切割没有熟练掌握时更应该注意到这一点。

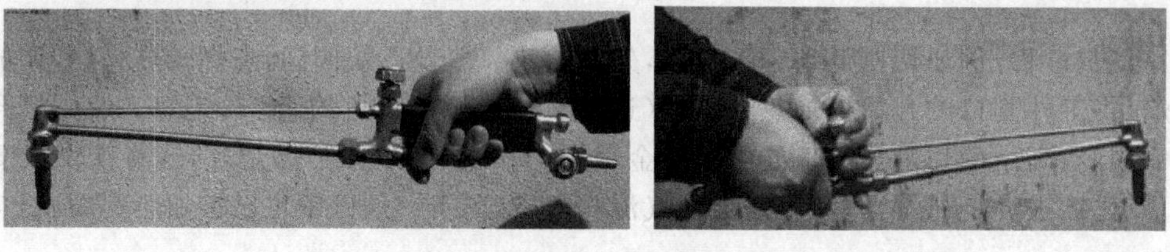

图 3-31 握割炬姿势

（二）点火

点火前应先检查割炬的射吸能力。将割炬的氧气接通，扭开预热氧气调节阀手轮，用左手拇指轻触乙炔气接头，当手指感到有吸力，则说明割炬射吸性能良好，可以使用。

点火动作与气焊时一样，首先把乙炔阀打开，氧气可以稍开一点。点着后将火焰调至中性焰（割嘴头部是一蓝白色圆圈），然后打开割炬上的切割氧开关，并增大氧气流量，使切割氧流的形状（即风线形状）成为笔直而清晰的圆柱体，并有一定的长度。否则，应关闭割炬上所有的阀门，用通针进行修整或者调整内外嘴的同轴度。

（三）起割

预热火焰和风线调整好后，关闭割炬上的切割氧开关，准备起割。气割一般从工件的边缘开始。如果要在工件中部或内形切割时，应在中间处先钻一个直径大于 5mm 的孔，或开出一孔，然后从孔处开始切割。一般采用以下操作姿势：双脚呈外八字形蹲在工件的一旁，右臂靠住右膝盖，左臂悬空在两脚中间，以便移动割炬。右手握住割炬手柄，并以右手的拇指和食指控制预热氧的阀门，便于调整预热火焰和当回火时及时切断预热氧气。左手的拇指和食指握住切割氧气的阀门，同时起掌握方向的作用。其余三指平稳地托住混合气管。操作时上身不要弯得太低，呼吸要有节奏，眼睛应注视工件、割嘴和割线。

开始切割时，先用预热火焰加热开始点（此时高压氧气阀是关闭的），预热时间应视金属温度情况而定，一般加热到工件表面接近熔化（表面呈橘红色）。这时轻轻打开高压氧气阀门，开始气割。如果预热的地方切割不掉，说明预热温度太低，应关闭高压氧继续预热，预热火焰的焰心前端应离工件表面 2～4mm，同时要注意割炬与工件间应有一定的角度，如图 3-32 所示。当气割 5～30mm 厚的工件时，割炬应垂直于工件；当厚度小于 5mm 时，割炬可向后倾斜 5°～10°；若厚度超过 30mm，在气割开始时割炬可向前倾斜 5°～10°，待割透时，割炬可垂直于工件，直到气割完毕。如果预热的地方被切割掉，则继续加大高压氧气量，使切口深度加大，直至全部切透。

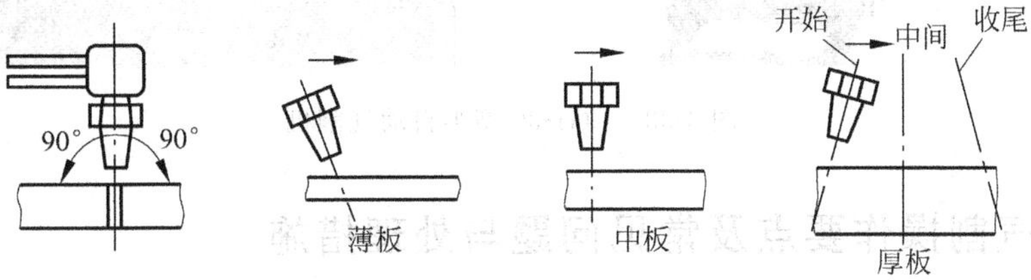

图 3-32 割炬与工件之间的角度

（四）正常气割过程

起割后，为了保证割缝的质量，在整个气割过程中，割炬移动速度要均匀，割嘴离割件表面的距离要保持一定。若身体需更换位置，应先关闭切割氧气阀门，待身体的位置移好后，再将割嘴对准待割处，适当加热，然后慢慢打开切割氧气阀门，继续向前切割。

（五）停割

气割过程临近终点时，割嘴应沿气割方向的反方向倾斜一个角度，以便钢板的下部提前割透,使割缝在收尾处整齐美观。当到达终点时,应迅速关闭切割氧气阀门并将割炬抬起,再关闭乙炔阀门,最后关闭预热氧阀门。松开减压器调节螺钉,将氧气放出。停割后,要仔细清除割缝边缘的挂渣,便于以后的加工。结束工作时,应将减压器卸下并将乙炔供气阀门关闭。中厚钢板如果遇到割不透时,允许停割,并从割线的另一端重新起割。

五、气割机

气割机是代替手工割炬进行气割的机械化设备。它比手工气割的生产效率高,割口质量好,劳动强度和成本都较低。近年来,随着计算机技术发展,数控气割机也得到广泛应用。下面简单介绍常用的半自动气割机。

半自动气割机是一种最简单的机械化气割设备,一般是由一台小车带动割嘴在专用轨道上自动地移动,但轨道轨迹要人工调整。当轨道是直线时,割嘴可以进行直线气割;当轨道呈一定的曲率时,割嘴可以进行一定曲率的曲线气割;如果轨道是一根带有磁铁的导轨,小车利用爬行齿轮在导轨上爬行,割嘴可以在倾斜面或垂直面上气割。

CG1-30 型半自动气割机是目前常用的半自动切割机,如图 3-33 所示。这是一种结构简单、操作方便的小车式半自动气割机,它能切割直线或圆弧。

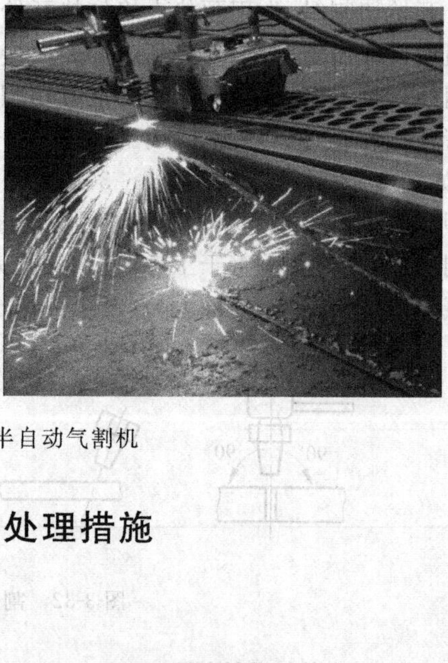

图 3-33　CG1-30 型半自动气割机

六、气割操作要点及常见问题与处理措施

(一) 气割操作要点

气割速度与工件厚度有关。一般而言,工件越薄,气割的速度要快,反之则越慢。气割速度还要根据切割中出现的一些问题加以调整:当看到氧化物熔渣直往下冲或听到割缝背面发出“喳喳”的气流声时,便可将割炬匀速地向前移动。

无论气割多厚的钢料,为了得到整齐的割口和光洁的断面,除熟练的技巧外,割嘴喷射出来的火焰应该形状整齐,喷射出来的纯氧流风线应该成为一条笔直而清晰的直线,在火焰的中心没有歪斜和出叉现象,喷射出来的风线周围和全长上都应粗细均匀,只有这样才能符合标准,否则会严重影响切割质量和工作效率,并且要浪费大量的氧气和乙炔。当发现纯氧气流不良时，绝不能迁就使用，必须用专用通针把附着在嘴孔处的杂质毛刺清除掉，直到喷射出标准的纯氧气流风线时，再进行切割。

（二）气割前的准备工作

被切割金属的表面，应仔细地清除铁锈、尘垢或油污。被切割件应垫平，以便于散放热量和排除熔渣。绝不能放在水泥地上切割，因为水泥地面遇高温后会崩裂。切割前的具体要求如下。

(1) 检查工作场地是否符合安全要求，割炬、氧气瓶、乙炔瓶（或乙炔发生器及回火防止器）、橡胶管、压力表等是否正常，将气割设备按操作规程连接好。

(2) 切割前，首先将工件垫平，工件下面留出一定的间隙，以利于氧化铁渣的吹除。切割时，为了防止操作者被飞溅的氧化铁渣烧伤，必要时可加挡板遮挡。

(3) 将氧气调节到所需的压力。对于射吸式割炬，应检查割炬是否有射吸能力。检查的方法是：首先拔下乙炔进气软管并弯折起来，再打开乙炔阀门和预热氧阀门。这时，将手指放在割炬的乙炔过气管接头上，如果手指感到有抽力并能吸附在乙炔进气管接头上，说明割炬有射吸能力，可以使用；反之，说明割炬不正常，不能使用，应检查修理。

(4) 检查风线，方法是点燃火焰并将预热火焰调整适当。然后打开切割氧气阀门，观察切割氧流（即风线）的形状，风线应为笔直、清晰的圆柱体并有适当的长度。这样才能使工件切口表面光滑干净，宽窄一致。如果风线不规则，应关闭所有的阀门，用通针或其他工具修整割嘴的内表面，使之光滑。

（三）气割常见问题、原因分析与处理措施

气割中的常见问题、原因分析与处理措施如表 3-15 所示。

表 3-15 气割常见问题与处理措施

问 题	原 因	处理措施
回火	1. 在切割时铁崩到割嘴上，堵住了混合氧或切割氧气道； 2. 氧或乙炔开的太大，火焰太猛； 3. 切割时割嘴距割材太近，切割氧开得太大； 4. 割嘴拧得不严实漏气	采用正确的切割操作要领进行切割，如果发生了回火：立即关闭乙炔阀，然后关闭预热氧气阀；回火熄灭后，将割炬放入水中冷却或待割炬管体不烫手后，打开氧气阀吹扫割炬内的烟灰； 清除割嘴杂物，调整切割火焰和切割氧，拧紧割嘴，查出回火原因并解决后再点火使用
切割面边缘缺陷、挂渣、裂纹	1. 切割速度太慢，预热火焰太强； 2. 割嘴与工件之间的高度太高或太低； 3. 钢板表面锈蚀或有氧化皮	1. 加快切割速度，减小预热火焰强度； 2. 保持合适的割嘴与工件之间的高度； 3. 清除钢板表面锈蚀或氧化皮
切割面凹凸不平	1. 切割氧压力太高； 2. 割嘴与工件之间的高度太大； 3. 割嘴有杂物堵塞，使风线受到干扰变形； 4. 切割速度太快	1. 降低切割氧压力； 2. 保持合适的割嘴与工件之间的高度； 3. 清除割嘴杂物，检查割嘴气流通畅性，必要时更换割嘴； 4. 降低切割速度

续表

问　题	原　因	处理措施
切割面不垂直	1. 割炬与工件面不垂直； 2. 割炬不垂直或割嘴有问题,使风线不正、倾斜	1. 保持割炬与工件面垂直； 2. 清除割嘴杂物,检查割嘴气流通畅性,必要时更换割嘴
切割面太粗糙	1. 切割速度太快； 2. 切割氧流量太小,切割氧压力太低； 3. 割嘴与工件的高度太大； 4. 割炬与切割方向不垂直,割嘴堵塞或损坏	1. 降低切割速度； 2. 加大切割氧流量或压力,更换氧气瓶； 3. 保持合适的割嘴与工件之间的高度； 4. 清除割嘴杂物,检查割嘴气流通畅性,必要时更换割嘴,保持割炬与工件面垂直
切割缝挂渣	1. 切割速度太快或太慢； 2. 钢板表面有氧化皮锈蚀或不干净； 3. 割嘴与工件之间的高度太大,预热火焰太强	1. 保持合理的切割速度； 2. 清除钢板表面锈蚀、氧化皮或杂物 3. 保持合适的割嘴与工件之间的高度,调整预热火焰
气割过程中熔渣往上冲	金属表面不纯,红热金属散热和切割速度不均匀,切割速度太快,后拖量过大,严重的甚至出现割不透,造成切割中断	继续供给预热的火焰,并将切割速度减慢,待打穿割材,正常起来后再保持原有的切割速度
割缝后面的金属熔化	1. 切割移动速度太慢 2. 供给的预热火焰太大	1. 加快切割移动速度 2. 将火焰加以调整再往下割
切割尺寸不符	没有沿着所画的路线进行切割	沿着所画的路线进行切割

第六节　厚板直线气割“校企合一”操作训练

根据本节学习内容,进行实际操作训练。所有做法参照企业实际工作进行安排。

一、工作(工艺)准备

厚板直线气割工作(工艺)准备如表 3-16 所示。

表 3-16　工作(工艺)准备

序号	学校情况	企业情况
1	检查学生出勤情况；检查工作服、帽、鞋等是否符合安全操作要求	记录考勤；穿戴好劳保用品
2	布置本次实操作业,集中讲课,重温相关操作工艺	工作前集中讨论
3	教师分焊接图样,介绍焊件工艺	分析图样；领取工艺单(卡)
4	准备本次实习课题需要的材料,工具、量具	领取零部件、材料、工具、刃具、量具

（一）实操课题

本次实操课题厚板直线气割如图 3-34 所示，评分标准如表 3-17 所示，所需要的设备、材料、工具量具如表 3-18 所示。

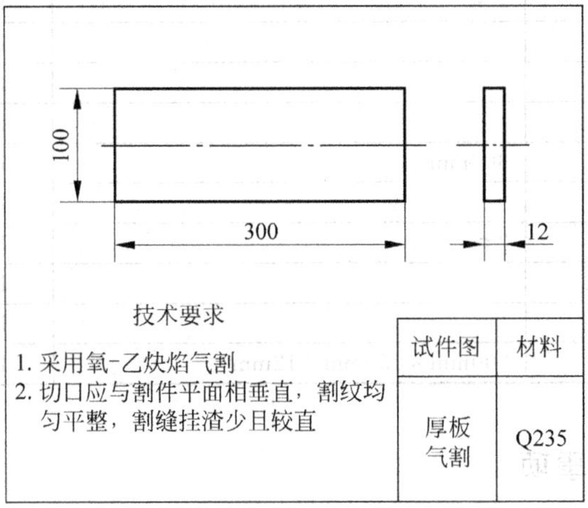
100
300
12
技术要求
1. 采用氧-乙炔焰气割
2. 切口应与割件平面相垂直，割纹均匀平整，割缝挂渣少且较直
试件图
材料
厚板气割
Q235

图 3-34　厚板直线气割图

表 3-17　厚板直线气割训练评分表

姓名：________　学号：________　总成绩：________

切割位置	氧-乙炔气割		焊接名称	厚板直线气割			
材料	Q235		等级	基础		工时	20min
项目	技术要求	配分	评分标准	自检评分		教师评分	
				尺寸	分数	尺寸	分数
1	点火、调火、熄火、回火	25	错一项扣 5 分，出现回火扣 10 分				
2	切口平直割纹均匀	25	不平直扣 1～10 分，割纹不均匀扣 1～10 分，割缝挂渣较多扣 5 分				
3	操作方法	20	不当扣 1～20 分				
4	收尾	10	不正确扣 1～10 分				
5	切割尺寸	20	差 1mm 扣 2 分				
6	安全文明生产	10	按照有关安全操作规程在总分中扣除，不得超过 10 分；出现重大事故，总评直接不及格				
总分		100	总得分				
考场记录							

表 3-18　厚板直线气割设备、材料、工量具一览表

序号	名　称	规格/型号	数量	备注
1	气割设备	割炬(G01-100 型)(氧气瓶、减压器、乙炔瓶、橡胶软管)	1 套	3 号环形(或梅花形)割嘴
2	通针		1 根	
3	绝缘手套		1 副	
4	口罩		1 个	
5	防护眼镜		1 副	
6	直钢尺	300mm	1 把	
7	钢丝刷		1 个	
8	锉刀	3#	1 把	
9	扳手		1 把	
10	点火枪		1 个	
11	钢板	300mm×150mm×12mm	1 块	Q235

(二) 实操注意事项

(1) 避免受热不均匀,导致切割因未割透而中停;

(2) 割缝要平直,并且符合切割尺寸,保持熔渣的流动方向基本与切割口垂直,使用后拖量减小。

(3) 避免出现回火,出现鸣爆、回火时,应立即关闭预热氧与切割氧阀门,如听到割炬内有"嘶嘶"声,应迅速关闭乙炔阀门或者拔下乙炔管。

(4) 注意安全文明操作。

二、实操训练工艺介绍

(一) 工艺参考

厚板直线气割工艺参考如表 3-19 所示。

表 3-19　厚板直线气割工艺

考核级别	上岗	教案	005	备　注
切割项目	中厚板	切割方法	手工	
试件材料	Q235	试件尺寸	300mm×120mm×12mm	
切割材料		设备与工具	气瓶、减压器、软管 G01-12	
焊接要求		坡口形式、角度	I 形	
电源极性		焊接层数		

续表

考核级别	上岗	教案	005	备　注
准备	技能要求： 1. 清理待切割部位的油污、锈蚀、水分及其他污物，清理垫板的油污、锈蚀、水分及其他污物； 2. 按工件尺寸 300mm×120mm×12mm 用石笔画直线； 3. 被切割板垫好，符合安全要求； 4. 选用设备及工具，采用中性火焰预热进行切割			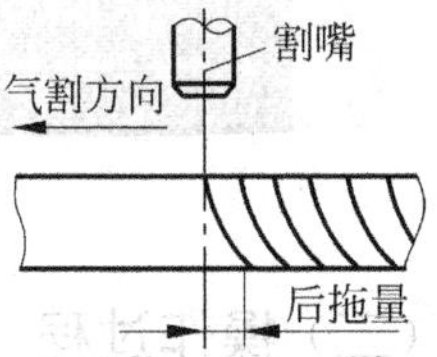
切割	操作要领： 采用左向切割方法，调节好合适的中性火焰； 如图 3-35 所示，开始切割时，先从左边的板面端部进行预热，割嘴离工件表面为 5～10mm，割炬与工件垂直，当金属预热到低于熔点的红热状态呈现亮红色时，将火焰局部移出边缘线以外，同时慢慢打开切割氧气阀门； 当看到被预热的红点在氧气流中被吹掉时，进一步加大切割氧阀门，看到割件背面飞出鲜红的氧化金属渣时，证明割件已被割透，从右向左移动进行切割，速度要均匀，割炬运行要稳定，注意观察切缝的前端与割线固定在一个点上相交而进行移动，如图 3-36 所示； 停割后接割时，要在原停割处预热，对准割缝间隙开启气割氧气，继续切割。临近终点停割时，割嘴应沿气割方向略后倾斜一角度，以便于钢板下部提前割透，使割缝在收尾处较整齐，如图 3-37 所示； 停割后要仔细清除割口周边的挂渣，便于以后加工			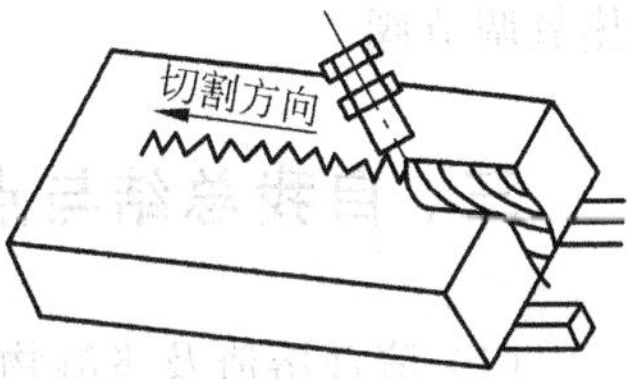
清理场地	停割与熄火： 切割完毕后应及时关闭切割氧调节阀，并抬起割炬，再关乙炔阀门，最后关闭预热氧调节阀。切割结束后，应将氧气瓶阀门关闭，松开减压器，调节螺钉，将氧气胶管内的氧放出；同时关闭乙炔瓶阀门，松开乙炔减压阀，调节螺钉，将乙炔胶管中乙炔排放出，结束工作时，应将减压器及割炬卸下； 切割完毕后，待切割件温度降到一定温度时(不烫手为止)，采用锉刀、锤子清理干净割口边缘			

图 3-35　起割

图 3-36　气割过程

图 3-37　气割后割面

（二）操作过程

(1) 清理试件,按工件尺寸 300mm×120mm×12mm 用石笔画直线。

(2) 被切割板垫好,符合安全要求。

(3) 选用设备及工具,采用中性火焰预热进行切割。

(4) 切割完毕后应及时关闭切割氧调节阀,并抬起割炬,再关乙炔阀门,最后关闭预热氧调节阀。

三、自我总结与点评

(1) 清理熔渣及飞溅物,并检查气割质量,分析问题,总结经验。

(2) 自我评分,自我总结文明生产、安全操作情况。

(3) 操作完毕整理工作位置,清理干净工作场地,整理好工具、量具,搞好场地卫生。

第七节　钎　　焊

一、钎焊的原理

钎焊是利用熔点比母材低的金属作为钎料,加热后,钎料熔化,焊件不熔化,利用液态钎料润湿母材,填充接头间隙并与母材相互扩散,将焊件牢固地连接在一起的方法。其过程如图 3-38 所示。

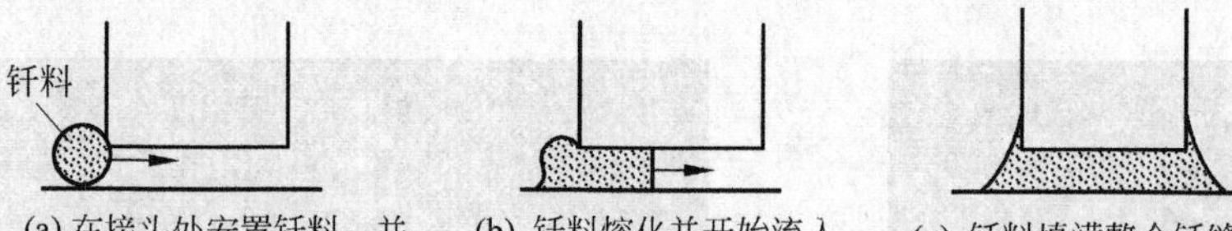

(a) 在接头处安置钎料,并对焊件和钎料进行加热　(b) 钎料熔化并开始流入钎缝间隙　(c) 钎料填满整个钎缝间隙,凝固后形成钎焊接头

图 3-38　钎焊过程示意图

从钎焊过程中可知,要获得牢固的钎接接头,必须使熔化的钎料能很好地流入接头间隙中去,并与焊件金属相互作用,这样冷却结晶后才能得到理想的接头。

二、钎焊的分类及特点

（一）钎焊的分类

根据钎料熔点的不同，将钎焊分为软钎焊和硬钎焊。

当所采用钎料的熔点（或液相线）低于450℃时，称为软钎焊；当其温度高于450℃时，称为硬钎焊。

按照热源种类和加热方式不同，钎焊可分为火焰钎焊、炉中钎焊、感应钎焊、电阻钎焊、电弧钎焊、激光钎焊、气相钎焊、烙铁钎焊等。最简单、最常用的是火焰钎焊和烙铁钎焊，本书仅介绍火焰钎焊。

（二）钎焊的特点

钎焊与熔焊方法比较，具有如下特点。

(1) 钎焊时加热温度低于焊件金属的熔点，所以钎焊时，钎料熔化，焊件不熔化，焊件金属的组织和性能变化较少。钎焊后焊件的应力与变形较少，接头光滑平整，工件尺寸精确，可以用于焊接尺寸精度要求较高的焊件。

(2) 某些钎焊，可同时焊多焊件、多接头，可以一次焊几条、几十条钎缝甚至更多，所以生产率高，它还可以焊接用其他方法无法焊接的结构形状复杂的工件。

(3) 钎焊不仅可以焊接同种金属，也适宜焊接异种金属，甚至可以焊接金属与非金属，且对工件厚度差无严格限制，因此应用范围很广。

(4) 钎焊接头的强度低，耐热性差；焊前清整要求严格，装配要求比熔焊高；钎料价格较贵；以搭接接头为主，使结构质量增加。

三、钎焊的设备

（一）火焰钎焊

气体火焰钎焊的设备简单、热源可以移动，施工方便，设备与气焊焊炬类似。目前，市面上有针对火焰钎焊的专用焊炬，该火焰焊炬接煤气或石油液化气使用，采用空气中氧气助燃的巧妙设计，一瓶气体即可，携带方便，如图3-39所示。适用于铜钎焊、银钎焊、铝钎焊及铜铝钎焊。适用于制冷行业中铜管与铜管，铜管与铝管，铝管与铝管间的焊接，以及高低压电气、冰箱、空调、五金、设备维修等领域。

目前小规模的生产和学生实操，常常使用焊接套装设备，如图3-40所示为便携式铜焊焊接套装设备。

（二）焊炬及焊嘴选择

使用通用焊炬进行钎焊时，可使用多孔喷嘴（通常叫梅花嘴），此时得到的火焰比较分散，温度比较适当，有利于保证均匀加热。焊炬选择如表3-20所示，焊嘴的选择如表3-21所示。

图 3-39　火焰钎焊专用焊炬

图 3-40　便携式铜钎焊焊接套装设备

表 3-20　焊炬的选择

铜管直径/mm	≤12.7	12.7～19.05	≥19.05
焊炬型号	H01-6	H01-12	H01-02

表 3-21　焊嘴的选择

铜管直径/mm	≥16	12.7～9.53	9.53～6.35	≤6.35 和毛细管
单孔嘴形	3 号	2 号	1 号	
梅花嘴形	4 号	3 号	2 号	1 号

以上两表是选择焊炬和焊嘴的一般原则，在实际选择中，还应考虑铜管的壁厚。也就是说，必须根据铜管的直径和壁厚，综合选择焊炬和焊嘴。

四、钎料与钎剂

(一) 钎料

钎焊时用作形成钎缝的填充金属，称为钎料。

钎料根据钎料的熔点不同可以分为两大类：熔点低于 450℃的称为软钎料，例如锡基、铅基、锌基等钎料，这类钎料熔点低，强度也低；熔点高于 450℃称为硬钎料，例如铝基、银基、铜基、镍基等钎料，具有较高的强度，可以连接承受重载荷的零件，应用较广。

钎料在焊接时通过润湿母材并和母材形成固溶体之类的结构以实现焊接材料的紧密结合。选择钎料时必须考虑的一些因素有熔点、润湿性、接头强度等，这些因素对钎焊质量的好坏有直接影响。

钎料一般与钎剂配合起来使用，以增强钎料的焊接效果。

（二）钎剂

钎剂是钎焊时使用的熔剂。它的作用是清除钎料和焊件表面的氧化物，并保护焊件和液态钎料在钎焊过程中免于氧化，以改善液态钎料对焊件的润湿性。

钎剂与钎料类似，也可分为软钎剂和硬钎剂。常用的硬钎剂主要是硼砂、硼酸及它们的混合物，还常加入某些碱金属或碱土金属的氟化物、氯化物等。

钎焊接头的性能和质量在很大程度上取决于钎料和钎剂。强度要求不高，工作温度低的零件，可以选用易熔钎料（软钎料），强度要求高或工作温度高的零件，则应选用难熔钎料（硬钎料）。此外，还要注意接头的抗腐蚀性，钎料的熔点至少低于金属熔点 50℃左右。

选择钎剂时，不但要考虑钎焊金属和合金的种类，还应考虑钎料的类型。火焰钎焊碳钢、铜及铜合金时，常用的钎料和钎剂如表 3-22 所示。

表 3-22 各种金属材料火焰钎焊的钎料和钎剂的选用

钎焊金属	钎料	钎剂
碳钢	铜或铜锌钎料（如料 103）	硼砂或硼砂、硼酐
	银钎料	硼氟酸钾、硼酐等，如剂 102 等
	锡铅钎料（如料 603、料 604）	氯化锌、氧化铵溶液
铜及铜合金	铜磷钎料	钎焊纯铜时不用钎剂，钎焊铜合金时用硼砂或硼砂、硼酐
	铜锌钎料	硼砂或硼砂、硼酐
	银钎料	氟硼酸钾、硼酐，如剂 101、剂 102
	锡铅钎料	氯化锌或氯化锌、氯化铵溶液，如焊件怕腐蚀，可用松香酒精溶液

五、钎焊基本操作工艺

铜管钎焊连接是一项成熟的连接工艺，操作简便，质量可靠，在铜管工程中，钎焊连接是最常用的连接方法。本书主要以焊接（制冷设备）铜管为例进行介绍。

（一）焊前清理

焊前要清除焊件表面及接合处的油污、氧化物、毛刺及其杂物，保证铜管端部及接合面的清洁与干燥，另外还需要保证钎料的清洁与干燥。

对于铜管，扩孔后必须去除两端面毛刺，然后用压缩空气或氮气（压力 $P \approx 0.6$MPa）对铜管进行吹扫，吹干净铜屑。

(二) 清洁度检验

在接头装配和焊接前仍需要以目视和触摸的方式检验焊件表面的清洁度和干燥度,若发现焊件不干净、潮湿或被氧化,应挑出来重新处理方可焊接。另外,焊料被污染应放弃使用或清洗后再使用。

(三) 接头安装

钎焊的接头形式有对接、搭接、T 形接、卷边拉及套接等方式,制冷系统所采用的均为套接方式,不宜采用其他接头方式。

1) 钎焊间隙

将铜管插入管件中,插到底并适当旋转,以保持均匀的间隙,若涂有钎剂,应将挤出接缝的多余钎剂用清洁抹布抹去。钎焊接头的安装须保证合适均匀的钎缝间隙。

间隙过大:会破坏毛细作用而影响钎料在钎缝中的均匀铺展,另外,过大的间隙也会在受压或振动下引起焊缝破裂和出现半堵或全堵现象。

间隙过小:会妨碍液态钎料的流入,使钎料不能充满整个钎缝,使接头强度下降。

钎缝间隙不均匀:会妨碍液态钎料在钎缝中的均匀铺展,从而影响钎焊质量。

2) 套接长度

对于套接形式的钎焊接头,选择合适的套接长度是相当重要的。

一般铜管的套接长度在 5~15mm(注:壁厚大于 0.6mm,直径大于 8mm 的管,其套接长度不应小于 8mm);毛细管的套接长度在 10~15mm。

若套接管长度过短易使接头强度(主要指疲劳特性和低温性能)不够,更重要的是易出现焊堵现象。

3) 安装检验

接头安装完毕后,应检验钎焊接头是否变形、破损及套接长度是否合适,如图 3-41 所示,不良接头应力求避免,若出现不良接头应拆除重新安装后方可焊接。这里是以铜管的套接为例来说明接头安装检验,铜管与法兰的套接与此相同。

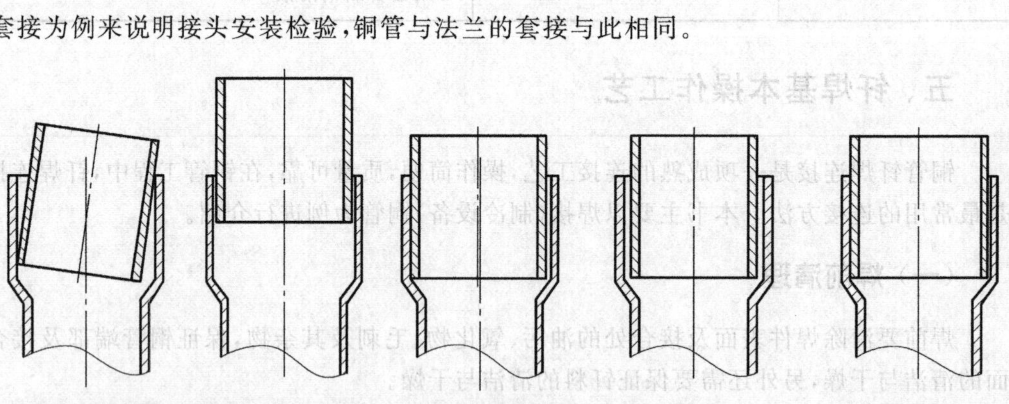

(a) 装配倾斜　(b) 套接长度过短　(c) 间隙不均匀　(d) 间隙过大　(e) 间隙过小

图 3-41　铜管的套接

4）点火

慢慢地打开燃气阀，用点火器点燃，不能用火柴或是香烟做点火工具。将焊炬喷火点远离操作者和其他人。先点燃燃气，再开氧气阀。

5）调节火焰

点火后调节氧气阀，调出明显的碳化焰后再缓慢调大氧气阀，直到白色外焰距蓝色2～4mm，此时外焰轮廓已模糊，即内焰与焰心将重合，此时的火焰为中性焰，再调大氧气则变为氧化焰，氧化焰的焰心呈白色，其长度随氧气量增大而变短。焊接铜管时应使用中性焰，尽量避免用氧化焰和碳化焰，气体助焊剂流量大小则需调到外焰呈亮绿色，另外也可依据焊后铜管的颜色来调节气体助焊剂，当焊后铜管有变黑的倾向时，则应调大气体助焊剂的流量，直到焊后铜管呈紫色为止。

6）加热

加热方法如图3-42所示，管径大且管壁厚时，加热应近些。为保证接头均匀加热，焊接时使火焰沿铜管长度方向移动，保证杯形口和附近10mm范围内均匀受热。

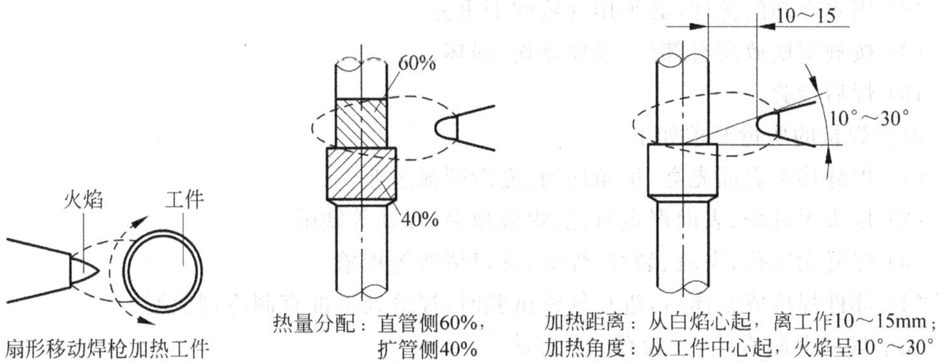

图3-42　加热方法

加热注意事项：

(1) 管径较大时应选用大号的焊嘴，反之则用小号的焊嘴。

(2) 毛细管焊接时应尽可能避免直接对毛细管加热。

(3) 管壁厚度不同时应着重对厚壁加热。

(4) 螺纹管钎焊时，加热和保温时间比光铜管的时间要短些，以防钎料流失。

(5) 先加热插入接头中的铜管，使热量传导至接头内部。

7）加入钎料、钎剂

当铜管和杯形口被加热到焊接温度时呈暗红色，需从火焰的另一侧加入钎料、钎剂（采用铜磷钎料或低银铜磷钎料钎焊纯铜管时，可不涂钎剂），如果钎焊黄铜和紫铜，则需先加热钎料，焊前涂覆钎剂后方可焊接。

后从火焰的另一侧加入，从三方面的考虑。

(1) 防止钎料直接受火焰加热而因温度过高使钎料中的磷被蒸发掉，影响焊接质量。

(2) 可检测接头部分是否均匀达到焊接温度。

(3) 钎料从低温侧向高温侧润湿铺展，低温处钎料填缝速度慢，所以让钎料在低温处先熔化、先填缝,而高温侧填缝时间要短些,这样可使钎料不至于在低温处填缝不充分和高温侧填缝过度而流失,也就是使钎料能均匀填缝。

焊接时,可能出现焊料呈球状滚落到接合处而不附着于工件表面的现象,其可能的原因是:被焊金属未达到焊接温度而焊料已熔化或被焊金属不清洁。

8) 加热保持

当观察到钎料熔化后,应将火焰稍稍离开工件,焊嘴离焊件 40~60mm 范围,等钎料填满间隙后,焊炬慢慢移开接头,继续加入少量钎料后再移开焊炬和钎料。

9) 焊后处理

焊后应清除焊件表面的杂物,特别是黄铜与紫铜焊接后应用清水清洗或砂纸打磨焊件表面,以防止表面被腐蚀而产生铜绿。

注意事项:

(1) 目视检查钎焊部位,不应有气孔、夹渣、未焊透、搭接未熔合等。

(2) 去除表面的焊剂和氧化膜。

(3) 用水冷却的部件,必须用气枪吹干水分。

(4) 按规定摆放所有部件,避免碰伤、损坏。

10) 焊后检验

对钎焊接的质量要求如下。

(1) 焊缝接头表面光亮,填角均匀,光滑圆弧过渡。

(2) 接头无过烧、表面严重氧化、焊缝粗糙、焊蚀等缺陷。

(3) 焊缝无气孔、夹渣、裂纹、焊瘤、管口堵塞等现象。

(4) 部件焊接成整体后,进行气密试验时,焊缝处不准有制冷剂泄漏。

关于焊后泄漏检验,一般有三种方法。

① 压力检漏。给焊后的热交换器充 0.5MPa 以上的氮气或干燥空气,然后对钎焊接头喷洒中性洗涤剂,观察 10s 内有无气泡产生,若有气泡产生则判为泄漏,需补焊或重焊。此方法检验精度较低。

② 卤素检漏。此方法用于充冷媒后的热交换器检漏。将卤素检漏仪的精度选择为 2g/年,用探针沿各焊接头移动(探针离工件应保持在 1~2mm 以内,移动速度为 20~50mm/s),若制冷剂泄漏速度大于 2g/年,则检漏仪将自动报警。此方法较压力检漏精度高,但受人为因素影响较大。

③ 真空箱氦质谱检漏。向热交换器中充入一定压力的氦气,然后将其放入真空箱,并对真空箱抽真空至 20Pa,此时通过探测仪检验真空箱中是否有热交换器泄漏出的氦气。此方法比卤素检验更高,但它仅能检验热交换器是否有泄漏,而不能检查出具体的泄漏位置。

钎焊后应立刻检查焊缝是否饱满、圆滑、填缝是否充分、是否有氧化、焊蚀、气孔、夹渣、漏气及焊堵塞等现象,若检查发现有异常,则依"常见钎焊缺陷及处理对策"进行异常处理。

六、常见钎焊缺陷及处理对策

常见钎焊缺陷及处理对策如表 3-23 所示。

表 3-23 常见钎焊缺陷及处理对策

缺 陷	特 征	产 生 原 因	处理措施	预防措施
钎焊未填满	接头间隙部分未填满	间隙过大或过小 装配时铜管歪斜 焊件表面不清洁 焊件加热不够 钎料加入不够	对未填满部分重焊	装配间隙要合适 装配时铜管不能歪斜 焊前清理焊件 均匀加热到足够温度 加入足够钎料
钎缝成形不良	钎料只在一面填缝，未完成圆角，钎缝表面粗糙	焊件加热不均匀 保温时间过长 焊件表面不清洁	补焊	均匀加热焊件接头区域 钎焊保温时间适当 焊前焊件清理干净
气孔	钎缝表面或内部有气孔	焊件清理不干净 钎缝金属过热 焊件潮湿	清除钎缝后重焊	焊前清理焊件 降低钎焊温度 缩短保温时间 焊前烘干焊件
夹渣	钎缝中有杂质	焊件清理不干净 加热不均匀 间隙不合适 钎料杂质量过高	清除钎缝后重焊	焊前清理焊件 均匀加热 合适的间隙
表面侵蚀	钎缝表面有凹坑或烧缺	钎料过多 钎缝保温时间过长	机械磨平	适当钎焊温度 适当保温时间
焊堵	铜管或毛细管全部或部分堵塞	钎料加入太多 保温时间过长 套接长度太短 间隙过大	拆开清除堵塞物后重焊	加入适当钎料 适当保温时间 适当的套接长度
氧化	焊件表面或内部被氧化成黑色	使用氧化焰加热 未用雾化助焊剂 内部未充氮保护或充氮不够	打磨除去氧化物并烘干	使用中性焰加热 使用雾化助焊剂 内部充氮保护
钎料	钎料流到不需钎料的焊件表面或滴落	钎料加入太多 直接加热钎料 加热方法不正确	表面的钎料应打磨掉	加入适量钎料 不可直接加热钎料 正确加热
泄漏	工件中出现泄漏现象	加热不均匀 焊缝过热而使磷被蒸发 焊接火焰不正确，造成结碳或被氧化 气孔或夹渣	拆开清理后重焊或补焊	均匀加热，均匀加入钎料 选择正确火焰加热 焊前清理焊件 焊前烘干焊件
过烧	内、外表面氧化皮过多，并有脱落现象（不靠外力，自然脱落）所焊接头形状粗糙，不光滑发黑，严重的外套管有裂管现象	钎焊温度过高（过高使用了氧化焰） 钎焊时间过长 已焊好的口又不断加热、填料	用高压氮气或干燥空气对铜管内外吹	控制好加热时间 控制好加热的温度

第八节　铜管套接钎焊“校企合一”操作训练

根据本章学习内容，进行实际操作训练。所有做法参照企业实际工作进行安排。

一、工作(工艺)准备

铜管套接钎焊工作(工艺)准备如表 3-24 所示。

表 3-24　工作(工艺)准备

序号	学校情况	企业情况
1	检查学生出勤情况；检查工作服、帽、鞋等是否符合安全操作要求	记录考勤；穿戴好劳保用品
2	布置本次实操作业，集中讲课，重温相关操作工艺	工作前集中讨论
3	教师分焊接图样，介绍焊件工艺	分析图样；领取工艺单(卡)
4	准备本次实习课题需要的材料，工具、量具	领取零部件、材料、工具、刃具、量具

注：实习前用铜管割刀割取一段 400mm 铜管，再平均分割成 2 段，一段用扩管器扩至合适接头。

(一) 实操课题

本次实操课题铜管套接钎焊如图 3-43 所示，评分标准如表 3-25 所示，所需要的设备、材料、工具量具如表 3-26 所示，部分常用材料、工具量具如图 3-44 所示。

(二) 实操注意事项

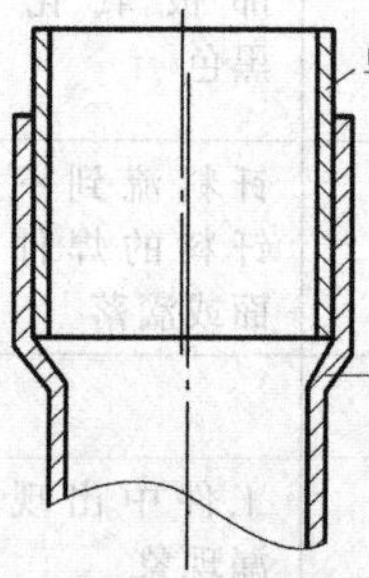

图 3-43　铜管钎焊图

按规定摆放所有部件，避免碰伤、损坏。

(1) 目视检查钎焊工具：焊炬、气管、焊剂瓶、点火器等，保证其完好。

(2) 用肥皂水检查钎焊工具各连接部位是否有泄漏，保证无泄漏。

(3) 按规定穿戴劳动保护用品，不要穿戴油污的工作服、手套。

(4) 点火时必须十分注意，切勿将火焰朝向人。

(5) 作业完成后，必须关闭燃气和氧气的阀门。

(6) 液体焊剂瓶的安全装置必须齐全，并进行定期清洗，保持洁净。

(7) 液体焊剂量应处于焊剂瓶视镜的中部。

(8) 燃气和氧气管道上使用的压力表，必须经检定合格且在有效期内。

(9) 工装、夹具、工具等必须定置摆放。

表 3-25 铜管套接钎焊训练评分表

姓名：________ 学号：________ 总成绩：________

焊接位置	钎焊	焊接名称	铜管套接钎焊				
材料	铜	等级	基础			工时	60min
项目	技术要求	配分	评分标准	自检评分		教师评分	
				尺寸	分数	尺寸	分数
1	点火、调火、熄火、回火	15	错一项扣 5 分，出现回火扣 10 分				
2	铜管的套接	10	过浅、过深、间隙不当扣 1～10 分				
3	焊缝质量	50	焊缝粗糙扣 1～10 分，未填满扣 5 分，一个气孔扣 5 分，过烧扣 10 分，氧化扣 10 分，夹渣扣 10 分，裂纹、漏气或焊堵扣 50 分				
4	操作方法	15	不当扣 1～15 分				
5	安全文明生产	10	按照有关安全操作规程在总分中扣除，不得超过 10 分；出现重大事故，总评直接不及格				

注：保持原焊道表面形状，无补焊痕迹。

表 3-26 铜管套接钎焊设备、材料、工具、量具一览表

序号	名　　称	规格/型号	数量	备注
1	钎焊设备	割炬(H1-06 型)(氧气瓶、减压器、液化石油气、橡胶软管)	1 套	套装设备
2	制冷维修扩管器	含割管器、扩管器	1 套	
3	通针		1 根	
4	绝缘手套		1 副	
5	口罩		1 个	
6	防护眼镜		1 副	
7	直钢尺	300mm	1 把	
8	钢丝刷		1 个	
9	锉刀	3#	1 把	
10	扳手		1 把	
11	点火枪		1 个	
12	铜管	ϕ16mm×0.75mm	若干	铜
13	银钎料		若干	
14	钎剂	硼酐或剂 102	若干	

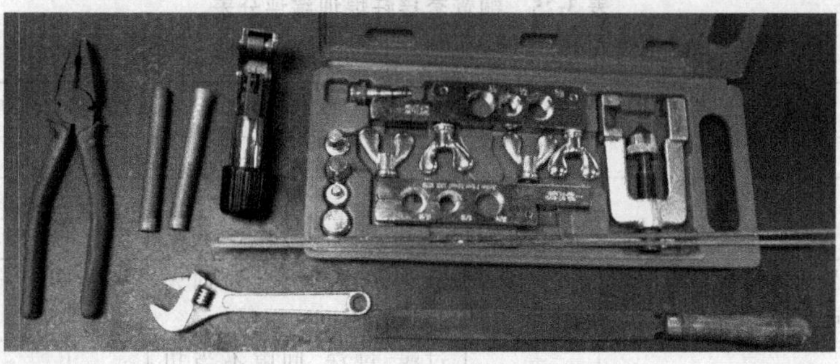

图 3-44 部分常用材料、工具、量具

二、实操训练工艺介绍

(一) 分析图样与考核要求

(1) 焊缝接头表面光亮,填角均匀,光滑圆弧过渡。

(2) 接头无过烧、表面严重氧化、焊缝粗糙、焊蚀等缺陷。

(3) 焊缝无气孔、夹渣、裂纹、焊瘤、管口堵塞等现象。

(4) 部件焊接成整机后,进行气密试验时,焊缝处不准有制冷剂泄漏。

(二) 焊接工艺参考

铜管套接钎焊焊接工艺参考如表 3-27 所示。

表 3-27 铜管套接钎焊工艺

工步号	工步内容	说明或图示
1	焊前清理	清除铜管表面及接合处的油污、氧化物、毛刺及其杂物,保证铜管端部及接合面的清洁与干燥
2	接头安装	注意深度和间隙,如图 3-45 所示
3	点火、调节	调至中性焰,如图 3-46 所示
4	焊接过程	中性焰,注意适时加钎料、钎剂,如图 3-47 所示
5	熄火	顺时针关闭乙炔阀门,再顺时针方向关闭氧气阀门
6	焊后处理	及时将钎剂和熔渣清除干净,目视检查钎焊部位,不应有气孔、夹渣、未焊透、搭接未熔合等,如图 3-48 所示
7	焊后检验	检漏

三、自我总结与点评

(1) 清理熔渣及飞溅物,并检钎焊质量,分析问题,总结经验。

(2) 自我评分,自我总结文明生产、安全操作情况。

(3) 操作完毕整理工作位置,清理干净工作场地,整理好工具、量具,搞好场地卫生。

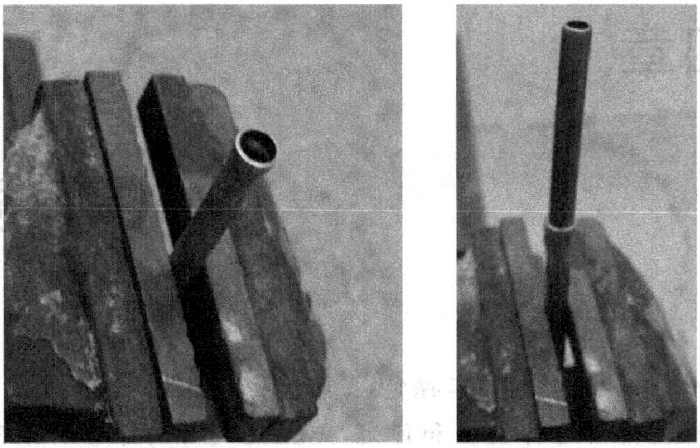

图 3-45　接头安装

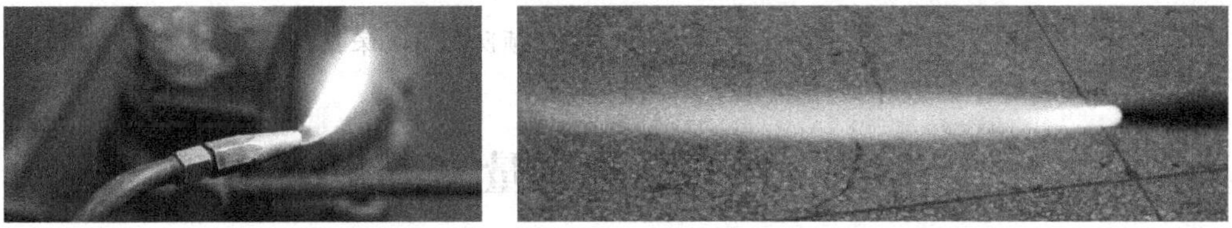

图 3-46　点火调至中性焰

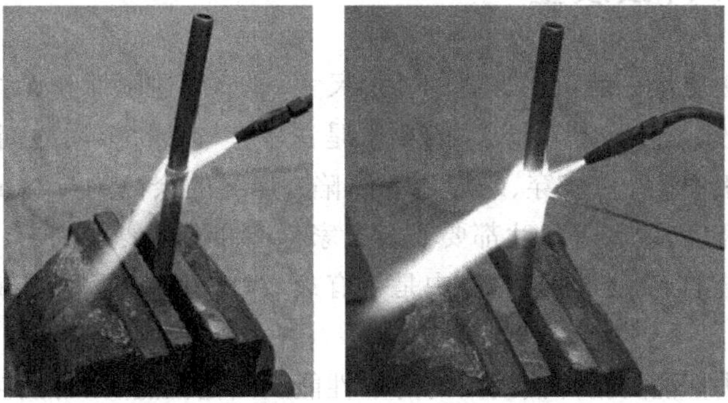

图 3-47　焊接过程

图 3-48　焊接后

CHAPTER 4

第四章

焊接质量检验

知识要点： 熟悉焊工操作，了解焊接缺陷性质以及焊缝质量的检验方法，通过对焊接接头进行检验和评定，以便能及时消除各种缺陷，从而保证焊接质量。

技能目标： 掌握焊接缺陷性质以及焊缝质量的检验方法。

学习建议： 遵循正确的操作方法，预防缺陷，保证焊接质量。

第一节　焊接质量、变形及检验

一、焊接质量

焊接质量一般包括焊缝的外形尺寸、焊缝的连续性和焊缝性能三个方面。

一般对焊缝外形和尺寸的要求是：焊缝与母材金属之间应平滑过渡，以减少应力集中；没有烧穿、未焊透等缺陷；焊缝的余高为 0～3mm，不应太大；对焊缝的宽度、余高等尺寸都要符合国家标准和图纸要求。

焊缝的连续性是指焊缝中是否有裂纹、气孔与缩孔、夹渣、未熔合与未焊透等缺陷。

接头性能是指焊接接头的力学性能及其他性能（如耐蚀性等）。它应符合图纸的技术要求。

切割质量是指工件切割断面的表面粗糙度、切口上边缘的熔化塌边程度、切口下边缘是否有挂渣和割缝宽度的均匀性等。

二、焊接变形

焊接时，由于焊件局部受热，温度分布不均匀，会造成变形。焊接变形的主要形式有纵向变形、横向变形、角变形、弯曲变形和翘曲变形等几种，如图 4-1 所示。

为减小焊接变形，应采取合理的焊接工艺，如正确地选择焊接顺序或机械固定等方法。焊接变形可以通过手工矫正、机械矫正和火焰矫正等方法予以解决。

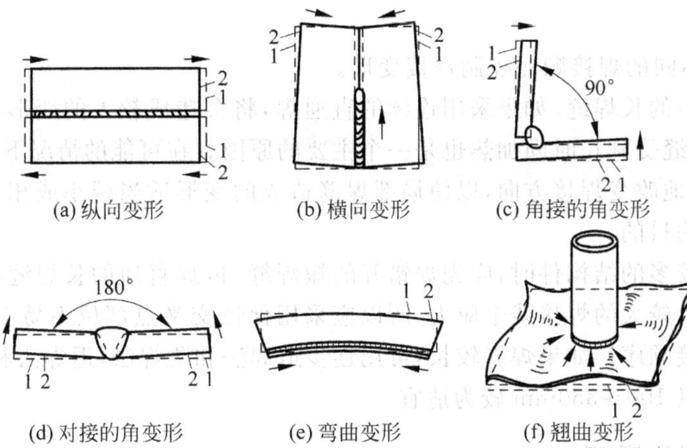

图 4-1 焊接变形的主要形式

注：图中 1、2 表示变形前后位置。

三、常见焊接缺陷及处理对策

焊接变形是比较复杂的，焊接应力往往是造成裂纹的直接原因，焊接过程中，对焊件进行不均匀加热和冷却，是产生焊接应力和变形的主要原因。

（一）控制变形的措施

控制焊接变形，可以从两个方面考虑：一是从设计上考虑，如在保证结构足够强度的前提下，适当采用冲压结构来代替焊接结构；减少焊缝的数量和尺寸；尽量使焊缝对称布置；避免交叉焊缝和焊缝集中等，这些都可以防止或减少焊接变形。二是从工艺方面考虑，即采取一些适当的工艺措施来控制焊接变形。

1. 预留收缩变形量

根据理论计算和实践经验，在焊件备料及加工时预先考虑收缩余量，以便焊后工件达到所要求的形状、尺寸。

2. 反变形法

根据理论计算和实践经验，预先估计结构焊接变形的方向和大小，然后在焊接装配时给予一个方向相反、大小相等的预置变形，以抵消焊后产生的变形。

3. 刚性固定法

焊接时将焊件加以刚性固定，焊后待焊件冷却到室温后再去掉刚性固定，可有效防止角变形和波浪变形。此方法会增大焊接应力，只适用于塑性较好的低碳钢结构。

4. 选择合理的焊接顺序

(1) 对称焊缝采用对称焊接法，对实际上无法完全对称地、同时进行焊接的结构，可允许焊缝焊接有先后，但在顺序上应尽量做到对称，以便最大限度地减小结构变形。

(2) 不对称焊缝先焊焊缝少的一侧，可使后焊的变形足以抵消先焊一侧的变形，以减少总体变形。

(3) 采用不同的焊接顺序控制焊接变形。

对于结构中的长焊缝,如果采用连续的直通焊,将会造成较大的变形,这除了焊接方向因素之外,焊缝受到长时间加热也是一个主要的原因。在可能的情况下,将连续焊改成分段焊,并适当地改变焊接方向,以使局部焊缝造成的变形适当减小或相互抵消,以达到减少总体变形的目的。

焊接焊缝较多的结构件时,应先焊错开的短焊缝,再焊直通的长焊缝,由于在焊缝交叉点部位易产生较大的焊接残余应力,所以应采用保证交叉点部位不易产生缺陷且刚度拘束度小的焊接顺序。如果焊缝较长,可用逐步退焊法和跳焊法,退焊法和跳焊法的每段焊缝长度一般以 100～350mm 较为适宜。

(二) 变形的矫正

焊接结构生产中,总免不了要出现焊接变形。因此,焊后对变形的矫正是必不可少的一种工艺措施。

1. 机械矫正法

机械矫正法是利用机械力的作用使焊件产生与焊接变形相反的塑性变形,并使两者抵消从而达到消除焊接变形的一种方法。焊接生产中,机械矫正法应用较广,如筒体容器纵缝角变形常在卷板机上采用反复碾压进行矫正;薄板的波浪变形,常采用捶打焊缝区的方法进行矫正。机械矫正法适用于低碳钢等塑性较好的金属材料焊接变形的矫正。

2. 火焰矫正法

火焰矫正法是用氧-乙炔火焰或其他气体火焰(一般采用中性焰),以不均匀加热的方式引起结构变形,来矫正原有的焊接残余变形的一种方法。具体操作方法是,将变形构件的伸长部位加热到 600～800℃,然后让其冷却,使加热部分冷却后产生的收缩变形来抵消原有的变形。

火焰矫正法的关键是正确确定加热位置和加热温度。火焰矫正法适用于低碳钢、Q345 等淬硬倾向不大的低合金结构钢构件,不适用于淬硬倾向较大的钢及奥氏体不锈钢构件。

四、焊接质量检验的过程和分类

焊接质量检验是保证焊接产品质量的重要措施,是及时发现、消除缺陷并防止缺陷重复出现的重要手段。焊接质量检验过程由焊前检验、焊接过程中的检验和焊后成品检验三个阶段组成,自始至终贯穿于焊接结构的制造过程中。完整的焊接质量检验能保证不合格的原材料不投产,不合格的零件不组装,不合格的组装不焊接,不合格的焊缝必返修,不合格的产品不出厂,层层把住质量关。

(一) 焊前检验

焊前检验是焊接质量检验的第一个阶段,包括检验焊接产品图样和焊接工艺规程等技术文件是否齐备；检验母材及焊条、焊丝、焊剂、保护气体等焊接材料是否符合设计及工艺规程的要求；检验焊接坡口的加工质量和焊接接头的装配质量是否符合图样要求；检验焊接设备及其辅助工具是否完好，检验焊工是否具有上岗资格等内容。焊前检验的目的是预先防止和减少焊接时产生缺陷的可能性。

（二）焊接过程中的检验

焊接过程中的检验是焊接质量检验的第二个阶段，它包括检验在焊接过程中焊接设备的运行情况是否正常、焊接工艺参数是否正确；焊接夹具在焊接过程中的夹紧情况是否牢固以及多层焊过程中对夹渣、气孔、未焊透等缺陷的自检等。焊接过程中检验的目的是防止缺陷的形成和及时发现缺陷。

（三）焊后成品检验

焊后成品检验是焊接质量检验的最后阶段，它通常在全部焊接工作完毕(包括焊后热处理)，将焊缝清理干净后进行。

焊接检验的方法很多，可分为无损检验和破坏性检验两类，通常所指的焊接质量检验主要是指焊后成品检验。至于具体产品检验方法的选用，应根据产品的使用条件和图样的技术要求进行。

五、无损检验

无损检验是指不损坏被检查材料或成品的性能和完整性而检测缺陷的方法。它包括外观检验、密封性检验、耐压试验、无损检测(渗透探伤、磁粉探伤、超声波探伤、射线探伤)等。

（一）外观检验

外观检验是一种简便而又实用的检验方法。

它是用肉眼或借助于标准样板、焊缝检验尺、量具或用低倍(5 倍)放大镜观察焊件，以发现焊缝表面缺陷的方法。外观检验的主要目的是发现焊接接头的表面缺陷，如焊缝的表面气孔、未焊透、表面裂纹、咬边、焊瘤、烧穿及焊缝尺寸偏差、焊缝成形等。

（二）密封性检验

密封性检验是用来检查有无漏水、漏气和渗油、漏油等现象的试验。对于一般压力容器，如锅炉、化工设备及管道等设备要进行密封性试验，或根据要求进行耐压试验。密封性检验的方法很多，常用的方法有气密性检验、煤油试验等。主要用来检验焊接管道、盛器、密闭容器上焊缝或接头是否存在不致密缺陷等。

1. 气密性检验

常用的气密性检验是将远低于容器工作压力的压缩空气压入容器，利用容器内外气体的压力差来检查有无泄漏的。检验时，在焊缝外表面涂上肥皂水，当焊接接头有穿透性缺陷时，气体就会逸出，肥皂水就有气泡出现而显示缺陷。这种检验方法常用于受压容器接管、加强圈的焊缝。

若在被试容器中通入含1%(体积分数)氨气的混合气体来代替压缩空气效果更好。这时应在容器的外壁焊缝表面贴上一条比焊缝略宽、用含5%硝酸汞的水溶液浸过的纸带。若焊缝或热影响区有泄漏,氨气就会透过这些地方与硝酸汞溶液起化学反应,使该处试验纸呈现出黑色斑纹,从而显示出缺陷所在。这种方法比较准确、迅速,同时可在低温下检查焊缝的密封性。

2. 煤油试验

在焊缝表面(包括热影响区部分)涂上石灰水溶液,干燥后便呈白色。再在焊缝的另一面涂上煤油。由于煤油渗透力较强,当焊缝及热影响区存在贯穿性缺陷时,煤油就能透过去,使涂有石灰水的一面显示出明显的油斑,从而显示缺陷所在。

煤油试验的持续时间与焊件板厚、缺陷大小及煤油量有关,一般为15~20min,如果在规定时间内,焊缝表面未显现油斑,可认为焊缝密封性合格。

(三) 耐压检验

耐压检验是将水、油、气等充入容器内慢慢加压,以检查其泄漏、耐压、破坏等的试验。常用的耐压试验有水压试验、气压试验。

1. 水压试验

水压试验主要用来对锅炉、压力容器和管道的整体致密性与强度进行检验。试验时,将容器注满水,密封各接管及开孔,并用试压泵向容器内加压。

2. 气压试验

气压试验和水压试验一样,是检验在压力下工作的焊接容器和管道的焊缝致密性与强度。气压试验比水压试验更为灵敏和迅速,但气压试验的危险性比水压试验大。

由于气体须经较大的压缩比才能达到一定的高压,如果一定高压的气体突然降压,其体积将突然膨胀,释放出来的能量是很大的。若这种情况出现在进行气压试验的容器上,实际上就是出现非正常的爆破,后果是不堪设想的。因此,气压试验时必须严格遵守安全技术操作规程。

(四) 无损检测

无损检测是检验焊缝质量的有效方法,用磁粉、射线或超声波检验等方法,检验焊缝的内部缺陷。主要包括渗透探伤、磁粉探伤、射线探伤、超声波探伤等。其中射线探伤、超声波探伤适合于焊缝内部缺陷的检验,渗透探伤、磁粉探伤则适合于焊缝表面缺陷的检验。无损检测已在重要的焊接结构中得到了广泛使用。

六、破坏性检验

破坏性检验是从焊件或试件上切取试样,或以产品(或模拟体)的整体破坏做试验,以检查其各种力学性能、抗腐蚀性能等的试验法。它包括力学性能试验、化学分析及试验、金相检验、断口检验、耐压试验、焊接性试验等，相关介绍本书从略。

第二节 焊接缺陷与返修

到目前为止，世界上尚未有任何一种焊接方法、焊接工艺能做到完全不产生焊接缺陷。若焊接接头中发现不符合技术要求或检验标准的超标缺陷，就要对其进行返修。所谓返修就是为修补工件的缺陷而进行的焊接，也称补焊。

对于焊缝表面缺陷，如余高过大、焊缝高低不一、宽窄不均、较浅的咬边（小于0.5mm）、焊缝与母材过渡不良等，一般可采用打磨加工或电弧整形（如 TIG 重熔）等方法解决。对于内部缺陷就必须采取特殊的工艺措施来进行。通常的返修主要是指对无损探伤超标的内部焊接缺陷的焊补。

一、返修前的准备

(1) 根据无损探伤（主要是 X 射线探伤）的结果，正确确定焊接缺陷种类、位置、数量等，并分析其产生原因。

(2) 根据缺陷的性质及产生原因，制定有效的返修工艺。返修工艺包括：缺陷清除、坡口的制备；补焊方法的选择；焊接材料的选用；预热、后热及道间温度的控制；焊后热处理工艺参数；补焊顺序及焊接工艺参数、焊接质量检验方法及合格标准的确定等内容。

二、返修工艺

（一）清除缺陷、制备坡口

清除缺陷、制备坡口的常用方法是用碳弧气刨或手工砂轮等进行。碳弧气刨是指使用石墨棒或碳棒与工件间产生的电弧将金属熔化，并用压缩空气将其吹掉，实现在金属表面上加工沟槽的方法。

坡口的形状、尺寸主要取决于缺陷尺寸、性质及分布特点。所挖坡口的角度或深度应越小越好，只要将缺陷清除且便于操作即可。一般缺陷靠近哪侧就在哪侧清除，如缺陷较深，清除到板厚的 2/3 时还未清除，则应先在清除处补焊，然后再在另一面清除至补焊金属后再补焊。如缺陷有数处，且相互位置较近，深浅相差不大，为了不使两坡口中间金属受到返修焊应力与应变过程影响，则宜将这些缺陷连接起来打磨成一个深浅均匀一致的大坡口。反之，若缺陷之间距离较远，深浅相差较大，一般按各自的状况开坡口逐个焊接。

（二）焊接方法与焊接材料的选择

焊缝返修一般采用焊条电弧焊进行，这是由焊条电弧焊操作方便、位置适应性强等特点所决定的。但若坡口宽窄深浅基本一致，尺寸较长，并可处于平焊或环焊位置时，也可采用埋弧焊来返修。当采用焊条电弧焊返修时,对原焊条电弧焊焊缝,一般选用原焊缝焊接所用焊条。

(三) 返修工艺措施

焊缝返修应控制焊接热输入,并采用合理的焊接顺序等工艺措施来保证质量。

(1) 采用小规格直径、小电流等小的焊接规范焊接,降低返修部位塑性储备的消耗。

(2) 采用窄焊道、短段,多层多道,分段跳焊等焊接方法,减小焊接应力与变形,但每层接头要尽量错开。

(3) 每焊完一道后,须将熔渣清理干净,填满弧坑,并把电弧稍后引再熄灭,起附加热处理作用,并立即用带圆角的尖头小锤捶击焊缝,以松弛应力。但打底焊缝和盖面焊缝不宜捶击,以免引起根部裂纹和表面加工硬化。

(4) 加焊回火焊道,但焊后需磨去多余金属,使之与母材圆滑过渡或采用 TIG 焊重熔法。非熔化极气体保护焊(简称 TIG)又称钨极氩弧焊或钨极惰性气体保护焊,它是使用纯钨或活化钨电极,以惰性气体——氩气作为保护气体的气体保护焊方法,钨棒电极只起导电作用不熔化,通电后在钨极和工件间产生电弧。在焊接过程中可以填丝也可以不填丝。

(5) 凡须预热的材料,预热温度要较原焊缝提高 50℃左右,并且其道间温度不应低于预热温度,否则,需加热到要求温度后方可焊接。

(6) 要求焊后热处理的锅炉、压力容器应在热处理前返修,否则,返修后应重新进行热处理。

(7) 同一部位的焊缝返修次数一般不超过 3 次。

(四) 钎焊的返修

钎焊的焊接有别于电弧焊和气焊,针对钎焊接头有缺陷而进行补焊,并不是所有有质量缺陷的钎焊接头都能补焊。

1. 不能采用补焊的几种接头

(1) 已经过烧的接头。

(2) 接头处的铜管已经熔蚀。

(3) 接头处开裂现象严重(一般大于 2mm)。

(4) 已经补焊过一次的接头。

(5) 接头处的铜管已经严重变薄。

2. 能采用补焊的几种钎焊接头

(1) 接头间隙部分未填满。

(2) 钎料只在一面填缝,未完成圆角,钎缝表面粗糙。

(3) 钎缝中有杂质(清除钎缝后重焊)。

(4) 有泄漏现象(未补焊过)。

(5) 焊缝有气孔。

(6) 接头部位及外套管壁焊瘤太大(超过 2mm),需用外焰进行加热而且方向要向焊口处拨动。

(五) 钎焊返修注意事项

(1) 对于壁厚大于 0.5mm 的铜管,可以采用普通的铜磷钎料进行补焊。

(2) 对于壁厚小于 0.45mm 的铜管,可以采用含银钎料进行补焊。

(3) 确认管道中没有高压空气、混合气体、冷媒等。如有,从接头或阀门处排出,确认没有压力。

(4) 确认泄漏部位,除去周围的可燃物。

(5) 彻底清洁需要钎焊的泄漏部位,如有氧化膜,可用砂纸轻轻打磨。

(6) 有条件的先进行氮气置换(对管道中充注适量氮气),钎焊时必须先将第一次钎焊的焊料加热到可熔化的程度,再进行钎焊。

(7) 用湿布冷却钎焊部位,注意水不能溅到电气品和隔热材上。

(8) 用含有热水的布将钎焊部位的焊剂清除干净,如有必要,用砂纸清除氧化膜。

三、返修检验

返修完后,应修磨返修焊缝使之与母材圆滑过渡,然后按原焊缝要求进行同样内容的检验(如外观、无损探伤等)。验收标准不得低于原焊缝标准,检验合格后,方可进行下道工序。否则,应重新返修,在允许次数内直至合格为止。

第三节 先进焊接介绍

随着科学技术的不断发展,在焊接技术领域里也出现了不少先进的焊接方法与技术,如电子束焊、激光焊、扩散焊、焊接机器人等,使得焊接技术的应用日趋广泛。

一、电子束焊

电子束焊是利用加速和聚焦的电子束轰击置于真空或非真空中的焊件所产生的热能进行焊接的方法,是目前发展较成熟的一种先进工艺。由于电子束焊具有焊接深度大,焊缝性能好,焊接变形小,焊接精度高,并具有较高的生产率的特点,能够焊接难熔合金和难焊材料,因此,在航空、航天、汽车、压力容器、电力及电子等工业领域中得到了广泛的应用。

二、激光焊

激光是一种新能源,是比等离子弧更为集中的热源。激光活性物质(工作物质)受到激励，产生辐射，通过光放大而产生一种单色性好、方向性强、光亮度高的光束。激光可以用来焊接、切割、打孔或其他加工。

激光焊是以聚焦的激光束作为能源轰击焊件所产生的热量进行焊接的方法，是当今先进的制造技术之一。近年来，激光焊在汽车、钢铁、能源、宇航、电子等行业得到了日益广泛的应用。实践证明，采用激光焊，不仅生产率高于传统的焊接方法，而且焊接质量也得到了显著提高。

三、扩散焊

将焊件紧密贴合，在一定温度和压力下保持一段时间，使接触面之间的原子相互扩散形成连接的焊接方法，是压焊中的一种，扩散焊是近十几年来才出现的一种新的焊接方法，特别适合于焊接异种金属材料、石墨和陶瓷等非金属材料、弥散强化的高温合金、金属基复合材料和多孔性烧结材料等。扩散焊已广泛用于反应堆燃料元件、蜂窝结构板、静电加速管、各种叶片、叶轮、冲模、过滤管和电子元件等的制造。

四、焊接机器人及应用

焊接机器人是从事焊接(包括切割与喷涂)的工业机器人，焊接机器人在工业机器人的末轴法兰装接焊钳或焊(割)枪，使之能进行焊接，切割或热喷涂。

焊接机器人是20世纪60年代后期迅速发展起来的，它可以应用在电弧焊、电阻焊、切割技术范围及类似工艺方法中，如用焊接机器人电弧焊来取代有毒、有尘、高温作业的焊条电弧焊等。焊接机器人目前已广泛应用在汽车制造业，汽车底盘、坐椅骨架、导轨、消声器以及液力变矩器等的焊接中，尤其在汽车底盘焊接生产中得到了广泛的应用。

第三部分

焊工上岗考证知识

CHAPTER 5

第五章

焊工上岗理论考核试题精选

知识要点：焊工(气焊、电焊)上岗证考核包括电弧焊、气焊、气割等各个知识点。目前，多采用计算机无纸化考核，题型主要为单项选择题、判断题、多项选择题等。

计算机无纸化考核(含证件复审)每套试卷通常包括：

1. 单项选择题、判断题，约 90 小题，每小题 1 分。

2. 多项选择题，约 5 题，每小题 2 分；合计 100 分，60 分合格。

考试时间为 100 分钟。考试题目由计算机随机抽取，全部题目要求在计算机上作答，由计算机自动计算得分。

技能目标：掌握理论知识题目，增加知识量，同时方便通过考核。

学习建议：在理解的基础上熟记。

第一节　焊工上岗证理论考核试题精选

一、基础知识

(一) 单项选择题

1. (　　)的作用是装配、夹紧、定位和防止焊件变形，提高焊接效率和保证装配焊接质量。

A. 压紧装置　　B. 定位器　　C. 装焊夹具

2. 按规定电焊操作场地，(　　)距离内不应储存易燃易爆物品。

A. 10m　　B. 7m　　C. 4m

3. 薄板气焊最容易产生的变形是(　　)。

A. 角变形　　B. 变曲变形　　C. 波浪变形

4. 测定材料脆性转变温度的常规试验方法是(　　)。

A. 冲击试验　　B. 弯曲试验　　C. 拉伸试验

5. 从减少焊接变形出发，采用(　　)坡口最好。

A. V 形　　B. X 形　　C. U 形

6. 大型容器焊割属(　　)动火。

A. 一级　　B. 二级　　C. 三级

7. 当二次线圈的一端接地或接零时,则焊件本身(　　)再接地或接零。

A. 应　　B. 不应　　C. 可再接或可不

8. 当发现焊工触电时,应立即(　　)。

A. 报告领导　　B. 切断电源　　C. 将人拉开

9. 当焊件的厚度(　　)时,应开坡口。

A. >6mm　　B. <4mm　　C. 4～6mm

10. 低碳钢焊件去应力的温度为(　　)。

A. 500～600℃　　B. 600～650℃　　C. 650～700℃

11. 电焊机、电缆等带电体,应与其他物体之间保持一定的(　　)。

A. 角度　　B. 安全距离　　C. 绝缘

12. 电流从人的手到脚通过是最(　　)的途径。

A. 危险　　B. 安全　　C. 不知道

13. 电流通过人体的时间(　　),则电击伤害越严重。

A. 越长　　B. 越短　　C. 不知道

14. 对焊缝可以同时进行致密性和强度检验的方法是(　　)。

A. 煤油试验　　B. X射线探伤　　C. 水压试验

15. 对接焊缝的余高过大,在焊趾处会形成较大的(　　)。

A. 应力集中　　B. 淬硬倾向　　C. 焊瘤

16. 对于(　　),焊工有权拒绝焊割。

A. 不了解现场周围情况

B. 装过可燃气体,易燃液体的容器

C. 现场附近有易燃易爆物

17. 对于长焊缝的焊接采用分段退焊法的目的是(　　)。

A. 减少应力　　B. 减少变形　　C. 提高生产率

18. 对于触电者呼吸微弱且无心跳者,应马上进行(　　)抢救。

A. 人工呼吸　　B. 心脏按压　　C. 人工氧合

19. 凡属(　　)级动火范围内的焊割,未经办理动火审批手续,不得焊割。

A. 一　　B. 一、二、三　　C. 二、三

20. 刚性固定法对于一些(　　)材料就不宜采用。

A. 强度高的　　B. 塑性好的　　C. 易裂的

21. 含碳量越高,强度、硬度越(　　)。

A. 高　　B. 低　　C. 不变

22. 焊缝开坡口的主要目的是(　　)。

A. 使根部焊透　　B. 便于清渣　　C. 引弧方便

23. 焊缝外观检查是用(　　)。

A. 肉眼　　B. 显微镜　　C. 肉眼或低倍放大镜

24. 焊后消除应力的处理是一种( )热处理方法。

A. 淬火　　B. 正火　　C. 退火

25. 焊机的接线和安装应由( )负责进行。

A. 焊工本人　　B. 车间领导　　C. 电工

26. 焊接裂纹在重要的焊接接头中是( )存在的一种缺陷。

A. 允许　　B. 不允许　　C. 数量不多时允许

27. 焊接某些有色金属如铅、黄铜等,应该注意( )。

A. 防止爆炸　　B. 高温中暑　　C. 通风排毒

28. 焊接时接头根部未完全熔透的现象称为( )。

A. 未熔合　　B. 内凹　　C. 未焊透

29. 甲类钢在供应时仅保证钢材的( )。

A. 机械性能　　B. 化学成分　　C. 机械性能与化学成分

30. 拉伸试验是检验焊接接头或焊缝金属的( )。

A. 抗拉强度　　B. 抗拉强度和塑性　　C. 弹性变形

31. 梁焊接时的主要工艺问题是产生( )。

A. 应力　　B. 未熔合　　C. 变形

32. 能正确发现缺陷大小和形状的探伤方法是( )。

A. X射线探伤　　B. 磁粉探伤　　C. 渗透探伤

33. 容易获得良好焊缝成形的焊接位置是( )。

A. 平焊位置　　B. 仰焊位置　　C. 全位置

34. 碳素钢的含碳量是( )%的铁碳合金。

A. 小于2.0　　B. 2.0～4.5　　C. 大于4.5

35. 通过加热或加压,或两者并用,并且用或不用填充材料,使焊件达到原子结合的一种加工方法叫( )。

A. 铆接　　B. 粘接　　C. 焊接

36. 弯曲试验的目的是测定焊接接头的( )。

A. 强度　　B. 韧性　　C. 塑性

37. 弯曲试验是检验焊接接头或焊缝金属的( )。

A. 断裂　　B. 塑性变形　　C. 弹性变形

38. 为防止或减少焊接残余应力和变形,必须选择合理的( )。

A. 预热温度　　B. 焊接材料　　C. 焊接顺序

39. 易燃、易爆物距焊接处的安全距离在条件所限时,至少不少于( )米。

A. 1　　B. 3　　C. 5

40. 预热温度越高,应力( )。

A. 越大　　B. 越少　　C. 大小不变

41. 在( )以上的高度进行焊接叫高空焊接作业,此时电焊工必须配有合格的安全带,严禁将电缆线背在肩上进行焊接。

A. 2m　　B. 2.5m　　C. 4m

42. 在地下室、容器内及比较密闭场所焊割,照明灯用(　　)。

A. 80V　　B. 12V　　C. 36V

43. 在放有易燃易爆物的车间、场所或煤气管道附近焊接,必须取得(　　)部门的同意。

A. 消防　　B. 技术　　C. 生产

44. 在喷漆场所焊接,若未采取足够的安全措施,往往容易发生(　　)事故。

A. 火灾及爆炸　　B. 中毒　　C. 触电

45. 在容器、管道内和金属构架上焊接,属于(　　)环境。

A. 普通　　B. 危险　　C. 特别危险

46. 在容器和管道内焊接时,为了加强通风和防止中暑,可把(　　)送进现场。

A. 氢气　　B. 冷空气　　C. 氧气

47. 在特别潮湿场所进行焊接作业的照明电压不应超过(　　)。

A. 12V　　B. 24V　　C. 36V

48. 在炎热高温的条件下焊接属(　　)环境。

A. 普通　　B. 危险　　C. 特别危险

49. 在有泥、砖、湿板,钢筋混凝土、金属或其他导电材料铺设的地面焊接时的工作环境为(　　)。

A. 普通　　B. 危险　　C. 特别危险

50. 中碳钢由于含碳量较高,所以焊接性能比低碳钢(　　)。

A. 好　　B. 差　　C. 一样

参考答案

1. C　2. A　3. C　4. A　5. B　6. A　7. B　8. B　9. A
10. B　11. B　12. A　13. A　14. C　15. A　16. A　17. B　18. C
19. B　20. C　21. A　22. A　23. C　24. C　25. C　26. B　27. C
28. C　29. A　30. B　31. C　32. A　33. A　34. A　35. C　36. C
37. B　38. C　39. C　40. B　41. A　42. B　43. A　44. A　45. C
46. B　47. A　48. B　49. B　50. B

(二) 判断题

1. 白口之所以作为焊接灰铸铁时的一种缺陷,原因是它本身既硬又脆,很难进行机械加工。(　　)

2. 薄板结构中很难产生波浪变形。(　　)

3. 补焊灰铸铁上的裂纹时,一定要在裂纹两端钻上止裂孔,以防止补焊时裂纹延伸。(　　)

4. 不同厚度的材料不能用点焊焊在一起。(　　)

5. 不同性质的材料可以采用点焊焊在一起。(　　)

6. 采用对接焊接的方法可以减少焊件的波浪变形。(　　)

7. 采用刚性固定法后，焊件就不会产生残余变形了。（ ）

8. 锤击焊缝是减小焊接残余应力行之有效的一种方法。（ ）

9. 低碳钢焊件焊后通常要进行热处理，以改善焊缝金属的组织和提高焊缝金属性能。（ ）

10. 对称焊接的缺点是要增加焊件的翻转次数，即增加辅助工作量。（ ）

11. 对于厚度较大，刚性较强的焊件，可以利用三角形加热来矫正其焊接残余变形。（ ）

12. 飞溅是影响电弧稳定性能的因素之一。（ ）

13. 分段退焊法虽然可以减少焊接残余变形，但同时会增加焊接残余应力。（ ）

14. 焊缝越长，则其纵向收缩的变形量越大。（ ）

15. 焊缝越厚，角变形越小。（ ）

16. 焊缝越厚，则其横向收缩的变形量越小。（ ）

17. 焊缝中的夹杂物主要是氧化物和硫化物。（ ）

18. 焊件排除外来刚性约束而产生的变形叫自由变形。（ ）

19. 焊件的装配间隙越大，横向收缩量也越大。（ ）

20. 焊件的纵向收缩和横向收缩在焊接过程中是同时产生的。（ ）

21. 焊件焊后进行整体高温回火，既可以消除应力，又可消除变形。（ ）

22. 焊件在焊接过程中产生的应力叫焊接残余应力。（ ）

23. 焊件中的残余应力焊后必须进行消除，否则将对整个焊接结构产生严重影响。（ ）

24. 焊接灰铸铁时形成的裂纹主要是热裂纹。（ ）

25. 焊接容器进行水压实验时，同时具有降低焊接残余应力的作用。（ ）

26. 焊件上的残余应力都是压应力。（ ）

27. 焊接应力和变形在焊接时是必然产生的，无法避免。（ ）

28. 焊前预热和焊后保温缓冷是焊接灰铸铁时防止产生白口和裂纹的主要工艺措施。（ ）

29. 合金钢焊接由于本身含合金元素较多，所以焊后一般不再进行热处理。（ ）

30. 黄铜焊接时的困难之一是锌的蒸发和氧化。（ ）

31. 灰铸铁是一种焊接性较差的材料。（ ）

32. 火焰加热矫正法只能用于矫正薄板的焊接残余变形。（ ）

33. 火焰加热温度越高，则矫正变形的效果越大，所以利用火焰加热矫正法时，加热的温度越高越好。（ ）

34. 火焰校正变形时，火焰应该采用中性焰。（ ）

35. 加热感应区法是冷焊铸铁时常用的一种减少焊接应力的方法。（ ）

36. 交流电是指大小和方向都随时间作周期性变化的电流。（ ）

37. 铝及铝合金焊接前要仔细清理焊件表面，其主要目的是防止产生气孔。（ ）

38. 铝及铝合金焊接时，常在焊口下面放置垫板，以保证背面焊缝可以成形良好。（ ）

39. 铝及铝合金焊接时，焊缝中生成的气孔是氢气孔。（ ）

40. 铝及铝合金焊接时产生的裂纹属于热裂纹，而不是冷裂纹。（ ）

41. 铝及铝合金焊前预热的目的是防止产生热裂纹。（ ）

42. 铝及铝合金由于导热性强，熔池冷凝快，所以焊接时产生气孔的倾向并不大。（ ）

43. 普通低合金钢结构焊接时的主要问题是，在焊接接头中容易产生气孔。（ ）

44. 普通低合金钢应该根据母材等强度的原则选择对应的焊条。（ ）

45. 普通低合金结构钢常用预热法来减少焊后的残余应力。（ ）

46. 普通低合金结构钢由于含有较多的合金元素，所以它的焊接性要比低碳钢好得多。（ ）

47. 气孔、夹杂偏析等缺陷大多数是在焊缝金属的二次结晶时产生的。（ ）

48. 气体在电弧高温下的分解，对提高焊缝的质量是很有利的。（ ）

49. 强度等级越高的钢，其焊接性越差。（ ）

50. 热焊灰铸铁的劳动条件比冷焊好，所以也容易保证焊缝质量。（ ）

51. 如果焊缝对称于焊件的中心轴，则焊后焊件不会产生弯曲变形。（ ）

52. 碳当量值越高，表示该种材料的焊接性越好。（ ）

53. 同样厚度的焊件，单道焊比多层多道焊产生的焊接变形小。（ ）

54. 为了防止焊接时热量散失，紫铜焊前应进行预热。（ ）

55. 为了防止黄铜焊接时锌的蒸发和氧化，可以采用含硅的焊丝。（ ）

56. 为了减少应力，应该先焊结构中收缩量最小的焊缝。（ ）

57. 为增加铝及铝合金焊件表面的耐腐蚀性，焊后应将焊件表面污物清理干净。（ ）

58. 消除波浪变形最好的方法是，加焊件焊前预先进行反变形。（ ）

59. 由于目前的各种焊接方法对焊接区都采取了较为严密的保护措施，所以空气进入焊接熔池的可能性已经不大了。（ ）

60. 由于氢引起的白点会使焊缝金属的强度大大降低。（ ）

61. 预热能够降低冷却速度，但基本上又不影响在高温停留的时间，所以是一种很好的工艺措施。（ ）

62. 在同样厚度和焊接条件下，U 形坡口的变形比 V 形小。（ ）

63. 在同样厚度和焊接条件下，X 形坡口的变形比 V 形大。（ ）

参考答案

1. √	2. ×	3. √	4. √	5. √	6. ×	7. ×	8. √	9. ×
10. √	11. √	12. √	13. √	14. √	15. ×	16. ×	17. ×	18. √
19. √	20. √	21. ×	22. ×	23. ×	24. ×	25. ×	26. ×	27. √
28. √	29. ×	30. ×	31. ×	32. ×	33. ×	34. ×	35. √	36. √
37. √	38. ×	39. ×	40. √	41. ×	42. ×	43. ×	44. √	45. √
46. ×	47. ×	48. ×	49. ×	50. ×	51. ×	52. ×	53. ×	54. √
55. √	56. ×	57. √	58. ×	59. √	60. ×	61. √	62. √	63. ×

（三）多项选择题

1. （ ）级动火要审批。

A. 一 B. 二 C. 三 D. 四

2. 触电者在切断电源后，心脏停止跳动，失去知觉，此时应立即进行（ ）抢救。

A. 人工呼吸 B. 心脏按压 C. 送医院 D. 吃药打针

3. 电焊设备的金属外壳必须单独和可靠地（ ）。

A. 接火线 B. 接零 C. 接地 D. 接其他设备

4. 对储存过易燃液体的设备和管道进行焊、割前，应先用（ ）把残存在里面的易燃液体清洗掉。

A. 煤油 B. 热水 C. 汽油 D. 碱水

5. 发生焊接变形后，通常采用的矫正方法有（ ）。

A. 火焰矫正法 B. 水洗法 C. 机械矫正法

6. 高空焊接作业时，下面可燃物应（ ）。

A. 趁雨天施焊 B. 用石棉板覆盖遮严再施焊

C. 派熟练焊工施焊 D. 移走

7. 焊工长期接触焊接烟尘，有可能导致焊工（ ）职业病。

A. 感冒 B. 金属热 C. 锰中毒 D. 尘肺

8. 焊后热处理的目的是（ ）。

A. 减少应力 B. 减少变形 C. 提高生产率 D. 避免裂缝产生

9. 焊接的热影响区包括（ ）。

A. 熔合区 B. 过热区 C. 不完全重结晶区 D. 正火区

10. 焊接完毕，应（ ）才能离开。

A. 检查场地 B. 灭绝火种 C. 切断电源 D. 戴上手套

11. 减小焊接变形的方法有（ ）。

A. 减慢焊接速度 B. 焊后热处理 C. 反变形 D. 刚性固定

12. 移动电焊机位置时，应（ ）。

A. 戴好手套 B. 面罩 C. 关电源

13. 在（ ）的焊接操作，属于特别危险环境。

A. 容器 B. 室内 C. 金属物架上 D. 管道内

参考答案

1. ABC 2. AB 3. BCD 4. BD 5. AC 6. BD 7. BCD
8. AD 9. ABCD 10. ABC 11. CD 12. AC 13. ACD

二、电焊知识

（一）单项选择题

1. 当焊机没有接负载时，焊接电流为零，此时输出端的电压称为（ ）。

A. 空载电压 B. 工作电压 C. 端电压

2. 当通过相同的焊接电流时，焊接电缆越长，则其截面积应(　　)。

A. 越大　　B. 越小　　C. 不变

3. 电焊条的规格通常用(　　)来表示。

A. 酸性或碱性　　B. 长度

C. 焊芯直径　　D. 颜色

4. 焊接电弧(　　)温度最高，所以焊接时应尽量压低电弧，避免大量的热量被辐射掉。

A. 阴极区　　B. 阳极区　　C. 弧柱

5. 焊接电流太大，易造成(　　)。

A. 烧穿　　B. 未焊透　　C. 气孔

6. 焊条药皮的主要作用是(　　)。

A. 保护焊芯、便于识别、防止飞溅

B. 造气、造渣、渗合金、保护熔池、稳定电弧

C. 防止电弧偏吹、减少焊接变形、提高劳动生产率

7. 碱性焊条的烘干温度应比酸性焊条(　　)。

A. 低　　B. 高　　C. 一样

8. 碱性焊条使用前应在(　　)℃中烘干 2～3 小时。

A. 100～150　　B. 300～400　　C. 700～800

9. 碱性焊条脱氢能力比酸性焊条强，所以抗氢气孔能力比酸性焊条(　　)。

A. 差　　B. 好　　C. 一样

10. 碱性焊条脱氧能力比酸性焊条(　　)。

A. 强　　B. 弱　　C. 相同

11. 金属焊接电弧是(　　)通过焊条(或焊丝)与焊件之间的气体的导电现象。

A. 电压　　B. 电流　　C. 电荷

12. 生产中减少电弧磁偏吹的方法是(　　)。

A. 采用直流电源　　B. 增加电流强度　　C. 调整焊条角度

13. 手弧焊电源 BX1-330 的含义："B"表示(　　)，"X"表示下降外特性，"330"表示额定电流为 330A。

A. 发电机　　B. 变压器　　C. 整流机

14. 所有手弧焊变压器都是(　　)。

A. 升压　　B. 等压　　C. 降压

15. 为隔离空气，熔焊时所采用的保护形式有气保护、渣保护和气渣联合保护。手弧焊是属于(　　)保护。

A. 气　　B. 渣　　C. 气渣联合

参考答案

1. A　2. A　3. B　4. C　5. A　6. B　7. B　8. B　9. A
10. A　11. C　12. C　13. B　14. C　15. C

(二) 判断题

1. 奥氏体不锈钢焊条的使用电流值应比相同直径的低碳钢焊条降 20%左右。(　　)

2. 奥氏体不锈钢具有很大的电阻，所以不锈钢焊条焊接时药皮容易发红。（　　）
3. 奥氏体不锈钢手弧焊时，焊条要多做横向摆动，以便获得一定宽度的焊缝。（　　）
4. 采用铸208焊条时，必须在焊前将逐渐预热至400℃左右。（　　）
5. 电弧焊时，产生应力和变形的根本原因是，电弧的高温对焊件局部加热的结果。（　　）
6. 电弧焊时熔化焊条的主要热量是电弧热。（　　）
7. 电弧区的水分主要是由于焊条烘的不干，以及焊件表面的铁锈所带来的。（　　）
8. 电弧区中的水分主要是由焊条、焊剂烘得不干以及焊件表面的铁锈所带来的。（　　）
9. 电弧区中的氧主要来自空气。（　　）
10. 定位焊时，由于焊缝长度较短，所以应该选择较小的焊接电流。（　　）
11. 焊条的直径越粗，所产生的电阻热就越大。（　　）
12. 烘干焊条是减少焊缝金属含氢量的重要措施之一。（　　）
13. 碱性熔渣的脱硫、脱磷效果比酸性熔渣好。（　　）
14. 强度等级高的普通低合金结构钢应选用碱性焊条。（　　）
15. 同一种焊条，进行角焊时的脱渣性要比平焊时的差。（　　）
16. 小电流、快速焊是焊接不锈钢的主要焊接工艺。（　　）

参考答案

1. √　2. √　3. ×　4. √　5. √　6. √　7. √　8. √　9. ×
10. ×　11. ×　12. √　13. √　14. √　15. √　16. √

（三）多项选择题

1. 焊接电弧分为（　　）。
   A. 弧光　B. 阳极区　C. 阴极区　D. 弧柱
2. 焊接面罩的护目玻璃，用于减弱电弧光的强度，过滤（　　）。
   A. 可见光　B. 红外线　C. 紫外线　D. 灰尘
3. 引弧的方法有（　　）。
   A. 碰击法　B. 接触法　C. 擦划法　D. 点火法
4. 焊条药皮的主要作用是（　　）。
   A. 造气、造渣　B. 渗合金　C. 保护熔池　D. 稳定电弧

参考答案

1. BCD　2. BCD　3. AC　4. ABCD

三、气焊知识

（一）单项选择题

1. G01-30 型割炬是常用的一种（　　）割炬。
   A. 射吸式　B. 等压式　C. 重型割炬

2. 被割金属材料的燃点(　　)熔点,是保证切割过程顺利进行的最基本条件。

A. 低于　　B. 高于　　C. 等于

3. 储存电石的库房必须距离明火(　　)。

A. 5m　　B. 1m　　C. 10m

4. 凡供乙炔使用的器具,禁止使用含银或铜量在(　　)以上的合金制造。

A. 30%　　B. 50%　　C. 70%

5. 割嘴倾斜角度的大小,主要根据(　　)来定。

A. 割件的材料　　B. 割件的厚度　　C. 割嘴的形状

6. 焊粉 101 是用于焊接(　　)的。

A. 不锈钢　　B. 铸铁　　C. 铜

7. 回火防止器的作用是,当焊、割炬发生回火时,可以防止(　　)进入乙炔瓶内。

A. 氧气　　B. 乙炔　　C. 倒燃的火焰

8. 开启氧气瓶阀门时,工人应站在同气体出口处成(　　)方向。

A. 偏斜　　B. 垂直　　C. 平行

9. 气割低碳钢时,被切割氧吹走的是(　　)。

A. 熔化的金属　　B. 熔化的金属氧化物　　C. 熔化的脏物

10. 气割时,预热火焰应采用(　　)。

A. 氧化焰　　B. 碳化焰　　C. 中性焰或弱氧化焰

11. 气割时,被切割氧吹走的是(　　)。

A. 熔化金属　　B. 金属氧化物　　C. 脏物

12. 气焊低碳钢时,要求使用(　　)。

A. 氧化焰　　B. 中性焰　　C. 碳化焰

13. 气焊粉的主要作用是(　　)。

A. 向熔池过渡合金元素,以提高焊缝质量

B. 去除熔池的氧化物并保护熔池

C. 吸收火焰中的水蒸气

14. 气焊管子时,一般均用(　　)接头。

A. 对接　　B. 角接　　C. 卷边

15. 气焊火焰内混合气体的成分与(　　)有着密切的关系。

A. 焊嘴号数　　B. 焊接速度　　C. 焊接质量

16. 气焊铝及铝合金时,使用的焊粉是(　　)。

A. 粉 201　　B. 粉 301　　C. 粉 401

17. 氧气和乙炔胶管不能过长或过短,一般以(　　)为宜。

A. 5～10m　　B. 10～20m　　C. 20～30m

18. 氧气接触(　　)容易发生爆炸。

A. 电石　　B. 油脂　　C. 水

19. 氧气瓶、乙炔瓶与明火距离应大于(　　)。

A. 5m　　B. 10m　　C. 15m

20. 氧气瓶一般应(　　)放置。

A. 水平　　B. 倾斜　　C. 直立

21. 正常工作时,氧气表压力应调至(　　)MPa。

A. 0.50～0.60　　B. 0.15～0.20　　C. 0.60～0.80

22. 正常工作时,乙炔表压力调至(　　)MPa。

A. 0.02　　B. 0.05　　C. 0.20

23. 中性焰的氧-乙炔比为(　　)。

A. 1.0～1.2　　B. 小于1　　C. 大于1.2

参考答案

1. A　2. A　3. C　4. C　5. B　6. A　7. C　8. A　9. B
10. C　11. B　12. B　13. A　14. A　15. C　16. C　17. B　18. B
19. B　20. C　21. B　22. B　23. A

(二) 多项选择题

1. 列出气焊、气割时,发生回火的原因包括(　　)。

A. 枪嘴堵塞　　B. 气管过短　　C. 焊炬温度过高　　D. 焊炬温度过低

2. 气焊的火焰可分为(　　)。

A. 氧化焰　　B. 中性焰　　C. 碳化焰　　D. 小火焰

3. 当火焰能率太大,熔池温度太高时,容易产生(　　)缺陷。

A. 裂纹　　B. 未熔合　　C. 过热　　D. 过烧

参考答案

1. AC　　2. ABC　　3. CD

四、气割知识

(一) 单项选择题

1. (　　)是气割过程正常进行的基本条件。

A. 金属的燃点低于熔点

B. 金属的熔点与燃点相等

C. 金属的燃点高于熔点

2. (　　)的焊、割作业属于一级动火。

A. 小型油箱、油桶等容器　　B. 在对焊割作业有明显抵触的场所

C. 危险性一般的高处　　D. 没有明显危险因素的场所

3. 在狭窄环境和容器、管道内进行焊、割作业时,除清理易燃易爆和有毒物品外,必要时还要(　　)。

A. 对气体进行安全分析　　B. 灌进二氧化碳

C. 灌进其他惰性气体　　D. 罐进压缩空气

4. 储存(　　)瓶乙炔瓶时，应在现场或车间内用非可燃物间隔或单独的储存间。

A. 5　　B. 10　　C. 5～20　　D. 20

5. 当气焊与电焊在同一地点工作时，如果气瓶有带电的可能性，瓶底应垫以绝缘物，以防气瓶(　　)。

A. 漏气　　B. 带电　　C. 燃烧　　D. 受潮

6. 当乙炔温度超过 550℃，压力超过(　　)kgf/cm^2 时，就会发生爆炸性分解。

A. 0.1　　B. 0.3　　C. 1　　D. 1.5

7. 当乙炔与纯铜、银等金属长期接触后，会生成爆炸敏感性极大的化合物(　　)，当受到剧烈振动或温度达 110～120℃时就能爆炸。

A. 乙炔铜　　B. 乙炔银　　C. 次氯酸盐　　D. A 和 B

8. 登高焊割作业时，在火星所及范围内，必须彻底清除易燃易爆物品。同时，应注意风向和风力，遇六级以上风力时，应停止高空作业。若作业点下方的可燃物无法移动时，可(　　)。

A. 就地焊割　　B. 用石棉板覆盖遮严

C. 用塑料膜覆盖　　D. 用木板覆盖

9. 电石起火时要用干砂或(　　)灭火。

A. 四氯化碳灭火器　　B. 水

C. 二氧化碳灭火器　　D. 泡沫灭火器

10. 对(　　)进行焊(割)，属于二级动火。

A. 各种受压容器　　B. 小型油箱

C. 危险性较大的登高焊(割)　　D. 以上都是

11. 二级动火由(　　)审批。

A. 厂安全部门　　B. 厂主管领导

C. 班组　　D. 车间

12. 凡供乙炔使用的工具都不能用银和铜含量在(　　)%以上的铜合金制成。

A. 20　　B. 30　　C. 50　　D. 70

13. 凡是(　　)，焊工有权拒绝焊、割。

A. 不了解焊、割现场周围情况　　B. 已经卸压的压力容器和管道

C. 登高作业　　D. 以上都是

14. 凡是(　　)，焊工有权拒绝焊割。

A. 不了解焊、割现场周围情况　　B. 已经卸压的压力容器和管道

C. 登高作业　　D. 已清洗的油箱

15. 凡属下列情况(　　)进行焊、割作业为二级动火。

A. 登高焊、割作业　　B. 临时进行动火焊、割作业

C. 非固定的焊、割作业　　D. 对各种受压容器焊、割作业

16. 凡属下列情况(　　)进行焊、割作业为三级动火。

A. 对各种受压容器　　B. 禁火区域内

C. 小型的油箱、油桶等容器　　D. 没有明显危险因素的场所

17. 凡属下列情况(　　)进行焊、割作业为一级动火。

A. 油罐、油箱　　B. 小型油箱、油桶

C. 登高焊、割作业　　D. 没有明显危险因素的场所

18. 高压氧气与(　　)等物质接触时,会产生自燃,因此,凡与高压氧接触的工具、管道,严禁粘有该物质。

A. 水　　B. 油脂　　C. 尘土　　D. 水泥

19. 根据国家规定,取得《特种作业人员操作证》者,每(　　)年进行一次复审。

A. 1　　B. 2　　C. 3　　D. 0.5

20. 国家规定,在离地面(　　)米及以上的地点进行包括焊、割在内的各种作业,称为高处作业。

A. 2　　B. 3　　C. 5　　D. 1

21. 焊割接作业结束后,应检查场地,以免留下(　　),因蔓燃而引起火灾。

A. 焊条头　　B. 熔渣　　C. 火种　　D. 焊割工具

22. 回火的原因是:在气焊或气割过程中由于堵塞等各种原因,使混合气体的喷射速度(　　)混合气体的燃烧速度,混合气体产生的火焰自焊炬向乙炔胶管内逆燃。

A. 大于　　B. 小于　　C. 等于　　D. 远大于

23. 回火防止器应定期(　　)拆卸清洗一次。

A. 2~3 天　　B. 半年　　C. 每个月　　D. 每周

24. 检查焊炬的射吸情况时,可在接通氧气后,将手指按在乙炔气的接头上,若手指感到(　　),则表示射吸能力正常。

A. 有吸力　　B. 有压力　　C. 无吸力　　D. 无压力

25. 金属在氧气中的(　　)是氧-乙炔正常切割的最基本条件。

A. 燃烧点低于熔点　　B. 燃烧点高于熔点

C. 燃烧点等于熔点　　D. 无要求

26. 禁止在(　　)的容器上进行焊割。

A. 带有压力　　B. 有夹层　　C. 生锈　　D. 无铭牌

27. 可燃物质和空气的混合物能够发生爆炸的(　　)称为爆炸下限。

A. 最高浓度　　B. 最低浓度　　C. 平均浓度　　D. 临界浓度

28. 每个岗位式回火防止器只能供(　　)把焊炬使用。

A. 1　　B. 2　　C. 3　　D. 4

29. 气割低碳钢时,被切割氧所吹走的是(　　)。

A. 熔化的金属

B. 熔化的金属氧化物

C. 熔化的脏物

30. 气割设备、附件及管道的漏气,只准用(　　)检验。

A. 煤油　　B. 明火　　C. 肥皂水　　D. 以上都可以

31. 气割时,预热火焰应该应用(　　)。

A. 中性焰　　B. 氧化焰　　C. 碳化焰　　D. 以上都可以

32. 气焊、气割设备、附件及管道漏气时，只允许用(　　)检验。

A. 煤油　B. 明火　C. 肥皂水　D. 汽油

33. 气焊作业中出现回火时，应立即关闭焊、割炬的(　　)阀门，然后关闭其他阀门。

A. 氧气、切割氧　B. 减气阀　C. 乙炔　D. A和B

34. 气瓶放气速度(　　)，气体迅速流经阀门时产生静电火花，从而引起爆炸。

A. 太快　B. 太慢　C. 不均匀　D. B或C

35. 如果氧气瓶内的气体用尽了，在充气之前不能检验和辨别瓶内气体，并在使用时可能造成可燃气体倒流至氧气瓶内，与钢瓶内的残留氧气形成(　　)，从而导致钢瓶爆炸事故。

A. 爆炸性混合物　B. 压力　C. 气流　D. B和C

36. 三级动火由(　　)审批。

A. 车间　B. 工会　C. 安全部门　D. 消防部门

37. 燃烧是强烈的(　　)反应，并伴随由光和热同时发生的化学现象。

A. 氧化　B. 分解　C. 复合　D. 分裂

38. 使用乙炔瓶的现场，其储存量不得超过(　　)瓶。

A. 2　B. 3　C. 5　D. 10

39. 随着碳钢含量的增加，用氧-乙炔火焰切割越不易，这主要是(　　)。

A. 熔点降低，燃点升高

B. 熔点及燃点都没变化

C. 熔点增高，燃点降低

40. 铜或(　　)和乙炔长时间接触后，其表面所生成的化合物受到冲击时，就会发生爆炸。

A. 铝　B. 银　C. 锡　D. 铅

41. 为防备由焊、割作业而引起的火灾、爆炸事故，在作业现场应放置(　　)。

A. 消防器材　B. 通风设备　C. 除尘设备　D. 以上都要

42. 为防备由焊、割作业而引起的火灾、爆炸事故发生在气焊、割作业现场应放置(　　)。

A. 消防器材　B. 通风设备　C. 吸尘设备　D. 警告装置

43. 为了检验和辨别瓶内气体、氧气瓶要保有(　　)MPa的压力。

A. 0.1　B. 0.3　C. 0.1～0.3　D. 1

44. 下列灭火器材(　　)在气焊、气割中不允许使用。

A. 水　B. 二氧化碳　C. 四氯化碳　D. 干粉

45. 下面不正确使用焊、割炬的情况有(　　)。

A. 使用前检查其射吸能力　B. 检查其他割气体通道是否正常

C. 使用后放在地上　D. 检查各气体通路、阀门有否沾有油脂

46. 下面乙炔站在厂区的布置是不符合安全要求的有(　　)。

A. 宜靠近主要用户处

B. 严禁布置在易被水淹没的地方

C. 应布置在人员密集区和主要交通要道处

D. 乙炔站房的墙上不允许穿过任何管线

47. 氧气的压力会随着温度的升降而变化，当氧气瓶(　　)，就会引起瓶内压力增高，导致发生爆炸。

A. 受到雨淋　　B. 靠近热源，被太阳曝晒

C. 靠近风源　　D. 处于低温状态

48. 氧气或乙炔橡胶管不能过长或过短，一般使用(　　)长的橡胶管为宜。

A. 5～8m　　B. 10～20m　　C. 30～35m　　D. 40～45m

49. 氧气胶管和乙炔胶管与热源的距离应不小于(　　)。

A. 0.3m　　B. 0.5m　　C. 0.8m　　D. 1m

50. 氧气瓶、乙炔发生器与明火距离应在(　　)以上。

A. 3m　　B. 5m　　C. 10m　　D. 50m

51. 氧气瓶、乙炔发生器(乙炔瓶)在没有任何防护措施的情况下，与明火的距离应在(　　)以上。

A. 10m　　B. 7m　　C. 3m　　D. 0.5m

52. 氧气瓶的涂色是(　　)色。

A. 天蓝　　B. 灰　　C. 黑　　D. 白

53. 氧气瓶阀门或附件检修时，沾有油脂可用(　　)进行清洗。

A. 汽油　　B. 柴油　　C. 四氯化碳　　D. 以上都可以

54. 氧气瓶和乙炔瓶属压力容器，应每(　　)年检测一次。

A. 1　　B. 2　　C. 3　　D. 4

55. 氧气瓶与乙炔瓶距离焊割位置应在(　　) 以上。

A. 10m　　B. 7m　　C. 8m　　D. 20m

56. 氧气瓶属压力容器，应(　　)年监测一次。

A. 1　　B. 2　　C. 3　　D. 0.5

57. 氧气软管着火时，应迅速关闭(　　)阀门。

A. 乙炔瓶　　B. 氧气瓶　　C. 焊(割)炬　　D. 没有先后要求

58. 氧气橡胶管是(　　)色。

A. 红　　B. 绿　　C. 黄　　D. 黑

59. 氧气橡胶软管须经压力试验，其试验压力为(　　)个大气压。

A. 5　　B. 10　　C. 15　　D. 20

60. 氧-乙炔的切割过程是(　　)的过程。

A. 预热—燃烧—熔化—吹渣　　B. 预热—燃烧—吹渣

C. 预热—熔化—吹渣　　D. 预热—吹渣

61. 一级动火由(　　)审批。

A. 厂主管领导　　B. 安全部门　　C. 班组　　D. 消防部门

62. 乙炔发生器的防爆片(安全膜)，一般是用(　　)制成。

A. 薄铜片　　B. 薄铝片　　C. 薄铁片　　D. 橡皮片

63. 乙炔发生器的回火装置作用是发生回火时防止火焰进入储气罐、主罐或进入乙

炔管道内,主要有(　　)。

A. 水封式回火防止器　　B. 干式回火防止器

C. 橡皮片回火防止器　　D. A和B

64. 乙炔发生器与车间的距离不小于(　　)。

A. 10m　　B. 15m　　C. 20m　　D. 30m

65. 乙炔发生器着火时,要先关闭出气管阀停止供气,使电石与水脱离接触,并可用(　　)灭火器或干粉灭火器扑救。

A. 二氧化碳　　B. 泡沫　　C. 四氯化碳　　D. B和C

66. 乙炔既是(　　)气体,又是易爆性气体。

A. 可燃性　　B. 助燃　　C. 自燃　　D. 难燃

67. 乙炔瓶处于(　　)状态,使乙炔随丙酮流出,引起爆炸。

A. 卧放　　B. 直立　　C. 斜放　　D. B或C

68. 乙炔瓶内的乙炔不能用尽,必须留有(　　)MPa余压。

A. 0.05　　B. 0.1　　C. 0.05～0.1　　D. 1

69. 乙炔瓶与明火或散发火花的地点距离不得小于(　　),且不能设在地下室或半地下室。

A. 5m　　B. 8m　　C. 10m　　D. 15m

70. 乙炔气瓶的涂色为(　　)色。

A. 天蓝　　B. 白　　C. 黑　　D. 灰

71. 乙炔橡胶管是(　　)色。

A. 天蓝　　B. 绿　　C. 黑　　D. 白

72. 乙炔橡胶软管须经压力试验,其试验压力为(　　)个大气压。

A. 5　　B. 10　　C. 15　　D. 20

73. 乙炔与(　　)等金属长期接触容易发生爆炸。

A. 铜、银　　B. 铝、锡　　C. 镍、钛

74. 在地下室、隧道、金属容器以及比较密闭的场所内进行焊割作业时,照明行灯应采用安全距离(　　)。

A. 6m　　B. 12m　　C. 24m　　D. 36m

75. 在地下室、隧道、金属容器以及比较密闭的场所进行焊割作业时,照明一律采用(　　)。

A. 12V　　B. 24V　　C. 36V　　D. 220V

76. 在进行氧-乙炔切割时,预热火焰能率与割件厚度(　　),同时,应与气割速度相适应。

A. 成正比　　B. 成反比　　C. 关系不大　　D. 没有关系

77. 在水泥地面上切割时应(　　)工件,以防锈皮和水泥地面爆溅伤人。

A. 垫高　　B. 放平　　C. 检查　　D. 无须检查

参考答案

1. A　2. B　3. A　4. C　5. B　6. D　7. D　8. B　9. C

10. B	11. A	12. D	13. A	14. A	15. C	16. D	17. A	18. B
19. B	20. A	21. C	22. B	23. C	24. A	25. A	26. A	27. B
28. A	29. B	30. C	31. A	32. C	33. C	34. A	35. A	36. A
37. A	38. C	39. A	40. B	41. A	42. A	43. C	44. A	45. C
46. C	47. B	48. B	49. D	50. C	51. A	52. A	53. C	54. B
55. A	56. B	57. B	58. A	59. D	60. B	61. A	62. B	63. D
64. D	65. A	66. A	67. A	68. C	69. D	70. B	71. B	72. A
73. A	74. B	75. B	76. A	77. A				

（二）判断题

1. 被切割金属材料的燃点高于熔点是保证切割过程顺利进行的基本条件。（　）

2. 存放、运输和使用氧气瓶时，应防止阳光直接曝晒以及其他高温热源的辐射加热，以免引起气体膨胀而爆炸。（　）

3. 防爆膜（片）可以用铜片或铁片代替。（　）

4. 割炬回火时应立即关闭切割氧气和预热氧气阀门，然后关闭乙炔阀门。（　）

5. 焊、割炬的点火程序是：先开启氧气手轮后开启乙炔手轮。（　）

6. 焊割作业中发生回火倒燃进入氧气胶管时，只要清洁一下，便可继续使用。（　）

7. 焊炬熄火时，应先关乙炔调节手轮，然后再关氧气手轮。（　）

8. 回火就是在气焊或气割过程中，由于某些原因，使气体火焰进入喷嘴内逆向燃烧的现象。（　）

9. 金属的气割过程是预热、燃烧和吹渣的过程。（　）

10. 金属气割过程的实质是金属在纯氧中燃烧的过程，而不是金属的熔化过程。（　）

11. 进入容器内焊割时，点火和熄火可以在容器内进行。（　）

12. 开启氧气阀门时，要用专用工具，动作要缓慢 。（　）

13. 没有减压器的氧气瓶也可以使用。（　）

14. 气焊、气割时的主要劳动保护措施是通风措施和个人措施。（　）

15. 气焊、气割用的气瓶有二氧化碳、液化石油气瓶和溶解乙炔气瓶。（　）

16. 气焊工、气割工必须穿戴规定的工作服、手套和护目镜。（　）

17. 气焊护目镜的作用是保护焊工眼睛不受火焰亮光的刺激，以及清楚地观察熔池和进行操作。（　）

18. 溶解乙炔瓶只能直立，不能卧放，这主要是为了防止丙酮流出。（　）

19. 溶解乙炔与由乙炔发生器直接得到的气态乙炔相比，前者纯度高，有害杂质和水分含量较少。（　）

20. 溶解乙炔与由乙炔发生器直接得到的气态乙炔相比，前者压力高，能保证焊炬和割炬的工作稳定。（　）

21. 氧气管着火时，可用弯折的办法来消除氧气软管的着火。（　）

22. 氧气既是可燃性气体，又是助燃性气体。（　）

23. 氧气瓶在运输时必须装上瓶帽,不能和装有可燃气体的气瓶、油料及其他可燃物同车运输。 ( )

24. 氧-乙炔切割是金属在切割氧射流中剧烈燃烧(氧化),同时生成氧化物熔渣和产生大量的反应热,并利用切割氧的动能吹除熔渣,使割件形成切口的过程。 ( )

25. 乙炔的爆炸极限范围极大,在空气中有大量的乙炔才能引起爆炸。 ( )

26. 乙炔发生器的防爆泄压装置有安全阀、泄压膜。 ( )

27. 乙炔发生器的指示装置只有压力表、温度计。 ( )

28. 乙炔胶管和氧气胶管是可以互相代用的。 ( )

29. 乙炔能溶解在浸满丙酮的多孔填料中,故乙炔才能储存于瓶内。 ( )

30. 乙炔瓶严禁与氯气瓶、氧气瓶及易燃物品同室存放。 ( )

31. 乙炔软管着火时,可用弯折前面一段胶管的办法将火熄灭。 ( )

32. 乙炔在常温常压下是无色气体。工业用的乙炔混有磷化氢、硫化氢等杂质,因而具有刺鼻的臭味。 ( )

33. 在高空气焊或气割时,必须使用合格的安全带。 ( )

34. 在焊割作业中出现回火时,应立即关闭焊、割炬的氧气阀门,然后再关闭乙炔阀门。 ( )

参考答案

1. × 2. √ 3. × 4. √ 5. × 6. × 7. √ 8. √ 9. √
10. √ 11. × 12. √ 13. × 14. √ 15. √ 16. √ 17. √ 18. √
19. √ 20. √ 21. × 22. × 23. √ 24. √ 25. × 26. √ 27. ×
28. × 29. √ 30. √ 31. √ 32. √ 33. √ 34. ×

第二节 焊工上岗证复审试题精选

一、电焊知识

(一) 单项选择题

1. ( )焊、割作业属于一级动火。其审批程序为:填写动火申请单,提出安全实施方案,经厂主管领导审批。最后由厂部向上级主管部门提出报告,经审批同意后才能动火。

A. 小型的油箱、油桶等容器 B. 现场堆有大量的可燃和易燃物质
C. 危险性一般的高空作业 D. 登高焊、割作业

2.《电业安全工作规程》中规定,设备对地电压在( )以上者为高压,以下为低压。

A. 110V B. 250V C. 380V D. 220V

3. 安装电焊机空载自动断电保护装置可避免焊工在( )时接触二次回线的带电体而造成触电事故。

A. 戴手套 B. 敲焊渣

C. 更换焊条 D. 电焊机转移工作地点

4. 按规定，焊工离地面（　）及以上的地点进行焊、割作业，称为登高焊割作业。

A. 2m B. 3m C. 5m D. 6m

5. 保持身体干燥，穿戴符合标准的劳保护具，（　）人体电阻的数值是防止触电的关键之一。

A. 减少 B. 增加 C. 保持 D. 改变

6. 保护接零是在（　）制系统中，用导线把金属机壳和零干线连接起来。

A. 单相 B. 三相三线 C. 三相四线 D. 三相五线

7. 必须（　），才能在一、二、三级动火范围内进行焊、割作业。

A. 办理动火审批手续后 B. 在生产部门安排下

C. 由熟练焊工操作 D. 由公安部门审批后

8. 常用的电焊设备分为（　）大类。

A. 一 B. 二 C. 三 D. 四

9. 触电者脱离电源后，如果触电者心脏停止了跳动，应立即采用（　）法抢救。

A. 口对口人工呼吸法 B. 胸外心脏按压法

C. 两种方法同时进行 D. 急电 120 抢救

10. 带压不置换焊补要严格控制容器内含氧量，使可燃气体浓度大大超过（　），从而不能形成爆炸性混合物。

A. 爆炸下限 B. 爆炸上限

C. 平均浓度 D. 爆炸极限

11. 单相触电是指人体在地面或其他接地导体上，人体的某一部位触及（　）相带电体的触电事故。

A. 一 B. 二 C. 三 D. B 和 C

12. 当采用低氢焊条（含有氟化钙）或进行高锰钢堆焊时，必须采用全面或局部（　）措施。

A. 降温 B. 通风 C. 保护 D. A 和 C

13. 当触电者脱离电源后，如果触电者呼吸停止，但仍有心跳，应采用（　）法抢救。

A. 口对口人工呼吸 B. 胸外心脏按压

C. A 和 B D. 急电 120 抢救

14. 当电焊机二次线圈一端接地或接零时，则焊件本身（　）接地或接零。

A. 还应 B. 不应

C. 可接可不接 D. 视具体情况而定

15. 当电焊机绝缘损坏使焊机外壳带电或电源电压转移到焊接回路中时，由于有了（　），当焊机漏电时，可使电流减小或熔断保险丝，保障人身安全。

A. 接地或接零保护 B. 空载保护装置

C. 通风装置 D. 空气开关

16. 当发现有人触电时，若电源开关一时无法拉开或开关在远处，可用（　）。

A. 手把电线拉断　B. 绝缘工具切断电线
C. 一般利器切断电线　D. A和C

17. 当焊接变压器二次线圈一端接地或接零时，如果焊件再接地或接零，一旦电焊回路接触不良，大的焊接工作电流可能会通过接地线或接零线，因而将地线或零线(　　)。这不但使人身安全受到威胁，而且容易引起火灾。

A. 连通　B. 熔断　C. 带电　D. 短路

18. 当通过人体的直流电流超(　　)时，会使人的肌肉痉挛，呼吸困难，时间过长就会有生命危险。

A. 30mA　B. 50mA　C. 80mA　D. 100mA

19. 登高焊割作业时，地面应设(　　)，焊机电源开关设在监护人近旁。

A. 照明装备　B. 警报系统　C. 专人监护　D. 消防器材

20. 电焊工操作时在(　　)的情况下必须切断电源。

A. 更换焊条　B. 转移工作地点　C. 调试焊接电流　D. A和C

21. 电焊工操作时在(　　)情况下必须切断电源。

A. 改接二次线　B. 更换焊条
C. 连续焊接超过30分钟　D. 调试焊机焊接电流

22. 电焊工作环境按触电危险性分为(　　)类。

A. 一　B. 二　C. 三　D. 四

23. 电焊机(　　)放在动火焊割的密室内。

A. 不准　B. 可以　C. 视情况酌情可　D. 无规定

24. 电焊机、电缆等带电体，应与其他物体之间保持一定的(　　)。

A. 角度　B. 安全距离　C. 绝缘　D. A和C

25. 电焊机的接地(接零)线及电焊工作回线不准搭在(　　)上。

A. 易燃易碎物品及机床　B. 焊件
C. 挡弧板　D. B和C

26. 电焊机的接电源、检修和接地等工作均应由(　　)进行。

A. 焊工　B. 电工　C. 钳工　D. NULL

27. 电焊机的空载电压比工作电压高，一般为(　　)，高于安全电压。当工作环境潮湿、鞋袜等防护用品潮湿；焊工劳累出汗或雨天作业没有充分的防护用品时最易遭电击。

A. 10～40V　B. 50～90V　C. 100～150V　D. 20～30V

28. 电焊机空载时，接触二次侧带电体(　　)。

A. 是安全的　B. 有触电感觉，但不危险
C. 是危险的，会触电身亡　D. 令人有麻痹感觉

29. 电焊机漏电、人体触及带电的壳体而触电属于(　　)电击。

A. 直接　B. 间接　C. 高压　D. 低压

30. 电焊机启动后，尚未开始焊接时电焊机(　　)端的电压，叫电焊机的空载电压。

A. 接地　B. 一次　C. 二次　D. A或B

31. 电焊机因长期超负荷使用而发热，会导致(　　)。

A. 焊条药皮发红　　B. 焊钳绝缘不良

C. 内部线路绝缘能力降低而漏电　　D. 焊接质量较低

32. 电焊机暂载率的公式表达方式如下：暂载率=(在选定的工作周期内焊机负载时间÷选定的工作周期)×100%。如选定的工作周期为 5 分钟，焊机的负载时间为 3 分钟，焊机的暂载率应为(　　)。

A. 30%　　B. 50%　　C. 60%　　D. 70%

33. 电焊机着火时，首先要(　　)然后再扑救。

A. 拉闸断电　　B. 喷水　　C. 拉开电焊机　　D. 拨打 119

34. 电焊设备的装设、检查和修理工作，必须在(　　)后进行。

A. 接通电源　　B. 穿戴好防护用品

C. 切断电源　　D. 有人监护

35. 对成年人进行抢救，施用胸外心脏按压法时，每分钟挤压(　　)次为宜。

A. 30　　B. 60　　C. 90　　D. 100

36. 对储存过易燃易爆化学物品的设备、容器必须用(　　)进行彻底清洗，并经测爆确认安全后，方可动火进行焊、割。

A. 汽油　　B. 柴油　　C. 热水及碱液　　D. 煤油

37. 对汽车进行电焊时，若拆掉油箱确有困难，可把油箱内的汽油放干净后，在油箱内罐满(　　)后再施焊。

A. 清水　　B. 柴油　　C. 机油　　D. 煤油

38. 对于因触电造成呼吸微弱且无心跳者，应马上(　　)抢救。

A. 送医院

B. 施行胸外心脏按压法

C. 施行胸外心脏按压法和人工呼吸法

D. 急呼 120 急救中心

39. 凡是(　　)，焊工有权拒绝焊割。

A. 不了解焊、割现场周围情况

B. 已经卸压的压力容器和管道

C. 登高作业

D. 已经彻底清洗的盛装过易燃易爆有毒物质的容器

40. 高空作业时，焊工应系安全带，焊接电缆不准缠在(　　)上。

A. 工件　　B. 身　　C. 登高架　　D. 护栏

41. 根据国家规定，取得《特种作业人员操作证》者，每(　　)年进行一次复审。

A. 1　　B. 2　　C. 3　　D. 4

42. 更换工作场地时，应停机断电，不得手持(　　)爬梯登高。

A. 面罩　　B. 焊条　　C. 焊接电缆及焊钳　　D. 护目镜

43. 焊工长期吸入(　　)卫生标准的焊接烟尘时，有可能导致焊工尘肺、金属热和锰中毒等职业疾病。

A. 达到　B. 低于　C. 超过　D. 大大超过

44. 焊接电弧分为(　)个区域,其中阳极的温度最高。

A. 一　B. 二　C. 三　D. 四

45. 焊接电弧就是在两个电极之间的气体间隙中产生持久而强烈的(　)现象。

A. 放电　B. 放热　C. 高温　D. 烟雾

46. 焊接电缆截面积大小应由焊接电流的大小来决定。当最大焊接电流为130～200A时,焊接电缆的截面积应为(　)。

A. $25mm^2$　B. $50mm^2$　C. $70mm^2$　D. $95mm^2$

47. 焊接烟尘主要是由于(　)的蒸发而产生的。

A. 金属元素　B. 水分　C. 焊条药皮　D. 尘土

48. 焊接有色金属工件时,应注意(　)。

A. 防止爆炸　B. 通风排毒　C. 高温中暑　D. 污染

49. 焊条药皮的主要作用是(　)。

A. 除去工件坡口处的油、锈

B. 减少工件变形

C. 改善焊条工艺性能、保护焊缝金属

D. 提高焊接效率

50. 红外线对人体的危害主要是引起(　)作用,使人产生热的感觉,甚至组织的灼伤和强烈的灼痛。

A. 光化学　B. 热　C. 电磁　D. 高温

51. 黄、绿色遮光镜片阻隔(　)效果较好。

A. 红外线　B. 紫外线

C. 红外线、紫外线的综合防护　D. X射线

52. 金属焊接电弧是(　)通过焊条(或焊丝)与焊件之间气体空间的导电现象。

A. 电压　B. 电流　C. 电荷　D. B和C

53. 进行置换动火所采用的气体一般是(　)。

A. 氮气、水蒸气　B. 氢气

C. 氧气　D. 乙炔气

54. 两相触电是指人体(　)触及两相带电体的触电事故。由于人体所承受的电压高,流经人体的电流大,故两相触电对人体危险性更大。

A. 多处　B. 一处　C. 两处同时　D. A和B

55. 人体自身电阻会由于皮肤潮湿、损伤、精神疲劳、健康状况不佳而(　)。

A. 上升　B. 下降　C. 稳定不变　D. 稍微上升

56. 施工现场发生触电事故时,应采取的办法是迅速(　)。

A. 切断电源　B. 呼叫他人前来处理

C. 打电话通知动力部门停电　D. 急呼120急救中心

57. 水下焊接电源必须采用(　)。

A. 直流焊机　B. 交流焊机　C. 小型变压器　D. 安全电器

58. 通常采用的工频交流电对人的安全来说是(　　)的频率。

A. 最危险　　B. 最安全　　C. 最合理　　D. 最合适

59. 推闸刀开关时，身体要偏离斜，要(　　)推足到位。

A. 慢慢　　B. 一次　　C. 逐次　　D. A和C

60. 为防备由焊、割作业而引起火灾、爆炸事故发生，在作业现场应放置(　　)。

A. 消防器材　　B. 通风装置　　C. 防尘设备　　D. 挡板

61. 为预防焊接烟尘、有毒气体的伤害，在技术条件允许的情况下，尽量选用含(　　)及其他有害物质少的酸性焊接材料。

A. 锰、氟化钙　　B. 铜、镍　　C. 钛　　D. B和C

62. 一般来说，当通过人体的交流电流大于(　　)mA时，会使人肌肉痉挛，呼吸困难，时间过长会有生命危险。

A. 80　　B. 50　　C. 30　　D. 40

63. 一般人体自身的电阻为(　　)。

A. 250～300Ω　　B. 650～1000Ω　　C. 1000～2000Ω　　D. 800～1500Ω

64. 一般选择焊接电缆的长度为(　　)。

A. 5～10m　　B. 20～30m　　C. 35～40m　　D. 45～50m

65. 一台焊接变压器内掉入一根金属丝，若金属丝的一端碰到变压器线圈的线头，另一端碰到电焊机的外壳会导致(　　)。

A. 电缆着火　　B. 漏电　　C. 电焊机爆炸　　D. A和B

66. 在(　　)内焊、割，属于在特别危险环境作业。

A. 居民生活区　　B. 机械车间　　C. 电镀酸洗车间　　D. 汽修车间

67. 在高空焊接作业遇到(　　)级以上风力时，应停止作业。

A. 八　　B. 六　　C. 三　　D. 十

68. 在锅炉房、铸造、电镀酸洗车间、容器管道内和金属构架上的焊接操作属于(　　)工作环境。

A. 普通　　B. 危险　　C. 特别危险　　D. 较危险

69. 在接线或调节电焊设备时，手或身体某部位碰到接线柱、极板等带电体而触电，属于(　　)电击。

A. 间接　　B. 直接　　C. 高压　　D. 低压

70. 在金属容器内焊接作业时，外面应有(　　)。

A. 照明设备　　B. 通风设备　　C. 人员监督　　D. 通信设备

71. 在金属容器内进行焊接作业时，照明行灯的变压器(　　)。

A. 不准放置于金属容器内　　B. 不准放置于金属容器外

C. 应就近随身携带　　D. 视具体情况而定

72. 在进行口对口人工呼吸急救时，救护人向触电者口内吹气，时间约2秒；在吹完气后，让触电者自行呼气，时间约(　　)。

A. 2s　　B. 3s　　C. 5s　　D. 8s

73. 在密闭空间焊、割作业前，必须认真对作业场所内外的情况进行了解，如看看室内是否有易燃易爆物品,必要时应(　　)。

A. 进行清洗　　B. 灌入氧气　　C. 取样分析　　D. A 和 B

74. 在密闭容器内焊、割作业时,不得将电焊机放在(　　)。

A. 容器内　　B. 容器外

C. 地面　　D. 视具体情况而定

75. 在喷漆场所进行焊接作业,若未采取足够的安全措施,往往容易发生(　　)事故。

A. 火灾和爆炸　　B. 中毒　　C. 触电　　D. 污染

76. 在人多的地方进行焊、割作业时,应(　　),挡住弧光。

A. 装设挡弧板　　B. 每人戴焊接面罩

C. 叫众人走开　　D. 有吸尘装置

77. 在容器内焊割作业时使用的行灯,其安全电压不得超过(　　)。

A. 12V　　B. 24V　　C. 36V　　D. 42V

78. 在三相三线制或单相制系统中,用导线将电焊机金属外壳与地线连接起来,称为(　　)。

A. 保护接零　　B. 保护接地　　C. 短路　　D. 工作接地

79. 紫外线辐射对人体的伤害是由于(　　)的作用,它主要造成皮肤和眼睛的损害。

A. 热　　B. 光化学　　C. 电磁　　D. 高温

参考答案

1. B　2. B　3. C　4. A　5. B　6. C　7. A　8. C　9. B
10. B　11. A　12. B　13. A　14. B　15. A　16. B　17. B　18. C
19. C　20. B　21. A　22. C　23. A　24. B　25. A　26. B　27. B
28. C　29. B　30. C　31. C　32. C　33. A　34. C　35. B　36. C
37. A　38. B　39. A　40. B　41. B　42. C　43. C　44. C　45. A
46. A　47. A　48. B　49. C　50. B　51. C　52. A　53. A　54. C
55. B　56. A　57. A　58. A　59. B　60. B　61. A　62. C　63. D
64. B　65. B　66. C　67. B　68. C　69. B　70. C　71. A　72. B
73. C　74. A　75. A　76. A　77. A　78. B　79. B

(二) 判断题

1. 常用电焊设备有旋转式直流弧焊机、交流弧焊机和硅整流焊机。(　　)
2. 空载电压是指电焊机启动后,尚未开始焊接时电焊机二次端的电压。(　　)
3. 空载电压比工作电压低。(　　)
4. 接零的相、零线错接会造成设备意外带电。(　　)
5. 据安全要求,焊接设备必须装设单独容量足够的控制装置。(　　)
6. 电焊机不应有适当的空载电压。(　　)
7. 电焊机所有带电的外露部位必须有完好、牢靠的隔离防护装置。(　　)

8. 我国规定选定电焊机的工作周期为10min。 ( )

9. 如在有接地(或接零)线的工件上(如机床上的部件等)进行焊接时,焊件上的接地线或接零线可不拆除。 ( )

10. 电焊机发生故障要维修时可不用切断电源。 ( )

11. 更换电焊机的保险丝时,必须切断电源。 ( )

12. 电焊机转移工作地点可不用切断电源。 ( )

13. 焊钳和焊枪应有良好的绝缘和隔热性能。 ( )

14. 焊接电缆的绝缘层的绝缘电阻不得小于0.5MΩ。 ( )

15. 焊接电缆的截面积是根据焊接电流的大小来选择。 ( )

16. 电焊机应尽量采用一根完整的焊接电缆。如需接长时,接头不应超过3个。 ( )

17. 电流对人体伤害主要有电击、电伤及电磁场生理伤害。 ( )

18. 电伤是指电流流过人体导致局部触电或全身触电。 ( )

19. 电击是指电流对人体外部造成的伤害。 ( )

20. 电流通过心脏和中枢神经危险性最大。 ( )

21. 人体电阻包括自身电阻和附加电阻两部分,自身电阻一般在800～1500Ω。 ( )

22. 电焊发生触电事故主要有直接电击和间接电击。 ( )

23. 在登高焊接时,触及或靠近高压网路引起的触电属于直接电击。 ( )

24. 电焊设备漏电、人体触及带电的壳体而触电属于间接电击。 ( )

25. 凡患有心脏病、高血压、眩晕症和突发性昏厥等妨碍本作业的其他疾病及生理缺陷者不得从事焊工工作。 ( )

26. 工作环境按触电危险可分为四类。 ( )

27. 具备下列条件之一：潮湿、有导电粉尘、炎热高温、泥、砖、金属地面属电焊危险工作的环境。 ( )

28. 锅炉房、容器管道内和金属构架上的焊接操作属特别危险工作环境。 ( )

29. 地下室、隧道、金属容器内以及较密闭的场所称为密闭空间。 ( )

30. 在金属容器内焊接作业使用的行灯的安全电压为36V。 ( )

31. 在密闭的容器内,气焊和电焊作业可同时进行。 ( )

32. 焊补未经安全处理或未开孔、洞的密封容器易引起爆炸和火灾事故发生。 ( )

33. 置换焊补的常用介质有氮气、二氧化碳、水蒸气和水等。 ( )

34. 水下焊接电源必须采用直流电,禁止使用交流电。 ( )

35. 焊接过程中的物理有害因素有电弧辐射、高频电磁的有害射线。 ( )

36. 焊接过程中的化学有害因素有焊接烟尘、臭氧、CO和氟化物。 ( )

37. 在电线附近登高焊、割作业时,必须停电,并在电闸上挂"有人工作"的警告牌。 ( )

38. 在登高焊割作业时,地面应设专人监护,焊机电源开关应设在监护人近旁。 ( )

39. 在登高焊割作业时,焊工必须穿戴防火安全带、穿绝缘鞋、戴安全帽和手套。 ( )

40. 燃烧的三要素是可燃物质、氧气或氧化剂和着火源。（　）

参考答案

1. √	2. √	3. ×	4. √	5. √	6. ×	7. √	8. ×	9. ×
10. ×	11. √	12. ×	13. √	14. ×	15. √	16. ×	17. √	18. ×
19. ×	20. √	21. √	22. √	23. √	24. √	25. √	26. ×	27. √
28. √	29. √	30. ×	31. ×	32. √	33. √	34. √	35. √	36. √
37. ×	38. √	39. √	40. √					

（三）多项选择题

1. 沈阳市二锅炉厂三车间在组装锅炉作业中，电焊工陈某踏在一只空汽油桶上焊接锅炉烟箱，作业地点离地面2m以上。当陈某从桶上下来时，将焊钳放在汽油桶上。不料夹在焊钳上的焊条头把汽油桶底烧穿了一个洞，桶内残留的汽油挥发的气体遇明火而发生爆炸。桶底飞起击中陈某的头部，当即死亡。造成这宗事故的原因是(　)。

A. 没有使用专业的高处作业工具

B. 工作环境潮湿

C. 陈某安全意识薄弱，采用了汽油桶作为登高焊接的作业工具，并把焊钳放在油桶上

D. 未办理动火审批手续

E. 陈某没有戴安全帽

2. 某船厂焊工周某在船台上进行焊接作业，周某的左手没有戴绝缘手套就去更换焊条，拿焊条的左手触电，并倒在船体上。当时，他衣服已经被汗水浸湿，倒地时夹在焊钳上的焊条头压在上身左侧心胸位置。虽然电焊机输出电压是74V，但由于电流大，触电后又没有及时发现，使周某触电死亡。造成这宗事故的原因是(　)。

A. 周某没有穿戴好劳动防护用品　　B. 没安装焊机空载自动断电装备

C. 没有良好的通风设施　　D. 现场无人监护

E. 触电时间长

3. 某船厂铆工陈某在一艘新建造的拖轮机舱内进行焊接，他呈卧跪姿势，右手扶着角铁工件，左手持焊钳。当陈某引弧提起焊条时，不慎将焊钳碰在左额角发际处。由于他脚未穿袜，且未提起鞋跟，故两脚跟裸露接触钢板，不幸触电倒下。两分钟后陈某才被发现，经抢救无效死亡。造成这宗事故的原因是(　)。

A. 未系安全带　　B. 陈某无焊工操作证，未经培训便上岗

C. 没有穿戴好防护用品　　D. 工作环境有积水

E. 现场无人监护

4. 某厂要将一装过甲苯的铁桶进行改装。该厂当时派了无焊工操作证的外省临时工李某，在铁桶上用电焊机进行点焊。刚开始焊接不久，铁桶便发生了爆炸，李某的头部被炸伤，经抢救无效死亡。造成这宗事故的原因是(　)。

A. 李某无焊工操作证，未经培训便上岗

B. 没戴绝缘手套

C. 甲苯属危险品，未采取清洗、置换、测爆等安全措施就施焊

D. 未办理动火审批手续

E. 厂领导安全意识薄弱

5. 某造纸厂发生了一起高空坠落事故，事故是这样引起的：该厂因工作需要，自搭一个金属结构的大棚做临时堆放木料用。由于主管基建的副厂长孙某对安全极不重视，登高作业人员既不系安全带，大棚也没有挂安全网。因为赶进度，不是焊工的也从事焊接工作。事故发生当天，大棚顶刚刚封顶合拢，突然东边立柱焊缝开裂，3 名工人一起从高处坠下，1 人抢救无效死亡，其余 2 人摔成重伤。造成这宗事故的原因是(　　)。

A. 领导安全意识薄弱　　B. 工作环境潮湿

C. 未办理动火审批手续　　D. 焊工无证操作，焊缝质量差

E. 作业人员未佩戴好安全带

6. 某船厂聘请的外地工人刘某(无焊工操作证)，在一艘新造的拖轮储油柜内焊接。当时刘某使用的是一把厂里自制的焊钳，柜内只有他一人在工作。由于天气较热，储油柜内通风不好，异常闷热。刘某便从一个孔中伸出头部和上肢，歇息一下，然后缩回身子，回到储油柜内，准备继续焊接，但他忘记戴上绝缘手套便伸手抓住焊钳，当即触电。经人发现后，因触电时间过长抢救无效死亡。造成这宗事故的原因是(　　)。

A. 未办理动火审批手续

B. 刘某无焊工操作证上岗作业

C. 厂里违反规定，发给工人使用自制的焊钳，绝缘性能无保证

D. 无人进行监护

E. 刘某忘记戴上绝缘手套

参考答案

1. ACDE　2. ABCDE　3. BCE　4. ACDE　5. CDEA　6. ABCDE

二、气焊知识

(一) 单项选择题

1. (　　)的焊、割属于一级动火。

A. 小型油箱，油桶等容器　　B. 在与焊、割作业明显抵触的场所

C. 危险性一般的高处　　D. 临时进行动火焊、割

2. 出现回火时，应立即关闭焊、割炬的(　　)阀门，然后关闭其他阀门。

A. 氧气、切割氧　B. 减气阀　C. 乙炔　D. 回火器

3. 带压不置换焊补是严格控制容器内含氧量，使可燃气体浓度大大超过(　　)。

A. 爆炸上限　B. 爆炸下限　C. 爆炸极限　D. B 或 C

4. 当气焊与电焊在同一地点工作时，如果气瓶有带电的可能性，瓶底应垫以绝缘物，以防气瓶(　　)。

A. 漏气　B. 带电　C. 燃烧　D. 受潮

5. 当压力和温度达到(　　)时，乙炔就会发生爆炸性分解。

A. 550℃，1.5kgf/cm^2　　B. 500℃，1kgf/cm^2

C. 450℃，1kgf/cm^2　　D. 400℃，0.5kgf/cm^2

6. 电石起火要用干砂或(　　)灭火。

A. 四氯化碳灭火器　　B. 水

C. 二氧化碳灭火器　　D. 泡沫灭火器

7. 凡供乙炔使用的工具，都不能用银和铜含量在(　　)以上的合金制成。

A. 10%　　B. 30%　　C. 50%　　D. 70%

8. 凡是(　　)，焊工有权拒绝焊割。

A. 不了解焊、割现场周围情况　　B. 已经泄压的压力容器和管道

C. 高处作业　　D. 狭窄场所

9. 高压氧气与(　　)等物质接触时，会产生自燃。因此，凡与高压氧接触的工具管道严禁粘有该类物质。

A. 水　　B. 油脂　　C. 尘土　　D. 橡胶

10. 高压氧气与(　　)等物质接触时，会产生自燃。因而，与高压氧接触的工具、管道，严禁粘有该类物质。

A. 水　　B. 油脂　　C. 粉尘　　D. 泥土

11. 根据国家规定，取得《特种作业人员操作证》者，每(　　)年进行一次复审。

A. 一　　B. 二　　C. 三　　D. 四

12. 国家规定，离地面(　　)m 以上的地点进行包括焊、割在内的各种作业，称为高处作业。

A. 2　　B. 3　　C. 5　　D. 1

13. 焊接有色金属工件时，应注意(　　)。

A. 防止爆炸　　B. 通风排毒　　C. 高温中暑　　D. 触电

14. 焊接作业部位与外单位相接触，在未弄清(　　)，或明知危险而未采取有效的安全措施，不能焊、割。

A. 与外单位的关系好坏　　B. 作业部位是否为高处

C. 对外单位有无影响　　D. A 和 B

15. 焊接作业结束后，应检查场地，以免留下(　　)蔓燃引起火灾。

A. 焊条头　　B. 熔渣　　C. 火种　　D. A 和 B

16. 焊炬停止工作时，应先关(　　)。

A. 乙炔阀　　B. 氧气阀　　C. 切割气阀　　D. 压力阀

17. 回火的原因是：在气焊或气割过程中由于堵塞等各种原因，使混合气体的喷射速度(　　)于混合气体的燃烧速度，混合气体产生的火焰自焊炬向乙炔胶管内逆燃。

A. 大　　B. 小　　C. 等　　D. A 和 C

18. 回火防止器应每(　　)定期拆卸清洗一次。

A. 2～3 天　　B. 半年　　C. 月　　D. 年

19. 检查焊炬射吸情况的方法是在接通氧气后，将手指按在乙炔头上，若手指感到(　　)，则表示射吸能力正常。

A. 有吸引　B. 有压力　C. 无吸引　D. 无压力

20. 金属在氧气中的(　　)是氧-乙炔正常切割的最基本条件。

A. 燃烧点低于熔点　B. 燃烧点高于熔点

C. 燃烧点等于熔点　D. 燃烧点稍高于熔点

21. 进入容器内气焊时，点火和熄火都应在(　　)进行。

A. 容器内　B. 容器外　C. 低处　D. 高处

22. 禁止在(　　)的容器上进行焊、割。

A. 带有压力　B. 有夹层　C. 生锈　D. 裂纹

23. 据安全规定，使用乙炔气瓶的现场的储存量不得超过(　　)瓶。

A. 2　B. 5　C. 8　D. 10

24. 可燃物质和空气的混合物能够发生爆炸的(　　)称为爆炸下限。

A. 最高浓度　B. 最低浓度　C. 平均浓度　D. A 和 B

25. 每个岗位式回火防止器可供(　　)把焊炬使用。

A. 1　B. 2　C. 3　D. 5

26. 气焊在焊接(　　)的工件时，不像手工电弧焊那样容易烧穿。

A. 较薄、小　B. 较厚、大　C. 特行　D. 异形

27. 气焊火焰是由可燃气体(乙炔或液化石油气)与(　　)混合燃烧而形成的。

A. 氧气　B. 一氧化碳　C. 二氧化碳　D. 惰性气体

28. 气焊是利用(　　)的热量，加热熔化局部焊件和填充材料，使工件冷却后连接在一起的焊接方法。

A. 气焊火焰　B. 电源　C. 电阻热　D. B 和 C

29. 气焊用的氧气的纯度最低为(　　)。

A. 95%　B. 98.5%　C. 90%　D. 85%

30. 气瓶受到猛烈撞击后，钢瓶瓶体就会发生变形，使钢瓶应力集中，容易(　　)。

A. 破裂　B. 爆炸　C. 疲劳　D. A 和 B

31. 如果氧气瓶内的气体用尽了，在充气之前不能检验和辨别瓶内气体，并在使用时可能造成可燃气体倒流至氧气瓶内，与钢瓶内的残留氧气形成(　　)，从而导致钢瓶爆炸事故。

A. 爆炸性混合物　B. 压力　C. 气流　D. B 和 C

32. 氧气的压力随着温度的升降而变化，当氧气瓶(　　)，会引起瓶内压力增高，导致发生爆炸。

A. 受到雨淋　B. 靠近热源，被太阳曝晒

C. 靠近风源　D. 处于低温状态

33. 氧气或乙炔气的橡胶管不能过长或过短，一般使用(　　)m 长的胶管为宜。

A. 5～8　B. 10～20　C. 30～35　D. 40～45

34. 氧气胶管、乙炔胶管与热源的距离应不小于(　)m。

A. 1　B. 0.2　C. 0.5　D. 0.8

35. 氧气胶管是(　)色。

A. 红　B. 绿　C. 黄　D. 黑

36. 氧气瓶内的气体不允许用尽，一般要保留(　)的压力。

A. 0.1MPa　B. 0.3MPa　C. 1MPa　D. 0.1～0.3MPa

37. 氧气瓶与乙炔瓶在没有任何防护措施的情况下，它们与明火的距离应在(　)m以上。

A. 10　B. 7　C. 3　D. 1

38. 氧气橡胶胶管须经压力试验方可使用，试验压力为(　)个大气压。

A. 5　B. 10　C. 15　D. 20

39. 氧-乙炔切割过程是(　)的过程。

A. 预热-燃烧-熔化-吹渣　B. 预热-燃烧-吹渣

C. 预热-熔化-吹渣　D. A或C

40. 一级动火的申请单位由(　)审批。

A. 保卫部门　B. 车间主任　C. 厂主管领导　D. 公安部门

41. 乙炔发生器的防爆片(安全膜)，一般是用(　)制成。

A. 薄铜片　B. 薄铝片　C. 薄铁皮　D. 薄橡皮

42. 乙炔发生器压力不得超过(　)，并应有安全阀、压力表等。

A. 0.5MPa　B. 0.3MPa　C. 0.2MPa　D. 0.15MPa

43. 乙炔发生器着火时，要首先关闭出气管阀停止供气，使电石与水脱离接触，并可用(　)灭火器或干粉灭火器扑救。

A. 二氧化碳　B. 泡沫　C. 四氯化碳　D. B和C

44. 乙炔发生站一般距车间(　)。

A. 5m　B. 10m　C. 15m　D. 30m

45. 乙炔瓶的涂色为(　)色。

A. 天蓝　B. 白　C. 黑　D. 灰

46. 乙炔瓶内的乙炔不能用尽，必须留有余压(　)。

A. 0.05MPa　B. 0.1MPa　C. 0.05～0.1MPa　D. 1MPa

47. 乙炔瓶是利用乙炔溶解于(　)中来储存和运输的一种容器。

A. 水　B. 丙酮　C. 盐酸　D. 硫酸

48. 乙炔气瓶储存间与明火或散发火花的地点距离不得小于(　)，且不能设在地下室或半地下室。

A. 5m　B. 10m　C. 15m　D. 20m

49. 乙炔气瓶的输气速度不得超过(　)。

A. $1.2m^3/h$　B. $2m^3/h$　C. $1.2\sim2m^3/h$　D. $3m^3/h$

50. 乙炔橡胶胶管须经压力试验方可使用，试验压力为(　)个大气压。

A. 5　B. 10　C. 15　D. 20

51. 乙炔中含杂质磷化氢达(　　)以上时，遇空气能发生自燃。

A. 0.15%　　B. 0.08%　　C. 0.05%　　D. 0.10%

52. 在通常情况下，氧气是一种(　　)、无味的气体。

A. 蓝色　　B. 白色　　C. 黑色　　D. 无色

53. 在狭窄环境和容器管道内焊、割作业时，除清理易燃易爆和有毒物品外，必要时还要(　　)。

A. 对气体进行安全性分析　　B. 施放二氧化碳

C. 施放其他惰性气体　　D. 疏散人群

54. 置换焊补前用(　　)将原有的可燃物彻底排出，使容器内的可燃物含量降低到不能形成爆炸性混合物的条件，然后再进行焊补。

A. 惰性气体　　B. 汽油　　C. 氧气　　D. 压缩气体

参考答案

1. B	2. C	3. A	4. B	5. A	6. C	7. D	8. A	9. B
10. B	11. B	12. A	13. B	14. C	15. C	16. A	17. B	18. C
19. A	20. A	21. B	22. A	23. B	24. B	25. A	26. A	27. A
28. A	29. B	30. D	31. A	32. B	33. B	34. A	35. A	36. D
37. A	38. D	39. B	40. C	41. B	42. D	43. A	44. D	45. B
46. C	47. B	48. C	49. C	50. A	51. A	52. D	53. C	54. A

(二) 判断题

1. 操作焊炬和割炬时，为操作方便，可将胶软管背在背上操作。(　　)

2. 出游易燃易爆物质的常压容器管道的焊补方法有置换焊补和常压不置换焊补。(　　)

3. 当触电者脱离电源后，呼吸停止时，应立即采用口对口呼吸法抢救。(　　)

4. 当发现有人触电时，应迅速电召 120 急救中心抢救

5. 当通过人体的交流电超过 30mA，直流电超过 80mA 时，会使人死亡。(　　)

6. 防爆膜(片)可用铜片或铁片代替。(　　)

7. 回火是指混合气体不在焊、割炬的喷嘴外燃烧，而是在混合室内燃烧，并向乙炔胶管及乙炔气源方向逆燃的现象。(　　)

8. 检查氧气瓶是否漏气可用明火。(　　)

9. 据安全规定，禁止用易产生火花的工具区开启氧气或乙炔气阀门。(　　)

10. 没有减压器的氧气瓶不能使用。(　　)

11. 密闭空间是指地下室、隧道、金属容器内以及比较密闭的场所。(　　)

12. 气瓶的放气速度太快与安全无关。(　　)

13. 未经压力试验的代用品及变质、老化、脆裂、漏气的胶管及沾上油脂的胶管不准使用。(　　)

14. 氧气本身是不能燃烧的，但能助燃。(　　)

15. 氧气胶管与乙炔胶管可以相互代用或混用。(　　)

16. 氧气胶管与乙炔胶管停止使用后不准放在地上，应挂在适当的位置，免受挤压、损伤。 ( )

17. 氧气瓶检查的重点是瓶阀、接管螺丝和减压器等。 ( )

18. 氧气软管着火时，可用弯折的方法来清除氧气软管的着火。 ( )

19. 乙炔储存间应有专人管理，并挂“乙炔危险”、“严禁烟火”的明显标志牌。 ( )

20. 乙炔的爆炸极限范围极大，在空气中存有少量的乙炔就可能引起爆炸。 ( )

21. 乙炔发生器的安全装置有回火装置、防爆泄压装置和指示装置。 ( )

22. 乙炔和氧气新胶管使用前不用处理，即可接入气焊、气割炬使用。 ( )

23. 乙炔瓶可以卧放。 ( )

24. 乙炔瓶可与氯气瓶、氧气瓶及易燃物品同室存放。 ( )

25. 乙炔瓶使用时，减压器的输出压力，不得超过 2MPa。 ( )

26. 乙炔软管着火时，可用弯折前面一段胶管的方法将火熄灭。 ( )

27. 乙炔在常温常压下是无色气体，比重比空气略轻。 ( )

28. 在救护触电者时，救护人可直接用手或用金属、潮湿的物体作为救护工具。 ( )

29. 在露天进行气焊、气割作业时，阳光可直射在氧气瓶、乙炔瓶上。 ( )

30. 在密闭的容器内，可以同时进行气焊和电焊作业。 ( )

31. 在密闭空间焊、割作业的不安全因素有：空气不流通，光线不充足，活动受限制，场所不宽畅等。 ( )

32. 在气焊、割中，短时间休息时，可熄灭焊炬，关闭气瓶阀。 ( )

33. 在容器内焊接作业时，外面应设监护人及随时可控制的开关。 ( )

34. 在容器内使用的行灯的安全电压不得超过 24V。 ( )

35. 在现场或车间内存放 5～20 瓶乙炔瓶时，应用不可燃物间隔成单独的储存间。 ( )

参考答案

1. ×	2. √	3. √	4. ×	5. ×	6. ×	7. √	8. ×	9. √
10. √	11. √	12. ×	13. √	14. √	15. ×	16. √	17. √	18. ×
19. √	20. √	21. √	22. ×	23. ×	24. ×	25. ×	26. √	27. √
28. ×	29. ×	30. ×	31. √	32. ×	33. √	34. ×	35. √	

（三）多项选择题

1. 某单位有辆 1.5 吨油罐车需要焊补，由供应科负责安排。当油罐用龙门吊车卸下时，该科负责人想试验一下罐内是否还有汽油余气，便从地上拾起一张纸，点燃后往罐口扔，但没扔进去。接着，他便攀上油罐，左脚蹬在油罐的卸油阀上，右脚踏在油罐端面上。然后，用打火机点着火放到罐口上，随即“轰”的一声巨响，油罐爆炸。爆炸冲击波将他抛起 4m 多高，落到 21.6m 远的水泥地面上，当即死亡。造成事故的原因是(　)。

A. 油罐内存在汽油蒸汽与空气的爆炸性混合气体

B. 罐内通风不良

C. 当事人不具备最起码的安全常识，未了解罐内情况便点燃火种

D. 没有穿戴好劳动保护用品

E. 未办理动火手续

2. 1992 年 4 月 14 日，某造船厂为外国油轮进行修理。焊接前连续几天对中舱测爆都不合格。第三天测爆合格后，主管人员口头通知施工单位派人作业，施工单位第四天才派人上船。上船的当天，测爆人员虽然进行了测爆，但测爆结果没有书面通知，只用粉笔写在一块挂在甲板上的黑板上，因下雨而看不清测爆结果。主管人员派了陈某和朱某上船施工，在看不清测爆结果的情况下，陈某仍下去舱底。当时朱某离去拿工具，陈某在舱底点燃割炬，马上发生了爆炸，陈某当场被炸死。造成事故的原因是(　　)。

A. 工作环境潮湿

B. 未办理动火审批手续

C. 测爆结果不能有效地通知施工者

D. 没有穿戴好劳动保护用品

E. 在不了解油轮修理的复杂性、危险性的情况下，未能制订防范措施，草率施工

参考答案

1. AC　　2. BCE

CHAPTER 6

第六章

焊工上岗实操考核试题精选与工艺分析

知识要点：焊工(气焊、电焊)上岗证考证内容包括电弧焊、气焊等各个知识点。每场考试，除了实操考核，考评员会根据现场情况进行提问。

本章选取综合训练与焊工(气焊、电焊)考证实操模拟题目，通过操作训练，提高综合操作技能。

技能目标：通过本章的强化训练，达到焊工(气焊、电焊)上岗水平。

学习建议：刻苦训练，细心练习；谨记上学如上班，上课如上岗。

第一节　考证强化训练1——平角焊

一、平角焊概述

角接接头焊是使两焊件端面构成大于30°小于135°。夹角接头的焊接包括T形接头、十字接头、搭接接头的焊接。按焊缝所处的空间位置不同，可分为平角焊或船形焊(船位焊)、立角焊和仰角焊。

平角焊时，一般焊条与两板呈45°，与焊接方向呈65°～80°。当两板厚度不等时，要相应地调整焊条角度，使电弧偏向厚板一侧，厚板所受热量增加，厚、薄两板受热趋于均匀，以保证接头良好的熔合及焊脚高度和宽度相同。平角焊时焊条角度如图6-1所示。

二、平角焊工艺参数

平角焊时，由于立板熔化金属有下淌趋势，容易产生咬边和焊缝分布不均，造成焊脚不对称。操作时要注意立板的熔化情况和液体金属流动情况，适时调整焊条角度和焊条的运条方法。焊接时，引弧的位置超前10mm电弧燃烧稳定后，再回到起头处，如图6-2所示。由于电弧对起头处有预热作用，可以减少起头焊处熔后不良的缺陷，消除引弧的痕迹。

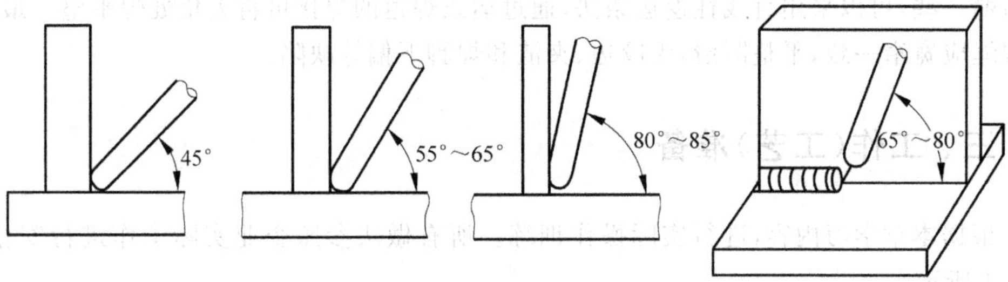

(a) 两板厚度相同　(b) 两板厚度不相同　(c) 焊条与焊接方向夹角

图 6-1　平角焊焊条角度

(1) 单层焊焊脚尺寸小于 5mm 时，焊脚采用单层焊。根据焊件厚度不同，选择直径 3.2mm 或 4.0mm 的焊条。由于电弧的热量向焊件三个方向传递，散热快，所以焊接电流比相同条件下的对接平焊增大 10%左右。保持焊条角度与水平焊件成 45°，与焊接方向成 65°～80°。若角度过小，会造成根部熔深不足；若角度过大，熔渣容易跑到熔池前面而产生夹渣。运条时采用直线形运条法，短弧焊接。焊脚尺寸为 5～8mm 时，可采用斜圆圈形运条法或锯齿形运条法，运条规律如图 6-3 所示。即由 a 到 b 要慢速，以保证水平焊件的熔深；由 b 到 c 稍快，以防熔化金属下淌，在 c 处稍作停留，以保证垂直立板的熔深，避免咬边；由 c 到 d 稍慢，以保证根部焊透和水平焊件的熔深，防止夹渣；由 d 到 e 也稍快，到 e 处也作停留，按以上规律循序渐进，采用短弧操作，以保证良好的焊缝成形和焊缝质量。

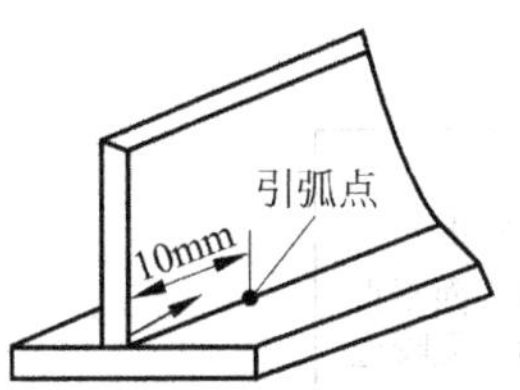

图 6-2　平角焊起头的引弧位置

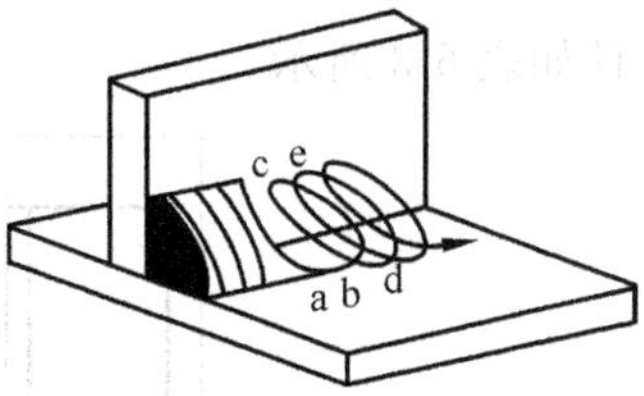

图 6-3　平角焊运条法

(2) 多层焊当焊脚尺寸为 8～10mm 时，宜采用两层两道焊法。第一层采用直径 3.2mm 焊条，焊接电流稍大(100～120A)，以获得较大的熔深。运条时采用直线形运条法，收弧时应填满弧坑。第二层施焊前清理第一层熔渣，若发现夹渣应用小直径焊条修补后方可焊第二层。第二层焊接时，采用斜圆圈形或锯齿形运条法，焊道两侧稍停片刻，以防止产生咬边缺陷。

(3) 多层多道焊当焊脚尺寸为 10～12mm 时，采用两层三道焊法，如图 6-4 所示。

第一道焊接时，可用直径 3.2mm 的焊条，电流稍大，采用直线形运条法，收弧时填满弧坑，焊后彻底清渣。焊接第二道时，应覆盖第一条焊道的 2/3，焊条与水平焊件夹角为 45°～55°。如图 6-4 中的 2，以使水平焊件能够较好地熔合焊道，焊条与焊接方向夹角仍为 65°～80°。焊接第三道时，对第二条焊道覆盖 1/3～1/2，焊条与水平焊件的角度为 40°～45°，如图 6-4 中的 3 所示，仍用直线形运条。若希望

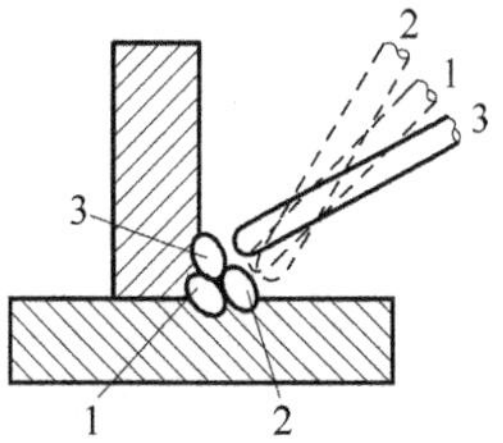

图 6-4　多层多道焊焊条角度

焊道薄一些，可以采用直线往返运条法，通过运条焊道的焊接可将夹角处焊平整。最终整条焊缝应宽窄一致，平整圆滑，无咬边、夹渣和焊脚下偏等缺陷。

三、工作(工艺)准备

根据本章学习内容，进行实际操作训练。所有做法参照企业实际工作进行安排，如表 6-1 所示。

表 6-1　工作(工艺)准备

序号	学校情况	企业情况
1	检查学生出勤情况；检查工作服、帽、鞋等是否符合安全操作要求	记录考勤；穿戴好劳保用品
2	布置本次实操作业，集中讲课，重温相关操作工艺	工作前集中讨论
3	教师分焊接图样，介绍焊件工艺	分析图样；领取工艺单(卡)
4	准备本次实习课题需要的材料、工具、量具	领取零部件、材料、工具、刃具、量具

(一) 实操课题

本次实操课题平角焊焊接如图 6-5 所示，评分标准如表 6-2 所示，所需要的设备、材料、工量具如表 6-3 所示。

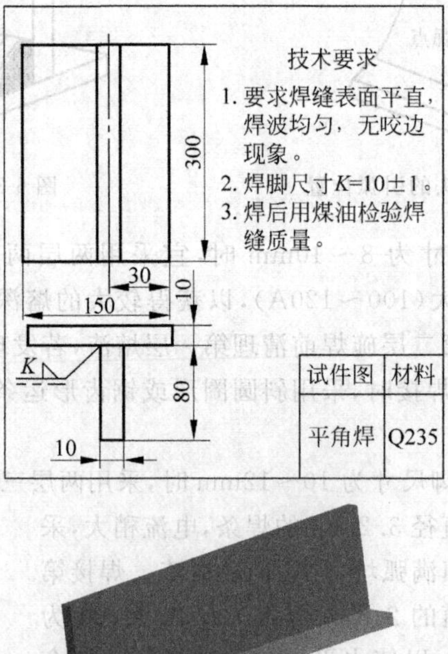

技术要求
1. 要求焊缝表面平直，焊波均匀，无咬边现象。
2. 焊脚尺寸K=10±1。
3. 焊后用煤油检验焊缝质量。
300
30
150
10
K
80
10
试件图
材料
平角焊
Q235

图 6-5　平角焊焊接图

表 6-2 平角焊焊接训练评分表

姓名：________ 学号：________ 总成绩：________

焊接位置		水平	焊接名称		平角焊		
材料	Q235		等级	上岗	工时	20min	
项目	序号	考核要求	分值	评分标准	结果	得分	备注
焊缝外观质量	1	表面无裂纹	5	有裂纹不得分			
	2	无烧穿	5	有烧穿不得分			
	3	无焊瘤	8	每处焊瘤不得分			
	4	无气孔	5	每个气孔不得分			
	5	无咬边	6	深度＞0.5mm，累计长15mm扣1分			
	6	无夹渣	6	每处夹渣不得分			
	7	无未熔合	6	未熔合不得分			
	8	焊缝起头、接头、收尾无缺陷	9	起头、收尾过高、脱节每处扣1分			
	9	焊缝宽度不均匀≤3mm	4	焊缝宽度变化＞3mm累计长30mm不得分			
焊缝内部质量	10	焊缝内部无气孔、夹渣、未熔透、裂纹	8	Ⅰ级不扣分，Ⅱ级扣6分，Ⅲ级扣10分			
焊缝外形尺寸	11	焊缝宽度比坡口每则增宽0.5～2.5mm；宽度差≤3mm	6	每超差1mm累计长20mm扣1分			
	12	焊缝余高差≤2mm	6	每超差1mm累计长20mm扣5分			
焊脚高宽	13	≤2mm	6	超差1扣2分			
焊缝凸度	14	≤1.5mm	5	超差1扣2分			
焊后变形	15	角变形≤3°	5	超差不得分			
安全文明生产	16	按照有关安全操作规程在总分中扣除，不得超过10分；出现重大事故，总评直接不及格	10				
总分			100	总得分			
考场记录							

注：焊件上非焊道处不得有引弧痕迹，保持焊缝原状。

表 6-3　平角焊焊接设备、材料、工具、量具一览表

序号	名　称	规格/型号	数量	备注
1	低碳钢电焊条	E4303(J422),ϕ3.2mm×350mm	若干	
2	防护面罩		1个	
3	绝缘手套		1副	
4	口罩		1对	
5	防护眼镜		1副	
6	焊缝检测尺		1把	
7	清渣锤		1把	
8	钢丝刷		1个	
9	手工弧焊机	BX3-300 型或 ZX5-400 型	1台	
10	焊接工作架		1个	
11	翼板	Q235,300mm×80mm×10mm	1块	气割板
12	腹板	Q235,300mm×150mm×10mm	1块	气割板
12	引弧板	Q235,200mm×100mm×10mm	1块	

(二) 实操注意事项

交流焊机在调节焊接电流时,手柄逆时针旋转为增大电流,顺时针为减小,手摇一圈约为5A。

(1) 正确穿戴工作服,工作过程要把衣领和袖口扣好,应该穿防燃材料制成的护肩、长套袖戴手套、口罩。

(2) 试件装配、清理工件、装配间隙 0～2mm,定位焊 10～15mm

(3) 检查焊接现场 10m 范围内不得堆放油类、木材、氧气瓶、乙炔发生器等易燃、易爆物品。

(4) 检查并确认电焊机的初、次级线接线正确,接线处是否装有防护罩,次级抽头连接铜板应压紧,接线柱应有垫圈。

(5) 检查输入电压是否符合电焊机铭牌规定,合闸前,应详细检查接线螺帽、螺栓及其他部件并确认完好齐全、无松动或损坏,检查电缆线是否破损,接线柱处是否均有保护罩。

(6) 检查电焊钳是否完好,握柄与导线连接应牢靠,接触良好,连接处应采用绝缘布包好并不得外露。

四、实操训练工艺介绍

(一) 焊接工艺参考

焊接工艺参考如表 6-4 所示。

表 6-4　平角焊焊接

考核级别	上岗	教案	002	备　注
焊接项目	角焊	焊接方法	焊条电弧焊	
试件材料	Q235	试件尺寸	300mm×80mm×10mm 300mm×150mm×10mm	
焊接材料	E4303	焊接设备	BX3-300 型 ZX5-400 型	
焊接要求	无坡口	坡口形式、角度	I 形	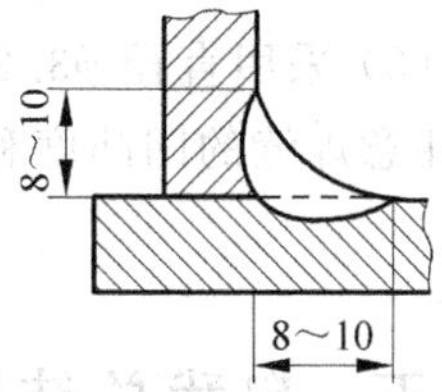
电源极性	反接	焊接层数	1	
定位焊	技能要求： 1. 清理带焊部位两侧各 20mm 范围内的油污、锈蚀、水分及其他污物，清理垫板的油污、锈蚀、水分及其他污物，采用比正式焊接电流大 10%进行定位焊； 2. 装配间隙起焊端 0～2.0mm，预置反变形 3°； 3. 选用的焊接材料与试件焊接牌号相同，定位焊缝长度为 10～15mm			预置反变形量 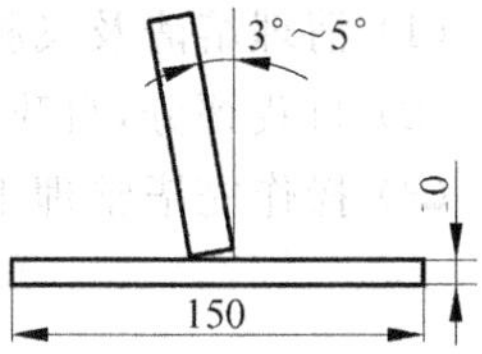
底层（第一层）	1. 技能要求： 采用直径 ϕ3.2mm 焊条，调节好焊接电流 125A，从左向右焊作斜圆圈运条，焊脚高度 8～10mm 2. 操作要领： 焊接时，引弧的位置超前 10mm，如图 6-6 所示，电弧稳定后，再回到起焊处，利用电弧的预热作用，减少起头处的熔合不良的缺陷，同时消除引弧痕迹。焊接电流比平焊位置大 10%左右。保持焊条角度与水平焊件成 45°，与焊接方向成 65°～80°。若角度过小，会造成根部熔深不足；若角度过大，熔池易跑到熔池前面而产生夹渣；用斜圆圈形运条法，保证良好的成形和焊缝质量； 收弧时填满弧坑，防止产生气孔夹渣等缺陷，如图 6-7 所示，焊后清理焊道飞溅物，按要求提交工件，如图 6-8 所示			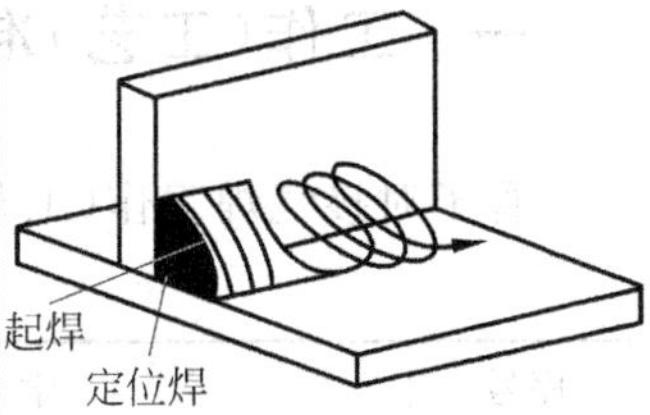

图 6-6　焊接过程

图 6-7　焊接盖面焊后（未清理飞溅）

(二) 操作过程

(1) 熟悉图样,清理待焊部位表面。

(2) 按装配要求组装试件,进行定位焊,并将试件水平置于角铁架上定位、校正,采用1层1道焊接法,焊脚高度为8mm。

(3) 采用直径 $\phi3.2$mm 焊条,作斜圆圈运条法,注意焊缝的凹凸度和焊脚的熔合,防止咬边等缺陷。

图 6-8 上交试件摆放位置

五、自我总结与点评

(1) 清理熔渣及飞溅物,并检查焊接质量,分析问题,总结经验。

(2) 自我评分,自我总结文明生产、安全操作情况。

(3) 操作完毕整理工作位置,清理干净工作场地,整理好工具,量具,搞好场地卫生。

第二节 考证强化训练2——管子对接气焊

根据第三章气焊学习内容,进行实际操作训练。所有做法参照企业实际工作进行安排。

一、工作(工艺)准备

管子对接气焊工作(工艺)准备如表6-5所示。

表 6-5 工作(工艺)准备

序号	学校情况	企业情况
1	检查学生出勤情况;检查工作服、帽、鞋等是否符合安全操作要求	记录考勤;穿戴好劳保用品
2	布置本次实操作业,集中讲课,重温相关操作工艺	工作前集中讨论
3	教师分焊接图样,介绍焊件工艺	分析图样;领取工艺单(卡)
4	准备本次实习课题需要的材料,工具、量具	领取零部件、材料、工具、刃具、量具

(一) 实操课题

本次实操课题管子对接气焊如图6-9所示,评分标准如表6-6所示,所需要的设备、材料、工具、量具如表6-7所示。

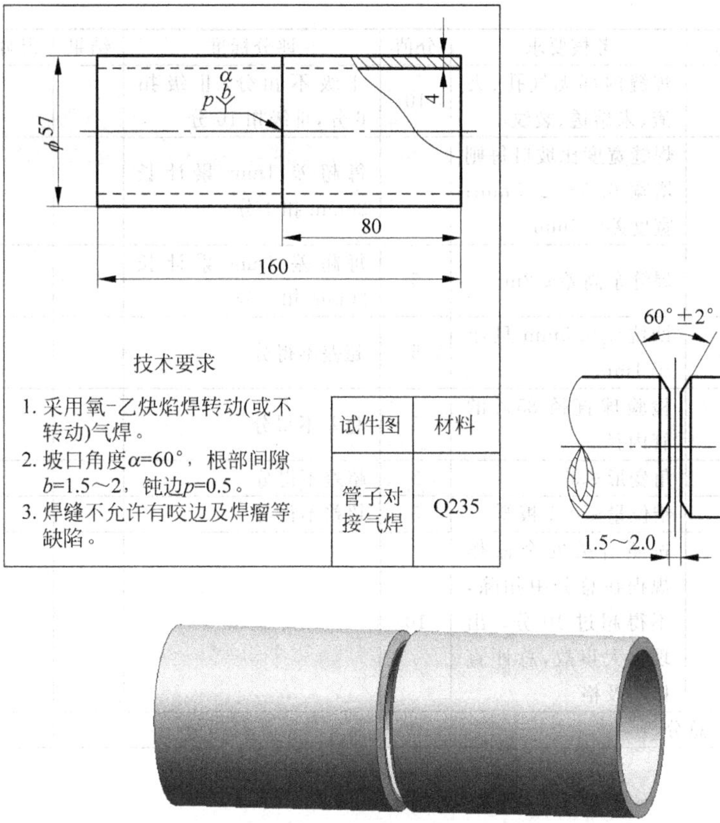

图 6-9 管子对接气焊图

表 6-6 管子对接气焊训练评分表

姓名：________ 学号：________ 总成绩：________

焊接位置		水平	焊接名称		水平转动管焊接		
材料	Q235		等级	上岗	工时	30min	
项目	序号	考核要求	分值	评分标准	结果	得分	备注
焊缝外观质量	1	表面无裂纹	5	有裂纹不得分			
	2	无烧穿	5	有烧穿不得分			
	3	无焊瘤	6	每处焊瘤不得分			
	4	无气孔	5	每个气孔不得分			
	5	无咬边	6	深度＞0.5mm，累计长15mm扣1分			
	6	无夹渣	6	每处夹渣不得分			
	7	无未熔合	6	未熔合不得分			
	8	焊缝起头、接头、收尾无缺陷	6	起头、收尾过高、脱节每处扣1分			
	9	焊缝宽度不均匀≤3mm	4	焊缝宽度变化＞3mm累计长30mm不得分			

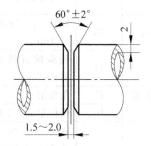

续表

项目	序号	考核要求	分值	评分标准	结果	得分	备注
焊缝内部质量	10	焊缝内部无气孔、夹渣、未熔透、裂纹	10	Ⅰ级不扣分，Ⅱ级扣6分，Ⅲ级扣10分			
焊缝外形尺寸	11	焊缝宽度比坡口每则增宽0.5～2.5mm；宽度差≤3mm	6	每超差1mm累计长20mm扣1分			
	12	焊缝余高差≤2mm	5	每超差1mm累计长20mm扣5分			
背面凹坑	13	凹坑≤0.5mm且小于1mm	5	超差不得分			
通球	14	检验球直径85%的管内径	5	超差不得分			
焊后变形错位	15	角变形≤3°	5	超差不得分			
	16	错位量≤0.1板厚	5	超差不得分			
安全文明生产	17	按照有关安全操作规程在总分中扣除，不得超过10分；出现重大事故，总评直接不及格	10				
总分			100	总得分			
考场记录							

注：焊件上保持焊缝原状，不得有修补痕迹。

表6-7　管子对接气焊设备、材料、工具、量具一览表

序号	名　称	规格/型号	数量	备注
1	焊接设备	射吸式焊炬H01-6(氧气瓶、减压器、乙炔瓶、橡胶软管)	1套	
2	通针		1根	
3	绝缘手套		1副	
4	口罩		1个	
5	防护眼镜		1副	
6	焊缝检测尺		1把	
7	清渣锤		1把	
8	直钢尺	300mm	1把	
9	钢丝刷		1把	
10	锉刀	3#	1把	
11	扳手		1把	
12	点火枪		1个	
13	管子	ϕ57mm×80mm×2mm	2段	Q235
14	焊丝	H08A，直径为2mm	若干	

（二）实操注意事项

（1）定位焊产生缺陷时，必须铲除、打磨、修补。

（2）焊缝平直，不应过高、过低、过宽、过窄。

（3）焊缝金属要圆滑过渡到母材，无过深、过长、咬边。

（4）背面均匀、焊透，无粗大的焊瘤、凹坑。

（5）安全文明操作。

二、实操训练工艺介绍

（一）焊接工艺参考

管子对接气焊工艺参考如表 6-8 所示。

表 6-8　管子对接气接焊焊工艺

考核级别	上岗	教案	003	备　注
焊接项目	管子对接	焊接方法	气焊	
试件材料	Q235	试件尺寸	ϕ57mm×80mm×2mm	
焊接材料	H08A	焊接设备	气瓶、软管、H01-6	
焊接要求	不带垫板	坡口形式、角度	60°V 形	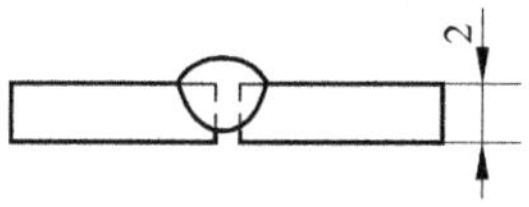
电源极性		焊接层数	1	
定位焊	技能要求： 1. 清理坡口面两侧正反面各 20mm 范围内的油污、锈蚀、水分及其他污物，清理垫板的油污、锈蚀、水分及其他污物； 2. 如图 6-10 所示，装配间隙起焊端 1.5mm，起焊端 2.0mm，错边量≤0.5mm； 3. 选用的焊接材料与试件焊接牌号相同，定位焊缝长度为 5～10mm			
底层 （第一层）	1. 技能要求： 采用直径 ϕ2.0mm 的焊丝，调节好中性火焰； 采用左向爬坡焊，焊道厚度 3～4mm 2. 操作要领： 如图 6-11 所示，从爬坡位置上预热开始焊接，焊嘴与管道水平中心线夹角 50°～70°的范围，可以加大熔深，易控制熔池形状； 火焰焰心末端距熔池 3～5mm，看到坡口钝边熔化并形成熔池后，立即把焊丝送进熔池前沿，使之熔化填充熔池，填充焊丝使焊道厚度达到 3～4mm，焊炬横向摆动，焊丝同时不断向前移动，使表面成形均匀，两侧坡口边稍作停留 1～2s，防止未熔合，焊道填满熔池，防止产生气孔夹渣等缺陷； 焊后清理焊道飞溅物，如图 6-12 所示			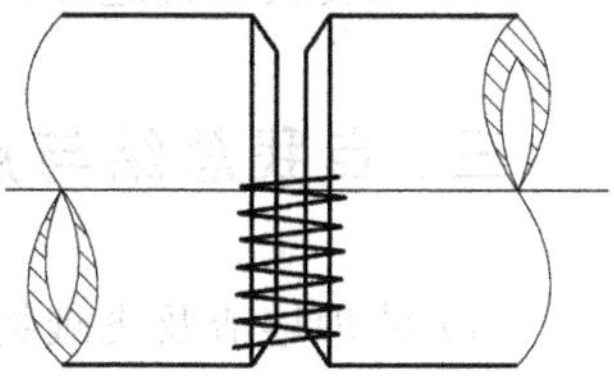

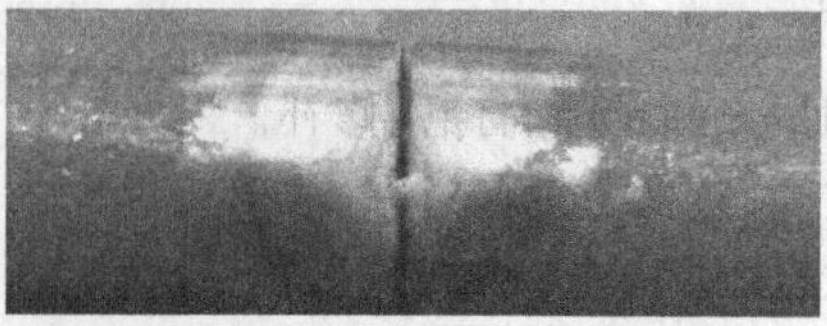

图 6-10　定位焊

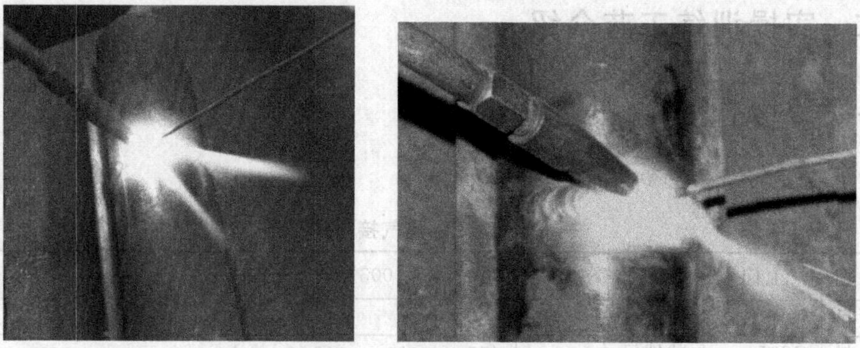

图 6-11　焊接过程

图 6-12　完成焊接后外形图

(二) 操作过程

(1) 熟悉图样,清理坡口表面,修锉钝边。

(2) 按装配要求组装试件,进行定位焊,并将试件水平置于角铁架上定位、校正,采用第一层焊接法,横向摆动,宽度为 8mm。

(3) 从爬坡位置起焊,收尾处重叠前焊道 10mm。

三、自我总结与点评

(1) 清理熔渣及飞溅物,并检查焊接质量,分析问题,总结经验。

(2) 自我评分,自我总结文明生产、安全操作情况。

(3) 操作完毕整理工作位置,清理干净工作场地,整理好工具、量具,搞好场地卫生。

第三节 焊工上岗证现场考核问答

焊工上岗证现场考核时，通常要求进行口述问答，主要是焊接场地、密室、登高作业、设备、割炬的焊接、切割安全事项。下面列举部分问答，如表6-9所示，供考核参考。

表6-9 焊工上岗证现场考核问答

序号	问 题	回 答	备 注
1	在焊接操作前要检查哪些项目	检查场地，检查设备的安全要求，如设备的密封性，减压器的表压稳定性，软管的完整性，接头的牢固性等	
2	气焊操作时，选用的气焊火焰性质是什么	中性焰	
3	气焊操作时，可燃气体、助燃气体分别是什么	乙炔、氧气	
4	乙炔软管的颜色是什么？氧气软管的颜色是什么	乙炔软管的颜色是黑色或墨绿色；氧气软管的颜色是红色	严禁互换使用
5	气焊过程中，出现回火现象，先关闭哪个阀门	应先关闭乙炔阀	
6	气割过程出现回火现象时，先关闭哪个阀门	应先关闭切割氧阀门，再关闭乙炔阀门，最后关闭预热氧阀门	
7	气焊、气割时，发生回火的原因是什么	混合气体的喷出速度小于气体的燃烧速度	
8	回火防止器的作用是什么	隔绝倒燃的火焰进入乙炔瓶内，防止爆炸	
9	气焊炬H01-6中，6表示什么	可焊接板厚度为6mm	
10	气焊工艺参数中，速度过快、过慢时易造成什么现象	气焊工艺参数中，速度过快时易造成焊不透的缺陷，速度过慢会出现烧穿现象	
11	气割工艺参数中，切割速度过快、过慢时，出现什么现象	气割工艺参数中，切割速度过快时，出现割不穿，速度过慢时板边缘出现圆角或粒状	
12	气焊、气割结束时，应先关闭哪个阀	气焊结束时应先关闭乙炔阀 气割结束时应先关闭切割氧气阀	
13	乙炔燃烧时，不能用四氯化碳灭火器来灭火，应用什么灭火器	1211干粉灭火器	
14	减压器的作用是什么	减压、稳压	
15	薄板焊接时，容易出现的缺陷是什么	烧穿	

续表

序号	问　题	回　答	备　注
16	与焊、割作业有明显抵触的场所属于几级动火？要经谁审批	与焊、割作业有明显抵触的场所属于一级动火，由主管领导审批	
17	一般的登高焊、割作业，属于几级动火审批？由谁审批	一般的登高焊、割作业，属于二级动火审批，由厂安全部门或保卫部门审批	
18	凡属一、二、三级动火范围内的焊割，注意哪些	未经办理动火审批手续，不得焊割	
19	高空焊接作业时，下面的可燃物应怎么处理	移走或用石棉板覆盖遮严再施焊	
20	当发现焊工触电时怎么办	应立即切断电源	
21	电焊机着火时，应该怎样做	必须先切断电源再进行扑灭；如不能迅速断电，可使用二氧化碳、四氯化碳、1211干粉等灭火器灭火	
22	焊接工作完毕后应注意什么	应关闭电源闸刀开关，关闭气源，清理场地并灭绝火种	

附录一

理论无纸化考试介绍

一、概况

所谓无纸化考试一般是指通过计算机来进行考试，目前有三种形式。

(1) 单机模式，即每台计算机安装一套考试系统及考题，考试完毕收集成绩。

(2) C/S模式，即在服务器上装题库，在每台计算机上安装客户端程序：登录、抽题、考试、成绩传回服务器。

(3) B/S模式，即整个考试系统全装在服务器上，考试端只需打开浏览器界面即可，输入服务器URL即可调出页面登录、抽题、考试、评分、返回成绩等。

二、无纸化考试系统使用说明

由于设备条件等不同，在不同的地区，考试系统可能存在区别。

三、考试过程操作方法

下面以某安全生产宣教中心为例简单介绍使用方法。

(1) 单击“特种考试系统”程序，出现如附图-1所示的界面。

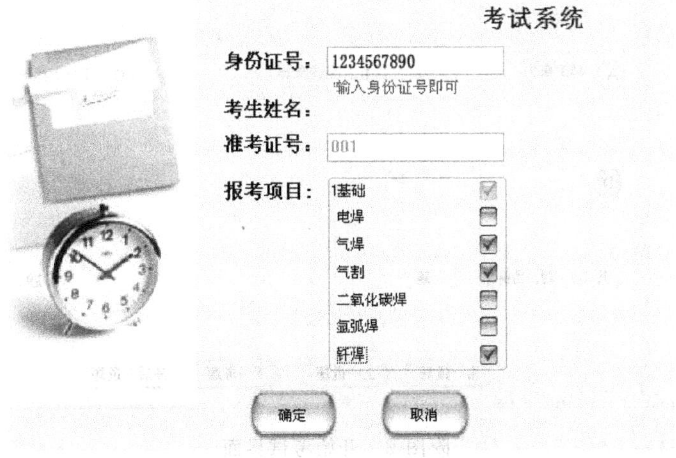

附图-1　特种考试系统登录界面

(2) 输入身份证号码和准考证号码，选择报考项目，单击“确定”按钮，出现如附图-2所示的界面。

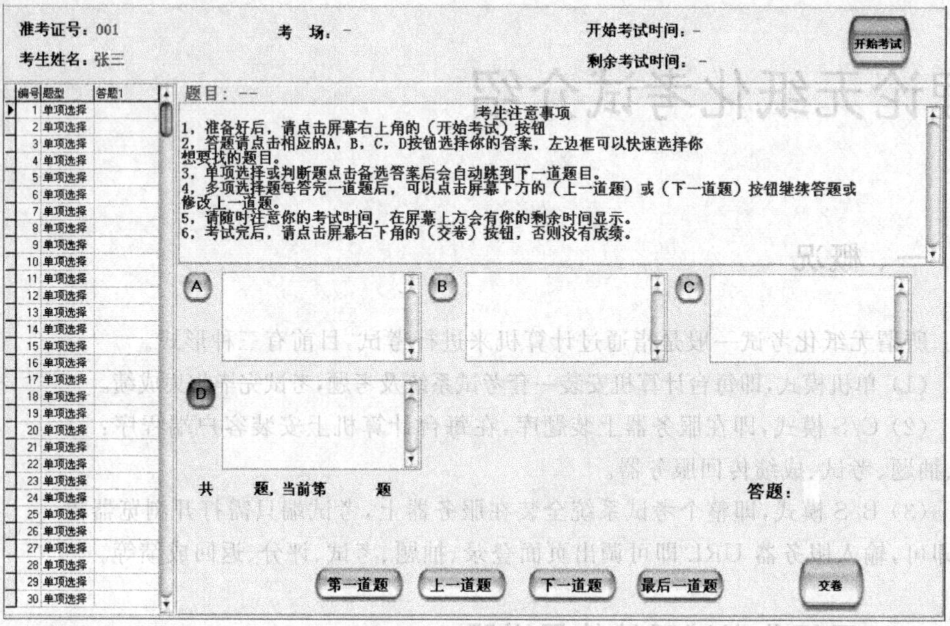

附图-2 进入考试界面

(3) 单击右上角“开始考试”，将出现如附图-3所示的界面。

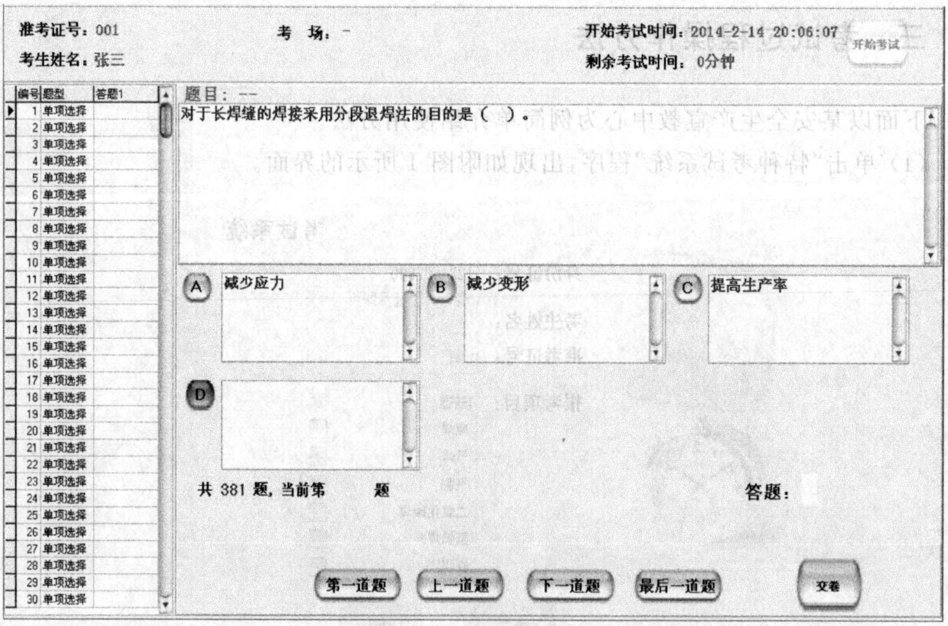

附图-3 开始考试界面

(4) 选择题、判断题作答界面中，在认为正确的选项前面的字母上单击即可作答，如附图-4 所示；单项选择题和判断题，单击答案后将自动跳到下一道题，如需对已做答案进行修改，单击找到所要修改的题目，在另外选项前“空框”单击即可。

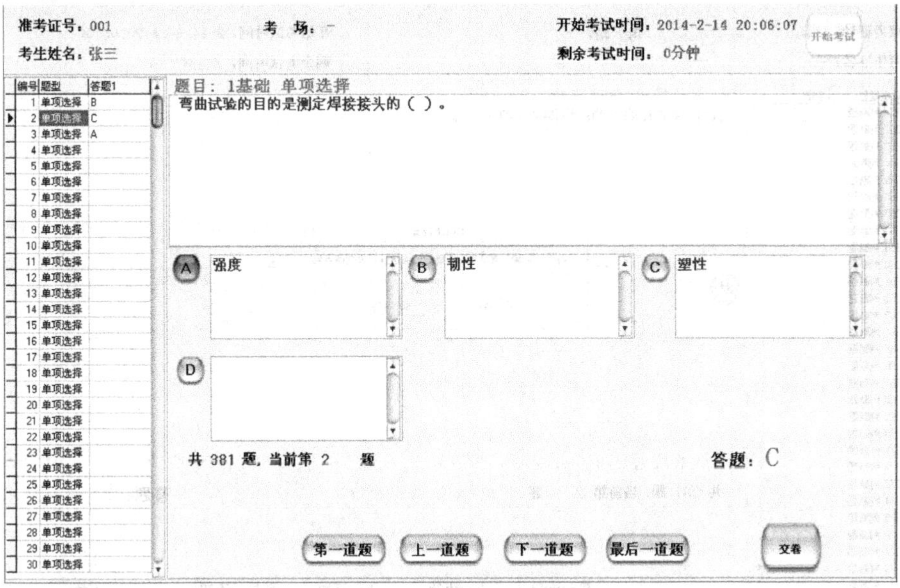

附图-4　单项选择题答题显示

(5) 多项选择题作答界面中，在认为正确的选项前面的字母上单击按钮即可作答，如附图-5 所示。如需对已做答案进行修改，单击找到所要修改的题目，重新选择选项单击即可。

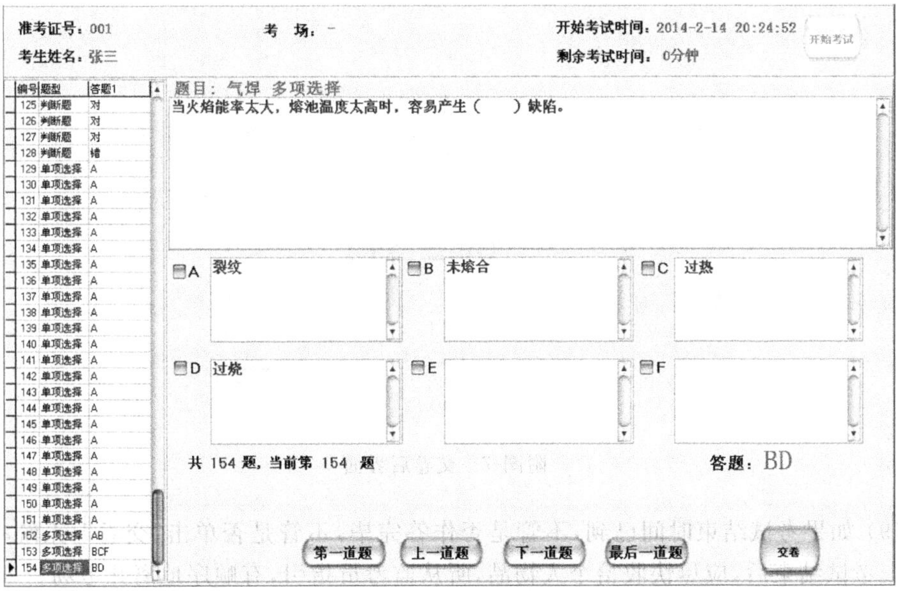

附图-5　多项选择题答题显示

(6) 每一道多项选择题作答完毕,单击“下一道题”即可进入下一题作答,以此类推直至试卷最后;也可以单击左边题目号数,直接挑选题目作答。

(7) 作答完毕后,可以单击左下角“交卷”,进入如附图-6 所示的界面。

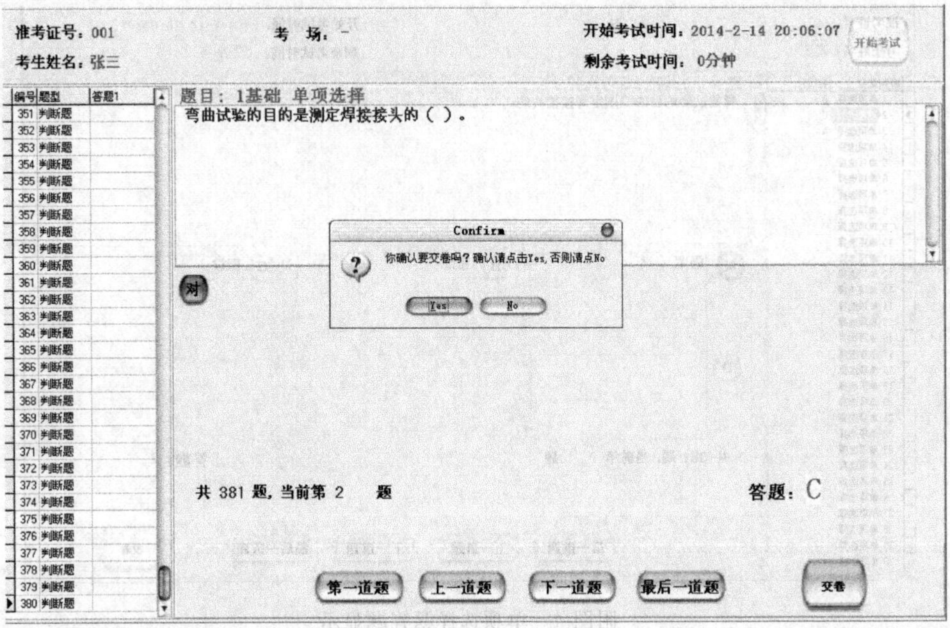

附图-6 提示交卷界面

(8) 单击“No”退出此界面,继续进行考试,单击“Yes”交卷,出现如附图-7 所示的界面。

附图-7 交卷后界面

(9) 如果考试结束时间已到,不管是否作答完毕,不管是否单击“交卷”,系统将自动交卷。考试结束后,应尽快收拾个人物品,听从监考员指引,有顺序地离开考场。

附录二

学生实训手册

学生实训手册

工种______________
班级______________
学号______________
姓名______________

注：本手册在所有实操内容结束后，填写完整后交给实操指导教师。

实训周记

年 月 日 第 周

<table>
<tr><td>实训任务</td><td colspan="3"></td></tr>
<tr><td>实训过程记录</td><td colspan="3"></td></tr>
<tr><td>收获体会</td><td colspan="3"></td></tr>
<tr><td>考核</td><td></td><td>指导教师签名</td><td></td></tr>
</table>

参加设备保养记录

所有实训的学生均要在教师的指导下参加设备保养，每周一小保，每月一中保，每学期一大保。本项无记录，实训总评成绩记为零。

月份	设备名称	保养内容	小组长签名
考核评分			

实训总结

参 考 文 献

[1] 张富建，叶汉辉，郭英明. 钳工理论与实操（入门与初级考证）. 北京：清华大学出版社，2010.
[2] 赵志群. 职业教育工学结合一体化课程开发指南. 北京：清华大学出版社，2009.
[3] 冯明河. 焊工技能训练. 3 版. 北京：中国劳动社会保障出版社，2005.
[4] 邱葭菲. 焊工工艺学. 3 版. 北京：中国劳动社会保障出版社，2005.
[5] 汤日光. 焊工. 2 版. 北京：中国劳动社会保障出版社，2011.

焊工考证参考网站

[1] 百度文库. http://wenku.baidu.com.
[2] 广州市安全生产宣传教育中心. http://www.gzajxj.cn.
[3] 广州市安全生产监督管理局. http://www.gzajj.gov.cn.